"十三五"职业教育国家规划教材

实木家具制造技术

王明刚　编著

中国轻工业出版社

图书在版编目（CIP）数据

实木家具制造技术/王明刚编著. —北京：中国轻工
业出版社，2021.7

全国高职高专家具设计与制造专业"十三五"规划教材

ISBN 978-7-5184-1663-9

Ⅰ.①实… Ⅱ.①王… Ⅲ.①木家具-生产工艺-高
等职业教育-教材 Ⅳ.①TS664.1

中国版本图书馆 CIP 数据核字（2017）第 258068 号

责任编辑：陈　萍　　　　　　责任终审：劳国强　　整体设计：锋尚设计
策划编辑：林　媛　陈　萍　　责任校对：吴大朋　　责任监印：张　可

出版发行：中国轻工业出版社（北京东长安街 6 号，邮编：100740）

印　　　刷：河北鑫兆源印刷有限公司

经　　　销：各地新华书店

版　　　次：2021 年 7 月第 1 版第 3 次印刷

开　　　本：787×1092　　1/16　　印张：16.75

字　　　数：390 千字

书　　　号：ISBN 978-7-5184-1663-9　　　定价：49.00 元

邮购电话：010-65241695

发行电话：010-85119835　　传真：85113293

网　　　址：http://www.chlip.com.cn

Email：club@chlip.com.cn

如发现图书残缺请与我社邮购联系调换

210611J2C103ZBW

本书编写人员

王明刚　顺德职业技术学院

江功南　东莞职业技术学院

黄嘉琳　顺德职业技术学院

潘质洪　中山职业技术学院

张　玉　深圳职业技术学院

罗永贤　顺德职业技术学院

罗海峰　顺德职业技术学院

邹　红　顺德职业技术学院

田　越　顺德职业技术学院

何朝峰　顺德职业技术学院

邹　亮　赣州市黑蚂蚁家具设计有限公司

出 版 说 明

本系列教材根据国家"十三五"规划的要求，在秉承以就业为导向、技术为核心的职业教育定位的基础上，结合家具设计与制造专业的现状与需求，将理论知识与实践技术很好地相结合，以达到学以致用的目的。教材采用实训、理论相结合的编写模式，两者相辅相成。

该套教材由中国轻工业出版社组织，集合国内示范院校以及骨干院校的优秀教师参与编写。经过专题会议讨论，首次推出24本专业教材，弥补了目前市场上高职高专家具设计与制造专业教材的缺失。本系列教材分别有《家具涂料与实用涂装技术》《家具胶黏剂实用技术与应用》《木质家具生产技术》《木工机械调试与操作》《家具设计》《家具标准与标准化实务》《家具手绘设计表达》《家具质量控制与检测》《家具制图与实训》《AutoCAD家具制图技巧与实例》《家具招标投标与标书制作》《家具营销基础》《实木家具设计》《家具工业工程理论与实务》《实木家具制造技术》《板式家具制造技术》《家具材料的选择与运用》《板式家具设计》《家具结构设计》《家具计算机效果图制作》《家具材料》《家具展示与软装实务》和《家具企业品牌形象设计》《3DSMAX家具建模基础与高级案例详解》。

本系列教材具有以下特点：

1. 本系列教材从设计、制造、营销等方面着手，每个环节均有针对性，涵盖面广泛，是一套真正完备的套系教材。

2. 教材编写模式突破传统，将实训与理论同时放到讲堂，给了学生更多的动手机会，第一时间将所学理论与实践相结合，增强直观认识，达到活学活用的效果。

3. 参编老师来自国内示范院校和骨干院校，在家具设计与制造专业教学方面有丰富的经验，也具有代表性，所编教材具有示范性和普适性。

4. 教材内容增加了模型、图片和案例的使用，同时，为了适应多媒体教学的需要，尽可能配有教学视频、课件等电子资源，具有更强的可视性，使教材更加立体化、直观化。

这套教材是各位专家多年教学经验的结晶，编写模式、内容选择都得到了突破，有利于促进高职高专家具设计与制造专业的发展以及师资力量的培养，更可贵的是为学生提供了适合的优秀教材，有利于更好地培养现时代需要的高技能人才。由于教材编写工作是一项繁复的工作，要求较高，本教材的疏漏之处还请行业专家不吝赐教，以便进一步提高。

前　　言

笔者自 20 世纪 90 年代开始涉足家具行业，至今已有 20 余年。在这 20 余年中，从实木家具的板材加工、白坯到油漆涂饰，各道生产工序皆亲力亲为；还长期从事实木生产的工艺设计、生产管理和家具专业的教学等工作，与家具有着不解之缘。

从古至今，木材都是人类生活当中必不可少的原料，从木建筑到木家具，木材与人类生活息息相关、如影随形。人类认识、使用木材可以上溯至未有文字记载的数十万年前，从原始部落时期的钻木取火、伐木造屋开始，再到明清时代传统实木家具的鼎盛，直到科技高度发达的今天，木材始终是人类主要使用的材料。近年来，我国的实木加工行业得到了迅速发展，随着各种木材加工机械设备的使用，实木家具的制造技术日益先进，生产力得到了很大提高。

2009 年，笔者出版了《实木家具制造技术及应用》一书，重印多次，深受读者欢迎，并得到了业内专家的充分肯定。现代的实木家具既有传统意义上的纯实木家具，也有以实木为主体框架、板木结合的广义的实木家具。此次新书保留了旧版本的精髓，在继承传统实木家具材料、结构设计、工艺生产等精华的基础上，注入了现代实木家具制造的新材料、新技术、新工艺，并融入笔者多年家具企业的工作经验，与企业生产一线的专家一起合作打造，使内容更为全面系统。本教材打破了国内同类教材家具材料、家具结构设计、木工机械、家具生产工艺等的孤立状况，将这些知识有机地结合在一起，彼此衔接、相互渗透、紧密联系、融会贯通。从实木家具材料、实木家具结构设计、实木家具生产基础、实木家具生产工艺等方面系统地阐述，其中机械部分在工艺学习中得以掌握，突出了高职特点的设计实务与实践，并尽力反映当前家具行业最新的生产工艺和技术。全书理论密切联系实际，图文并茂，易于理解，便于掌握。

本书的出版得到了中国轻工业出版社有关老师的精心指导，得到了顺德职业技术学院的大力支持。东莞职业技术学院江功南、中山职业技术学院潘质洪、深圳职业技术学院张玉以及我的同事黄嘉琳、罗海峰、罗永贤、邹红、田越、何朝峰等参与了本书的编写工作；赣州市黑蚂蚁家具设计有限公司邹亮总监负责了部分图纸的绘制工作和案例提供；顺德职业技术学院彭亮、孙亮、刘晓红、干珑等老师就本书的编写提供了帮助；在此一并表示衷心感谢。同时也向所有支持本书编写工作，提供素材的单位与个人表示谢意。

由于本人学识和经验的局限，书中难免存在不完善之处，欢迎家具行业的专家和广大读者不吝赐教。衷心希望这本书成为广大读者的良师益友。

王明刚

2017 年 9 月

目　　录

1 实木家具相关材料 ·· 1

  1.1　木材 ·· 1

    1.1.1　木材的构造 ·· 3

    1.1.2　木材材质的美感 ·· 5

    1.1.3　木材的密度和水分 ··· 7

    1.1.4　木材的材质特性 ·· 10

    1.1.5　木材缺陷 ·· 15

    1.1.6　锯材的厚度规格 ·· 22

    1.1.7　家具用材的不同要求 ·· 23

    1.1.8　主要材种及其特性 ··· 24

  1.2　木质人造板 ·· 32

    1.2.1　胶合板 ·· 32

    1.2.2　中纤板 ·· 33

    1.2.3　刨花板 ·· 34

    1.2.4　细木工板 ·· 36

    1.2.5　集成材 ·· 37

  1.3　其他材料 ·· 39

    1.3.1　新型木材 ·· 39

    1.3.2　胶黏剂 ·· 40

    1.3.3　玻璃与镜子 ··· 41

    1.3.4　涂料 ·· 43

  思考与实训 ··· 45

2　实木家具结构设计 ·· 46

  2.1　家具接合方式 ·· 46

    2.1.1　榫接合 ·· 46

    2.1.2　钉及木螺钉接合 ·· 50

    2.1.3　胶接合 ·· 51

    2.1.4　连接件接合 ··· 51

  2.2　实木家具基本部件的结构 ·· 52

    2.2.1　框架部件结构 ·· 53

    2.2.2　板式部件结构 ·· 56

    2.2.3　接长结构 ·· 59

    2.2.4　箱框及抽屉结构 ·· 60

    2.2.5　脚架结构 ·· 63

    2.2.6　古典家具结构 ·· 66

  2.2.7 家具装配结构 ……………………………………………………… 71

 思考与实训 ………………………………………………………………… 76

3 机械加工工艺基础 ……………………………………………………… 77

 3.1 加工基准 ……………………………………………………………… 77

  3.1.1 工件定位的"六点"规则 ………………………………………… 77

  3.1.2 基准的基本概念 ………………………………………………… 78

 3.2 加工精度 ……………………………………………………………… 79

  3.2.1 基本概念 ………………………………………………………… 79

  3.2.2 加工误差的种类与性质 ………………………………………… 79

 3.3 表面粗糙度 …………………………………………………………… 82

  3.3.1 表面粗糙度的表现形式 ………………………………………… 82

  3.3.2 影响表面粗糙度的因素及改进措施 …………………………… 83

  3.3.3 表面粗糙度的评定 ……………………………………………… 84

 3.4 生产过程与工艺规程 ………………………………………………… 85

  3.4.1 生产过程 ………………………………………………………… 85

  3.4.2 工艺规程 ………………………………………………………… 88

  3.4.3 生产流水线 ……………………………………………………… 90

  3.4.4 劳动生产率 ……………………………………………………… 91

 思考与实训 ………………………………………………………………… 92

4 配料工艺 ………………………………………………………………… 93

 4.1 锯材配料 ……………………………………………………………… 93

  4.1.1 按产品的质量要求合理选料 …………………………………… 94

  4.1.2 控制含水率 ……………………………………………………… 94

  4.1.3 合理确定加工余量 ……………………………………………… 95

  4.1.4 配料工艺 ………………………………………………………… 95

 4.2 加工余量 ……………………………………………………………… 98

  4.2.1 加工余量的概念 ………………………………………………… 98

  4.2.2 影响加工余量的因素 …………………………………………… 100

  4.2.3 实际生产中加工余量的确定 …………………………………… 101

 4.3 毛料出材率 …………………………………………………………… 102

  4.3.1 毛料出材率的计算方法 ………………………………………… 102

  4.3.2 提高毛料出材率的措施 ………………………………………… 102

 4.4 常用的配料设备 ……………………………………………………… 103

  4.4.1 细木工带锯 ……………………………………………………… 103

  4.4.2 横截圆锯 ………………………………………………………… 104

  4.4.3 纵剖圆锯 ………………………………………………………… 105

  4.4.4 双面刨 …………………………………………………………… 107

 思考与实训 ………………………………………………………………… 109

5 方材毛料的加工 ………………………………………………………… 110

 5.1 基准面的加工 ………………………………………………………… 110

  5.1.1 平刨 ·· 110

  5.1.2 立式铣床 ·· 114

 5.2 相对面的加工 ··· 117

  5.2.1 压刨 ·· 117

  5.2.2 立式铣床 ·· 120

  5.2.3 其他机床 ·· 120

 5.3 端面的加工 ··· 120

  5.3.1 精密推台锯 ·· 120

  5.3.2 万能圆锯机 ·· 122

 5.4 毛料刨削加工的组合方案 ································· 124

 思考与实训 ·· 125

6 方材净料的加工 ·· 126

 6.1 榫头的加工 ··· 126

  6.1.1 开榫机 ·· 126

  6.1.2 立式铣床 ·· 129

 6.2 榫槽和榫簧的加工 ··· 132

  6.2.1 刨床类 ·· 132

  6.2.2 铣床类 ·· 134

  6.2.3 锯类 ·· 135

 6.3 榫眼与圆孔的加工 ··· 135

  6.3.1 加工原理 ·· 136

  6.3.2 加工机械 ·· 137

 6.4 型面和曲面的加工 ··· 138

  6.4.1 立式铣床 ·· 138

  6.4.2 圆盘式仿形铣床 ··································· 139

  6.4.3 回转体仿形车床 ··································· 140

  6.4.4 弯脚仿形车床 ····································· 142

 6.5 表面修整 ·· 143

  6.5.1 表面修整的目的和方法 ························· 143

  6.5.2 砂磨光洁度的影响因素 ························· 144

  6.5.3 砂光机的加工工艺规程 ························· 145

 思考与实训 ·· 147

7 方材胶合与弯曲 ·· 148

 7.1 方材胶合 ·· 148

  7.1.1 方材胶合的种类 ··································· 148

  7.1.2 胶合设备 ·· 148

  7.1.3 影响胶合质量的因素 ···························· 149

 7.2 方材弯曲 ·· 151

  7.2.1 方材弯曲加工 ····································· 151

  7.2.2 影响实木弯曲质量的因素 ······················ 154

      7.2.3　方材弯曲的特点 ················· 155

   思考与实训 ································· 155

8　木工雕刻 ································· 156

  8.1　木雕历史概论 ······················· 156

  8.2　木工雕刻的种类 ····················· 157

  8.3　雕刻刀具 ··························· 158

      8.3.1　手工雕刻常用刀具 ··············· 158

      8.3.2　机器雕刻常用刀具 ··············· 161

  8.4　雕刻辅助工具 ······················· 163

      8.4.1　手动工具 ····················· 163

      8.4.2　电动工具 ····················· 164

      8.4.3　固定工具 ····················· 166

  8.5　案例说明 ··························· 167

      8.5.1　手工雕刻椅子前望板 ············· 167

      8.5.2　手工雕刻沙发装饰 ··············· 177

      8.5.3　机器雕刻 ····················· 189

   思考与实训 ································· 194

9　装配工艺 ································· 195

  9.1　装配工艺概述 ······················· 195

      9.1.1　装配的准备工作 ················· 195

      9.1.2　装配的工艺流程 ················· 196

      9.1.3　装配的技术要求 ················· 196

  9.2　框架家具的装配 ····················· 197

      9.2.1　装配的定位与加压 ··············· 197

      9.2.2　部件的装配 ··················· 198

      9.2.3　部件的修整加工 ················· 198

      9.2.4　总装配 ······················· 199

  9.3　装配的相关工艺规程 ················· 199

      9.3.1　手工组装加工工艺规程 ··········· 199

      9.3.2　拼框机加工工艺规程 ············· 200

   思考与实训 ································· 200

10　实木家具涂装 ·························· 201

  10.1　涂装工艺概述 ······················ 201

  10.2　涂装工艺的基本过程与方法 ·········· 201

      10.2.1　基材表面处理 ················· 201

      10.2.2　填孔处理 ····················· 203

      10.2.3　着色及染色 ··················· 203

      10.2.4　涂饰底漆 ····················· 204

      10.2.5　面漆及罩光 ··················· 204

  10.3　常见实木家具涂装工艺 ·············· 204

    10.3.1 深木眼透明本色涂装工艺 ·· 204

    10.3.2 NC 透明半开放涂装工艺 ·· 205

    10.3.3 底着色全开放涂装工艺 ·· 205

    10.3.4 红木家具深花梨色涂装工艺 ·· 206

    10.3.5 美式裂纹效果涂装工艺 ·· 206

    10.3.6 常规美式涂装工艺 ·· 207

  10.4 木用涂料底、面漆配套原理 ·· 207

  10.5 涂装工艺设计 ·· 208

  思考与实训 ·· 208

11 家具的成本预算 ·· 209

  11.1 原材料的计算 ·· 209

  11.2 其他材料的计算 ·· 210

    11.2.1 主要材料的计算 ·· 210

    11.2.2 辅助材料的计算 ·· 211

  11.3 其他费用的计算 ·· 211

  思考与实训 ·· 212

附录 1 扶手椅工艺文件 ·· 213

附录 2 花枝异展工艺文件 ·· 234

附录 3 常用工艺流程图解 ·· 247

附录 4 制造实训授课图解 ·· 252

参考文献 ·· 256

1 实木家具相关材料

本章学习目标

理论知识 了解木材的特性、构造及缺陷；掌握家具用材的不同要求；熟悉各类木质人造板的特点和用途。

实践技能 常见实木家具用材的识别与选择。

材料是构成家具的物质基础，因此，家具设计除了造型设计、结构设计、使用功能和加工工艺的基本要求之外，还与材料有着密切联系。为此，要求设计人员务必熟悉原材料的种类、性能、规格及来源，以便在设计中做到合理用材；并能根据现有的材料设计出优秀的产品，做到物尽其用。同时，还要善于利用各种新材料，以提高产品的质量，增加产品的美观性，降低产品的成本。

木材是自然界中分布较广的材料之一，由于它质轻而强度比较高，且易于加工，并有天然美丽的色泽和纹理及其他多种优点，是家具业应用最广泛的传统材料，至今仍然占据主要地位。随着木材资源的短缺以及木材综合利用的迅速发展，市场上出现了各种木质人造板及其复合材料，以代替原木，并在家具工业中较广泛地应用。随着现代工业的发展，一些速生材经过一些特殊处理，转化成了新型木材，再加上玻璃、金属等材料，这些都增加了家具花色品种，提高了家具的造型美。

实木家具原指纯粹由实木制成的家具，如由西南桦、榉木、水曲柳、橡胶木、松木、红木等制成的家具。但如今为了降低成本，有些所谓的实木家具其实已经较多地使用了人造板（如中纤板、刨花板、胶合板）等材料。人造板贴面多采用纹理较好的榉木皮、水曲柳木皮、樱桃木皮、胡桃木皮等。实木家具的结构以榫槽为主，配件讲究豪华气派的风格。

在现代实木家具中，木材仍然是其主要的用材，但整体用材要丰富得多。按材料的用途来分，有主材和辅材两大类。主材主要为木材、人造板材等，辅材包括玻璃、金属、塑料、竹藤以及胶黏剂、五金配件、涂料等。随着科技的进步，家具新材料还会不断出现。家具材料的多元化已是现代家具业发展的一个重要特征。每种材料都有各自独特的性能和相应的技术要点，要充分利用不同材料的特点、合理运用结构等工艺手段来满足家具功能的要求，是家具设计必须要掌握的方面。

1.1 木 材

木材是人们使用的最古老的材料之一。早在远古文明时期，木材就已成为人们生产、生活必不可少的忠实伴侣。它可用以制作物件、驱赶野兽，还可以为居所"添砖加瓦"。而在今天，工业技术高度发达，新型材料层出不穷，木材这一古老而富有生命力的材料，不仅没有退出历史舞台，相反因其无污染可再生的"绿色"特性而变得更加不可或缺。特别是作为人们喜爱的家具材料，木材一直扮演着几乎无可替代的角色。由天然木材制成的家具，不仅具有木制品的物理特性——隔声、隔音、隔热、保温以及调节室内湿度等，更重要的是，实木家具将木材自身对人类生理、心理舒适度等产生影响的特点，通过颜色、纹理、光泽发挥到了淋漓尽致的地步。

木材是一种天然的有机体，不同树种木材的性质相差比较大。木材的种类繁多，仅仅我国就有 7000 多种，再加上近年进口木材的增多，木材的品种就更多了。即使是同一树种，甚至同一棵树的不同部位，其性质相差也比较大。为了更好地利用木材，必须了解与木材相关的一些基本知识。

与其他的材料相比，木材本身具有独特的特点：

① 木材具有天然色泽和美丽花纹，装饰效果较好，而且容易着色和油漆　不同树种的木材，具有不同的色泽和花纹；同一种木材，因产地不同、气候不同，其色泽和花纹也不尽相同；即使是同一棵树的木材，其不同的部位，采用不同的加工方式所得到的木材的表面色泽、纹理也相差比较大。由于各种木材结构粗细、性能不同，油漆后的效果也不同。

② 木材具有优良的加工性　易于加工，如锯、刨、切、铣、打孔、雕刻等。因此，古典实木家具的构件往往很丰富，如巴洛克风格装饰精美的椭圆形旋木椅腿、法国新古典式由上而下收缩的古典柱式椅腿等。木材用简单的工具就可以加工，与钢铁、石材等材料相比加工要容易得多。木材用胶、钉、螺钉及榫等都很容易牢固地相互连接。

③ 木材具有较高的强重比　即木材的强度和重量比高，自重轻、强度相对比较大。

④ 木材具有较好的弹性和韧性　能够承受一定的冲击和震动。

⑤ 木材具有绝缘性，对电、热的传导性极小　干材具有良好的电绝缘性能，但是随着木材含水率的增高，其导电性能也相应增加。

⑥ 木材具有干缩湿胀的特性　木材本身会随着环境温度、湿度的变化而发生尺寸、形状和强度的改变，甚至会引起开裂和变形。

⑦ 木材具有各向异性和变异性　构造与性质在三个方向上具有明显的不同和不均匀，不同的纹理方向其组织结构、物理力学性质不同就是各向异性。所谓变异性是指不同树种材性不一样，就是同一树种，也因为产地、生长环境和在树干中的部位不同，而形成木材不同的物理力学性能。

⑧ 木材容易燃烧　薄的刨花很容易点燃，但是尺寸较大的木材比较难于燃烧，尺寸越大，越不容易燃烧。

⑨ 木材容易变色和腐朽　木材受到细菌的作用会产生变色、腐朽，破坏木材的组织，降低木材的使用价值。

⑩ 树木的生长过程比较长，直径有限，并且具有节疤等天然缺陷　在制作家具时，往往会对这些缺陷做处理，来进行美化。与此相反，也可以采用显示的手法，利用缺陷来表现木材自然、古朴、粗糙的一面。常见的便是以节子作为装饰特色的松木家具，以及利用心边材色深浅间隔制作特殊效果的家具。

1.1.1　木材的构造

木材的构造分为宏观构造和微观构造。木材的宏观构造是指在肉眼或放大镜下所能见到的木材特征；木材的微观构造是指在显微镜下所看到的木材的构造。为了帮助我们正确地识别和使用木材，这里主要介绍木材的宏观构造。

1.1.1.1　木材的切面

研究木材的构造，通常情况下在木材的三个切面上进行观察，这三个切面是指横切面、径切面和弦切面，如图 1-1 所示。

（1）横切面

横切面是指与树干主轴或木纹方向垂直锯切的切面。在这个切面上可以看到环绕髓心呈同心圆状分布的年轮、木射线等。在木材的横切面上比较完整地反映了木材的组织结构，是识别木材的最重要的切面。

（2）径切面

径切面是指沿着树干主轴方向，通过髓心所锯切的切面。在径切面上，年轮呈平行条状，并能显露纵向细胞的长度方向和横向组织的长度和高度方向。

（3）弦切面

弦切面是指与树干主轴方向平行，不通过髓心所锯切的切面。在该切面上，年轮呈 V 形花纹，并能显露出纵向细胞的长度方向及横向细胞或组织的高度和宽度方向。

1.1.1.2　年轮、早材和晚材

每个生长周期所形成的木材，在横切面上所看到的，围绕着髓心构成的同心圆称为生长轮。温带和寒带树木的生长期，一年仅形成一个生长轮就是年轮。在热带，一年间的气候变化很小，树木生长受雨季和旱季的影响，四季几乎无间断，一年之间可以形成几个生长轮。在同一个周期内形成两个或两个以上的生长轮，称为双轮或复轮。

温带或寒带的树种，通常在生长季节早期所形成的木材，细胞分裂速度快，同时体积也大，细胞壁比较薄，材质比较松软，材色浅，称为早材。到了秋季，营养物质流动减弱，细胞分裂减慢，形成了腔小壁厚的细胞，这部分材色深，组织较致密，称为晚材。每年增长的早材和晚材形成一个年轮。由于早材和晚材的结构不同，其性质也不同，这直接影响到木材的材性。

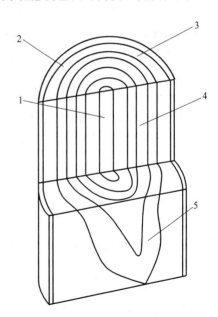

图 1-1　木材的切面

1—髓心　2—树皮　3—横切面
4—径切面　5—弦切面

1.1.1.3　心材、边材和熟材

有许多树种的木材，靠近树皮的部分材色较浅，水分较多，称为边材。而髓心的周

围部分，材色较深，水分较少称为心材，如图 1-2
所示。

有些树种，树干中心部分与外围部分的木材颜
色没有区别，但是含水量不同，中心部分水分较
少，称为熟材。具有熟材的树种称为熟材树种或隐
心材树种，如冷杉、山杨等。

有些树种，树干的中心和外围既无材色差别，
含水量又相等，称之为边材树种，如桦木、松木
等。心边材区别明显的树种称为心材树种。一般针
叶材边材的生材含水率大于心材含水率，而一些阔
叶材则心材含水率大于边材含水率。心材和边材区

图 1-2　木材的心边材

别明显的树种有落叶松、红松、马尾松、樱桃木、水曲柳、香椿等。心材和边材区别不
明显的树种有桦木、杨木、鸡毛松等。

心材是由边材转变而来的，其转变过程是一个复杂的生物化学过程，不同的树种，
其边材的宽度也不同。从理论上讲，任何树种都有心材或熟材，只是有的树种心边材区
别明显，有的区别不明显。

1.1.1.4　梢材、根材和中材

在木材实际利用中，将木材纵向的截面材质进行细分：靠树梢的一部分木材叫梢
材；靠树根的一部分木材叫根材；梢材和根材中间的一部分木材叫中材。

纵解面的中材，一般多是好材。如果把树桩或者板材分段锯截后，日常木材使用
中，常常又把这些木材分为根部材和梢部材两个方面。纵解面的中材，往往变异性小，
材质好。

1.1.1.5　管孔

导管是绝大多数阔叶树材所具有的疏导组织，导管是阔叶材特有的，所以阔叶材又
称有孔材。在阔叶树材的横切面上可以看到许多大小不同的孔隙，即为导管的管孔或称
为棕眼。

不同的树种，管孔的排列规律也不同，根据管孔排列的情况，阔叶材可分为环孔
材、散孔材和半散孔材或半环孔材。

（1）环孔材

早材管孔明显地比晚材管孔大，早材管孔排列成环状，因此，早材、晚材之间区别
明显。如栎木、水曲柳、榆木、橡木等。

（2）散孔材

整个年轮内管孔大小几乎一致，其分布比较均匀，早晚材区别很不明显。如杨木、
棉木、色木、橄木等。

（3）半散孔或半环孔材

在一个生长轮内，管孔的排列介于环孔材和散孔材之间，早材管孔较大，略成环状
分布，早材管孔到晚材管孔渐变，界限不明显，如核桃楸、枫杨、乌相等。

在识别木材时，有无管孔是针叶材与阔叶材的主要区别之一。

1.1.1.6 木射线

在某些树种木材的横切面上，可以看到许多颜色较浅的细条纹，从髓心向树皮呈辐射状，称髓射线。在木质部的髓射线称木射线。在木材的组织中，只有木射线是横向组织。木射线在木材的不同切面上，表现出不同的形状，在弦切面上呈短线或纺锤状，在径切面上呈短带状。

不同树种的木射线宽度差别比较大。有些树种的木射线比较发达，在肉眼下非常清晰，如柞木等；有些树种为细木射线，在肉眼下可以看到，如松木等；有些树种为极细木射线，在肉眼下看部件不明晰，如杨树等。

1.1.1.7 树脂道

树脂道是某些针叶材特有的一种组织，具有分泌松香树脂的作用，呈浅色点状，分布于晚材部分。根据树脂道的发生原因可分为正常树脂道和受伤树脂道；根据树脂道的走向可分为径向树脂道和轴向树脂道。

（1）正常树脂道和受伤树脂道

正常树脂道是树木正常的生理现象。含有正常树脂道的树种有松属、云杉属、落叶松属、黄杉属、银杉属、油杉属等。受伤树脂道是因树木受伤而产生的，可能发生在含有树脂道的树种，也可能发生在没有树脂道的树种，如冷杉、铁杉、雪松、红杉、水杉等。

（2）径向树脂道和轴向树脂道

径向树脂道与树干平行，多集中在晚材部分，出现在纺锤形木射线中，非常细小，在木材的弦切面上呈褐色小点。轴向树脂道在横切面上，一般星散分布在年轮中，多见于晚材，为浅色小点，大的好像针眼。

树脂道的有无、大小、多少，是区分针叶材的重要特征。如红松的树脂道小而多，落叶松的树脂道大而少。

1.1.1.8 髓斑

在某些树种的横切面上，可以看到褐色的半圆形或弯月形的斑点，长 1～3mm，在横切面上其形状为褐色的弯月状斑点，在径切面和弦切面上为不定长度的深褐色条纹，这些斑点就是髓斑。髓斑是木材的一种不正常组织，是树木受到昆虫等的侵害，致使木质部受到伤害而形成的一种愈合组织。髓斑的质地松软，分布没有规律，但常见于某些特定的树种，如椴木、梢木、杉木、柏木等。髓斑的大量存在会降低木材的强度。

1.1.2 木材材质的美感

不同材料可以通过视觉和触觉影响观赏者审美主体的心理。材料对人视觉上的刺激包括材料外表的颜色、肌理效果（如疏朗与密集、光滑与粗糙、柔软与坚硬、随意与工整等）以及光泽等，如图 1-3 所示（教育部艺术设术教指委金奖，陈家豪设计，王明刚指导）。

而触觉也是人们认识材料质感的一种方式，即通过触摸来感觉材料的软硬、轻重、厚薄、粗滑等。自古以来，人们就对温暖、柔软、粗犷的自然材料——木材有着亲近感，它给人们带来了心理上的愉悦感，人们从而更乐于接受它。

图 1-3　瓶·清境

1.1.2.1　颜色

木材组织中含有各种色素、树脂、单宁、树胶和油脂等，致使木材呈现不同的颜色。木材颜色的色相主要分布在浅橙黄至灰褐色，以橙黄色居多。木材的颜色因树种的不同而不同，给人的印象和感觉也不同。通常，明度高的木材会形成轻快、整洁、明亮的氛围，如云松、白蜡树、榨木等；明度低、色相较重的木材，如紫檀、花梨木，往往带给人高贵华丽的印象和深沉的感觉。而彩度高的木材给人以艳丽的印象，反之则有素淡、古朴之感（表 1-1），木材的颜色可以作为识别木材的特征之一。

表 1-1　　　　　　　　　　　　　　木材的颜色特征

材 色 分 类	材色特征	树种举例
白色木材	明快、华丽、高雅	松木、枫木、云杉等
红（褐）色木材	热情、积极、奔放	红桦、红木、桃花心木等
黄棕色木材	温暖、亲切、自然	柚木、光叶榉等
浅棕色木材	自然、朴实、柔和	栎木、榆木等
黑（褐）色木材	宁静、庄重、豪华	乌木、印度乌木等

从木材的颜色还可以确定木材品质的优劣，凡木材失去固有的颜色则为开始腐朽的象征。有些木材的色素可以作为提取染料的原料。如：毛叶黄栌可以用来提取黄色染料，青檀可以用来提取蓝色染料。

1.1.2.2　纹理

木材的纹理伴随着树木生长而天然形成，是指木材的年轮、木射线等组织在木材表面呈现的形式，也就是木材的细胞（如纤维、导管、管胞等）的排列方向。木材的纹理有直纹理、斜纹理和波状纹理。直纹理是指木材轴向分子与树干的长轴平行；斜纹理是指木材轴向分子与树干的长轴不平行，成一定的角度；波状纹理是指轴向薄壁组织，按照一定的规律向左右弯曲，成波浪起伏，如樱桃木等。

这些富有自然、亲切感受的纹理，会因切削木材的方式以及树种、生长环境的差异等，而产生不同的图案。径切面和横切面会形成彼此互不交叉、近似平行或是同心圆的图案，这种图案给人以整洁、稳重、流畅、轻松、雅致的印象；弦切面以及特殊切面更是可以呈现多样的波浪形及特殊花纹，使人产生变化、起伏、美丽的感觉。另外，木纹图案由于受年代、气候、产地条件等因素的影响，在不同部位有不同的变化，给人以多变、起伏、运动、生命的感觉，如木材的早晚材、生长轮间的间隔分布呈现一种波动，这种波动与人的心脏跳动涨落的节奏相似，因此木材被称为是"活的材料"。当人们看到木材的纹理时，就会获得亲切、安静的舒适感，与它共生出一种生命的共鸣。如图1-4所示。

1.1.2.3 光泽

木材表面是由无数细胞组成，细胞被切断或剖开后，就是无数个凹面镜，凹面镜内反射的光泽有着丝绸表面的视觉效果，这一点是仿制品很难模拟的。在日常生活中，人们靠光泽的高低来判断物体的光滑、软硬、冷暖。

木材表面具有雅致的光泽，这是因为木材具有温反射的特点，它可以减弱和吸收光线，使光线变得柔和，看上去自然素雅。光线照射到木材表面时，鉴于木材的

图1-4 瘿木木纹

树种特征、内部构造等因素，将在木材的各个切面造成不同的反射，因而光泽不一。

因为不同树种对光的吸收和反射能力不同，使木材呈现不同的光泽。如梭木和杨木为白色或黄白色，但梭木的径切面和弦切面上常呈绢丝光泽，而杨木则没有；云杉与冷杉颜色基本相同，但云杉有光泽，而冷杉光泽很弱甚至没有光泽。光泽较强的树种有栎木、槭木、椴木、桦木、香椿等。光线照射方向与木纤维方向所成的角度不同时，相同木材的颜色将呈现不同的光泽。这一点往往被用在家具表面薄木装饰时，通过一组或多组对接拼花来达到某种特殊的视觉效果。

1.1.3 木材的密度和水分

1.1.3.1 木材的密度

木材密度是指单位体积的质量，单位为 g/cm^3 或 kg/m^3。木材含水率的变化会引起质量和体积的变化，从而使得木材的密度产生变化。根据木材在生产、加工过程中的不同阶段，木材的密度可以分为以下几种：

① 生材密度　伐倒的新鲜材称为生材，其密度为生材密度。在实验室条件下，用水浸泡使木材达到形体不变，即可测出生材体积的相等值。

② 气干密度　是指木材经过自然干燥，含水率达到15％左右时的木材密度。

③ 绝干材密度　木材经过人工干燥，使含水率为零时的木材密度为绝干材密度。

④ 基本密度　绝干材质量除以饱和水分时木材的体积为基本密度的物理意义，是单位生材体积或含水最大体积时所含木材的实质质量。

在以上4种密度中，气干密度和基本密度比较常用。气干密度是木材使用状态下的密度，它因各地区木材的平衡含水率及气干程度不同而有所不同，其数值有一定的范围，通常指含水率在8％～15％时木材的密度。为了在树种间进行气干密度的比较，我国现规定气干材的含水率为12％，即把测定的气干材密度均换算成含水率为12％时

的值。

木材密度是区分木材材性好坏的重要标志，同时也是识别木材的重要参考依据。在含水率相同的条件下，木材的密度越大，其强度也越大。根据木材密度的大小将木材分为轻、中、重三大类。轻材，密度小于 $0.4g/cm^3$，如泡桐、椴木等；中等材，密度在 $0.5\sim0.8g/cm^3$，如水曲柳、落叶松、橡木等；重材，密度大于 $0.8g/cm^3$，如紫檀、色木、麻栎、子京、观木等。

1.1.3.2 木材中的水分

（1）木材含水率

木材中所含的水分占木材重量的很大一部分，它直接影响木材的性质。木材中水分的含量因树种的不同而不同，即使是同一树种因部位的不同含水量也不尽相同。因此，木材的含水量分布是很不均匀的。在生产和使用中常根据木材的含水量分为生材、湿材、气干材、窑干材和绝干材。

木材中的水分依其存在的状态可分为自由水和吸着水两种。自由水，又可称为游离水，是指呈游离状态存在于细胞腔和细胞间隙中的水分；吸着水，又可称为吸附水，是指呈吸附状态存在于细胞壁微细纤维间的水分。

木材含水率是指木材中水分的重量与木材重量的百分比，有相对含水率和绝对含水率。

① 相对含水率　以湿木材为基准所得的百分数称相对含水率。

② 绝对含水率　以绝干材为基准所得的百分数称绝对含水率。在生产实践中，一般都以它作为计算木材中水分的标准。

（2）木材含水率的测定

木材含水率的测定有两种方法：称重法和电测法。

① 称重法　测定含水率时，截取试件后立即称量，准确到 0.1g，然后将试样放入烘箱，保持（103±2）℃的温度条件下烘至绝干（烘干过程中，如每小时内木材质量的变化不超过 0.1g，此时可视为木材烘至绝干）后再称重（精确到 0.1g）。在实验室常采用这种方法，精确度较高。但是因为测试的时间较长，在实际的生产中应用较少，在各企业的生产过程中常常采用电测法。

② 电测法　电测法是根据木材的电学性质，使用电动含水率测定仪在瞬间就可以测量出木材的含水率。电测法操作简单、迅速，在实际生产过程中大多数的企业采用这种方法。木材含水率测定仪主要有电阻式和高频介电式两种。

（3）木材的吸湿性

木材会随着周围环境条件（如温度、湿度）的变化，由空气中吸收水分或向空气中蒸发水分，这种性质就称为木材的吸湿性。木材从空气中吸收水分的现象叫做吸湿，木材本身的水分向空气中蒸发叫做解吸。在一定范围内，木材吸湿和解吸往往会伴随着木材本身形状、尺寸的变化。

（4）平衡含水率

平衡含水率是指木材长期暴露在一定温度和相对湿度的环境下，最终会达到的相对恒定的含水率，即吸湿和解吸速度相等，此时木材所具有的含水率称为平衡含水率。平衡含水率随着地区的不同、季节的不同而有所差异。我国北方地区年平均平衡含水率约为12%，南方约为18%，长江流域约为15%。国际上以12%为标准平衡含水率。我国主要城市的木材平衡含水率年平均值见表1-2。

表1-2　　　　　　　　　　我国主要城市木材平衡含水率年平均值

城　市	平衡含水率/%	城　市	平衡含水率/%
北京	11.4	重庆	15.9
哈尔滨	13.6	拉萨	8.6
长春	13.3	贵阳	15.4
沈阳	13.4	昆明	13.5
大连	13.0	上海	16.0
呼和浩特	11.2	南京	14.9
天津	12.2	合肥	14.8
太原	11.7	武汉	15.4
石家庄	11.8	杭州	16.5
济南	11.7	温州	17.3
青岛	14.4	南昌	16.0
郑州	12.4	长沙	16.5
乌鲁木齐	12.1	福州	15.6
银川	11.8	南宁	15.4
西安	14.3	桂林	14.4
兰州	11.3	广州	15.1
西宁	11.5	海口	17.3
成都	16.0	台北	16.4

注：本表参数引自《木材工业实用大全·木材干燥卷》，1998年。

各种不同类型用材的含水率要求都是由木材的平衡含水率确定的，通常要求木材的含水率达到或略低于当地的平衡含水率。

与大气温湿度平衡时的含水分状态因实际木材含水率使用环境而异，室内外冷暖的差异对含水率的需求也不同（如表1-3）。

表1-3　　　　　　　　　木制品使用场所的平衡含水率及干燥含水率

使用场所及用途	平衡含水率/%	干燥终了时含水率/%	调节处理终了含水率/%
完全冷暖房室内家具	6～8	5	5～6
一般家具	9～14	8	8～12
不淋雨室外家具	13～17	10	9～17
室内运动器具	9～13	9	8～12
室外运动器具	11～15	11	10～15

（5）木材的干缩湿胀

在一定的含水率范围内，随着木材本身含水率的变化，而带来的木材本身尺寸、形状的变化，这种现象称为木材的干缩湿胀。木材的干缩湿胀在不同的方向上是不一样的，弦向最大，其次是径向，最小的是纵向。一般情况下，弦向是径向的 2 倍，弦向和径向是纵向的几十到上百倍。木材的干缩湿胀随着树种、密度等的不同而不同。针叶材的干缩比阔叶材要小，软阔叶材比硬阔叶材要小；密度越大，干缩越大。干缩湿胀是木材固有的特性，很大程度上影响了木材的加工和利用。在实际情况中，由于木材的干缩湿胀往往会造成木材的翘曲、开裂等现象，在木材的加工利用中应该尽可能地避免出现这种情况。减少木材干缩湿胀的途径有以下几种：

① 控制木材的含水率　通过人工干燥，使得木材的含水率接近或略低于当地的平衡含水率 2%～3%，这样能够有效地降低木材的干缩和湿胀。

② 采用径切板　径切板的尺寸稳定性要优于弦切板。在许多特殊的位置常常使用径切板，如乐器、高级体育场馆的地板等。但是径切板的出材率比较低，成本较高，且加工工艺较复杂。

③ 采用机械抑制　可以利用木材本身的干缩异向性来改善其尺寸稳定性。胶合板就是利用了这种方法，使得木材在干缩时互相牵制，有效地减少了干缩，提高了稳定性。

④ 使用憎水性物质对木材进行封闭处理　利用化学药剂或油漆等对木材表面进行处理，将木材与环境隔离，使得水分不能自由流动。木材在油漆处理后的稳定性要远远大于未进行处理的。

1.1.4　木材的材质特性

作为一种具有良好触觉的天然材料，木材从古至今一直是作为家具用材的主要选择。我国的树种繁多，仅木本植物就有 7500 多种。地处亚热带的南方各省，树种尤为繁杂。如广东省木材就有 600 多种，但真正可用作家具的只有 30 多种。如荔枝木的抗酸性很强，是优良的造船材料，却因容易变形，不适合做家具。因此，我们要了解木材的各自特性，才能合理利用。

1.1.4.1　力学性能

木材抵抗外部机械力作用的能力称为木材的力学性能。在此我们需要了解与家具生产相关的力学性能，木材的强度与握钉力。

（1）木材的强度

木材的强度与木材的纹理方向密切相关，因此在家具的设计与制作过程中不但要考虑木材花纹的美观性，更要考虑木材纹理对于家具强度的影响。包括木材的抗压强度、抗剪强度、抗拉强度与抗弯强度。

木材的抗压强度是指沿着木材纹理方向承受压力载荷的最大能力。木材的顺纹抗压强度是木材作为结构和建筑材料中至关重要的力学性质，也是木材力学性质中最实用的性质，它在一定程度上可以说明木材总的力学性能的好坏。由于木材的顺纹抗压强度很大，所以常常被用作木桩、木柱等支撑件，"立木顶千斤"说的就是这个道理，但木材的横纹抗压强度只有顺纹抗压强度的 15%～20%，在家具生产中就要注意尽量避免使用横纹方向来承受压力。

在实际的应用中，通常所说的木材抗剪强度是指木材的顺纹抗剪强度，一般只有顺纹抗压强度的 15％～30％，横纹抗剪强度就更低了，所以在木材应用时，要避免顺纹方向受到剪切力，主要在锯制弯曲时要引起注意。木材最大的强度是顺纹抗拉强度，一般顺纹抗拉强度是横纹抗拉强度的 10～40 倍。由于木材的横纹抗拉强度特别低，因此在木结构的部件中，要尽可能地避免产生横纹的拉伸应力。木材的抗弯强度是指木材承受逐渐施加的弯曲载荷的最大能力。

木材强度在遇到节子、斜纹理等木材缺陷时，会相应降低，因此在配料进行生产时，尤其是受力部件，要对某些缺陷予以限制。

（2）木材的握钉力

木材的握钉力指的是钉子被拔出木材的阻力。木材握钉力的大小与木材的密度、含水率、可劈裂性、钉子本身等因素有关。木材的密度越大，其握钉力也越大。虽然密度大的木材比密度小的木材的握钉力大，但是密度小不容易劈裂，这样可以通过增加钉子直径、长度和钉子的数量来弥补握钉力的不足。木材顺纹握钉力大约为横纹握钉力的 2/3。木材的含水率发生变化时，握钉力也会产生相应的变化。螺钉的握钉力要大于圆钉，钉子越大，握钉力越大。

在木材上预先钻好孔可以提高握钉力，但是钻孔的直径应控制在钉子直径的 2/3 左右。这样也可以避免因直接钉钉子造成木材本身开裂而引起的握钉力下降。

1.1.4.2　吸湿与调湿

由于木材和水都是极性物质，当空气中蒸汽压力大于木材表面水分的蒸汽压力时（即木材比空气干燥），木材就吸收空气中的水分，称为吸湿；相反，如果木材中蒸汽压力大于其周围空气中的蒸汽压力时（即木材比空气湿），木材中的水分就蒸发到大气中去，称为解吸（干燥过程）。木材干燥就是利用木材的这一特性。另一方面，由于木材具有吸湿性，随着环境温度和空气湿度的变化，木材会出现变形、翘曲和开裂等缺陷，使木材材质下降等甚至成为废材。木材的吸湿性直接影响木制品的质量。

木材依靠自身的吸湿与解吸作用，直接缓和与稳定室内空间湿度变化的特性，称为调湿性。木材的调湿性对人体的健康有益，所以人们进行室内装修、贮存物品等选材都喜欢用木材。木材的厚度与调湿效果有很大关系。实验结果表明：3mm 厚的木材，只能调节一天内的湿度变化；5.2mm 厚的木材可调节 3 天内的湿度变化；9.5mm 厚的木材可调节 10 天内的湿度变化；16.4mm 厚的木材可调节 1 个月内的湿度变化。室内的湿度处于动态变化状态，要想使室内湿度保持长期稳定，必须增加室内装饰与家具使用材料中木材的数量。

1.1.4.3　脆性与硬度

木材在被破坏之后，没有或少有明显变形的性质，即不变形就破坏的性质，称为脆性。

脆性产生的原因不一，或由于树木生长不良，或由于遗传，或由于生长应力，或由于木材腐朽，或由于长期在高温作用下的木材等。脆性木材较正常材轻，纤维含量低。通常年轮宽度异常狭窄的针叶树材或阔叶树材，年轮宽度非常大的针叶树材，晚材率小的轻质材，年轮宽度极窄的阔叶树环孔材以及应压木等，往往就是脆性材。在家具的制作中，脆性材不适合用于结构件与承受力的部件。

木材的硬度是指木材在外力作用下抵抗另一个固体压入的能力。不同树种的木材其硬度也不同，一般密度越大，其硬度也越大。硬度与脆性是两个不同的概念，硬度一般随着木材的密度变化而变化，硬度高的红木密度也高，做成了可以使用数百年的经典家具，硬度低的木材如松木、泡桐等，经过加工和表面涂饰，也可以做成人们喜爱的现代家具，如宜家的松木仿古系列畅销多年、经久不衰。而脆性是与木材的纤维含量有关的，有的木材硬度高，但如果脆性大，也不适合做家具结构材。

1.1.4.4 多孔性

木材是由各类型的细胞组成，这些细胞是中空的，构成许多孔隙；同时，在细胞壁内、微纤丝之间也有许多空隙，在细胞之间还有许多纹孔相通。木材中有着无数的导管，使木材成为多孔材。从而使得木材具有以下特性：

① 导热率低　热胀冷缩的现象不显著，是一种非常好的绝热材料，因此木家具能给人以冬暖夏凉的舒适感和安全感。因木材的孔隙中充满空气，阻碍热传导，故木材的管孔越大导热性就越低。

② 具有回弹性　木材在结构上的多孔性使得木材在力学上具有良好的回弹性。当木材在受动载荷和冲击载荷时，即使超过弹性极限范围，也能吸收相当部分能量，承受较大的变形而不折断，木材横纹受力时此种特征尤其明显。

③ 硬度较小　木材的多孔性使木材硬度较小，而易于锯解、刨削、旋切等机械加工。而且也易于进行化学加工，如制浆、水解等。此外，也有利于木材防腐、木材干燥以及木材改性处理等。

④ 密度较小　木材的多孔性使得木材具有一定的浮力，可以水上运输。这不仅节省开支，而且可以防止木材被虫和真菌危害，达到保存木材的目的。由于木材浸在水中，大部分孔隙被水填充，导致空气缺乏，菌类无法生存，所以木材不易腐烂。同时由于水在胞腔内长时间浸泡，使可溶性的物质溶去，这样，当木材锯成板材进行干燥时，木材中的水分就因胞腔内不被内含物堵塞而易排除。由于水分的减少，木材尺寸趋于稳定，不易变形开裂。

1.1.4.5 吸附性

吸附是多孔性材料对液体或气体紧密的吸收。这种吸收只有一层分子的厚度（单分子层），最多也不会超过 10 个分子的厚度。具有多孔性和湿胀性的木材，单位重量的表面积是很大的，所以吸附量也是很大的，属于具有高度吸附性的材料。木材吸附性在家具工业中的应用主要有以下两个方面：

① 木材对胶液的吸附　在木材胶合工艺中，胶黏剂首先要被木材表面吸附，然后才能进一步胶合固化。用于木材胶合的胶黏剂，它们的分子中均有极性基团，都是极性物质。因此，木材胶合过程中，胶黏剂分子中的极性基团与木材表面的极性基团之间可以形成物理吸附，然后固化，牢固地胶合。

② 木材对涂料的吸附　在木材表面涂饰涂料，必须先在木材表面吸附，即涂料中聚合物的极性基团与木材表面的极性基团之间由于范德华力或氢键作用而产生附着力，然后，在木材表面形成一层涂膜才能固化。

1.1.4.6 可塑性

在湿热条件下对木材施加压力或拉力，使之产生较大的弹性变形，出现新的形状，然后干燥、冷却，使弹性变形转化为塑性变形，当外力解除后，能保持变形后的新形状而又不破坏木材构造的特征，称为木材可塑性。木材的可塑性受木材含水率、温度、树种和树龄的影响。温度在 0℃以上，木材可塑性随含水率的增加而增大，特别是当温度升高和含水率增加的情况下塑性更大。木材可塑性广泛用于压缩木和曲木工艺以及拱形造型、造船、纺织工业、曲木家具等。凡需利用木材可塑性这一特性的各类木制品，宜选用含韧性木纤维高的水曲柳、榆木、栎木、山枣等环孔材或半环孔材。

1.1.4.7　可湿性

可湿性是指固体受液体湿润的程度，在木材胶合工艺上的应用十分广泛。可湿性通常随湿度的升高而降低，随酸碱度升高而湿润指数增大。所以，单板在胶合前若经高温干燥，其可湿性会降低。因为胶合板生产要求树脂胶黏剂在胶压后形成坚固的胶层，所以除必须能湿润木材表面外，还要能渗透木材组织，但当胶合刨花板时，树脂胶湿润木材表面即可，而不需过于透入木材表面。

1.1.4.8　吸声性

吸声性指木材吸收声音的性能。木材对声音吸收是用吸声系数来表示，即木材吸收的音能量与作用于木材上的音能量之比。设开窗的单位面积的吸声系数为 1 或 100％，把这个作为基准与其他物质的吸声系数之比，称为该物质的吸声率。吸声率随材料厚度增加而增加，超过 20mm 则无影响。

木材的声音是鉴别木材的优良指标，凡材质好的木材，用斧背敲击，声音铿锵有力，当木材中空或腐朽时，则发出哑声。

1.1.4.9　老化性

木材存放和使用过程中，光泽和颜色会发生变化，使木材表面变得粗糙，出现自然老化现象，称为木材的老化性。

木材的老化作用包括光、热、水和其他大气因素所引起的物理、化学作用。木材容易在外界环境的作用下使得表面纹理疏松、粗糙不平、变色或褪色，甚至失去表面黏附性、纤维脱离，产生裂纹或碎片，逐渐脱落。主要影响因素有：微生物的作用、光照射、化学试剂的作用、温度和湿度变化等，如太阳光的紫外线到达地球表面的光能量很大，可以切断木材组分的分子链，发生光氧化反应，对木材的表面变色、产生老化有重大的影响。

1.1.4.10　表面钝化性

木板或单板在干燥过程中，由于温度过高使木材表面的可湿性降低，形成一层憎水表层，妨碍涂胶时胶液向板面扩散，导致胶层固化不良，降低胶合强度，这种现象称为木材的表面钝化性。木材表面钝化，在木材机械加工过程中，不仅影响加工质量，而且影响成品的质量。为了防止单板或木板表面钝化，在干燥前可用有机溶剂浸湿，干燥后不致产生钝化。

1.1.4.11　耐久性

木材抵抗生物、物理和化学等因子的破坏，并在长时间内能保持其自身天然的物理、力学性质的能力，称为木材的耐久性。木材在良好的条件下，可以保存数百年甚至几千年而不腐烂。例如，湖南长沙马王堆一号汉墓里的楸木和杉木，距今已 2000 多年，材质完好。

木材天然耐腐性的强弱，取决于树种、菌类、木材构造和化学组成以及使用条件等。不同树种的木材，因所含抽提物成分和含量的不同，其天然的耐腐力差异极大，即使同一树种或同一株树的木材，通常心材比边材耐腐，壮龄比幼龄、幼龄比老龄材耐腐。现将我国部分家具用材的天然耐腐性归类如下：

（1）最耐腐的木材

针叶树材：柏木、福建柏、红豆杉、杉木等。

阔叶树材：榉木、檫木、枣木等。

（2）较耐腐木材

针叶树材：红松、落叶松、华山松等。

阔叶树材：香樟、核桃楸、桐木、水曲柳、槐木等。

（3）稍耐腐木材

针叶树材：油杉、油松、金钱松、马尾松等。

阔叶树材：黄菠萝、水青冈、梓木、大叶桉、臭椿等。

（4）不耐腐木材

针叶树材：赤杉、水杉、鱼鳞云杉等。

阔叶树材：枫香、红桦、白桦、白榆、柳木、大青杨等。

1.1.4.12 触觉性

人们用手触及木材表面会有冷暖感、粗糙感、软硬感和干温感等，这就是木材的触觉性。不同的木材，因其构造不同，其触觉特性也不同。木材的触觉特性一般以冷暖感、粗糙感、软硬感综合分析评定。

（1）木材的冷暖感

人接触材料获得的冷暖感，是由皮肤与材料界面间的温度变化以及垂直于该界面的热流量对人体感觉器官的刺激结果来决定的。据科学研究统计，木材的冷暖感介于呈温暖感的羊毛、泡沫和呈冷感觉的金属、混凝土、玻璃、陶瓷之间。

（2）木材的粗糙感

粗糙感是指粗糙度刺激人们的触觉，即物体在木材表面滑移时所产生的摩擦阻力的大小。粗糙度是木材细胞组织的构造与排列所赋予木材表面的光滑与粗糙程度。木材表面粗糙度一般用触针法测定，摩擦阻力小的材料，其表面光滑程度高。针叶材的粗糙度主要来源于木材的年轮宽度和早材的比例大小；阔叶材则主要是表面粗糙度对粗糙感起作用和木射线的宽窄及交错纹理的附加作用。据科学研究表明，木材表面的光滑性均取决于早晚材的交替变化、导管大小、分布类型以及交错纹理等。

（3）木材的软硬感

通常针叶树材的硬度小于阔叶树材，所以前者称软材，后者称硬材。然而软材材质不一定就软，硬材材质不一定就硬。例如，铁杉是软材，其端面硬度为 39MPa；轻木是硬材，其端面硬度为 13MPa。在漆膜物理性能检测时发现，当木材硬度较大时，漆膜的相对硬度也会提高。例如，桌面会出现一些划痕、压痕等，这既有漆膜硬度较低的原因，也有木材本身硬度低的缘故。因此，人们都喜欢用较硬的阔叶树材做桌面。

1.1.4.13 易燃性

木材容易燃烧，凡是以木板为基质的木制品、木构件和木建筑物，都要注意防止火灾的问题。可以对木材进行阻燃处理，对木材进行阻燃处理的方法很多，分为两类：物理方法和化学方法。

物理方法：与不燃物质混用，使可燃性成分的比例降低，或用覆面材料隔断火焰与热和氧的接触。例如，用石膏、水泥、石棉、玻璃纤维等无机物与木质材料混合，用石棉纸、石膏板、金属板覆面等。

化学方法：一种是在木材或木质材料中注入难燃的化学药剂，另一种是在火焰下能生成抑制燃烧的化合物达到阻燃效果。一般使用元素周期表中Ⅰ族的（Li、Na、K等），Ⅱ族的（Mg、Ca、Sr、Ba等）及Ⅶ族的（F、Cl、Br、I等）元素化合物。

进行阻燃处理后对材性和加工的影响：经阻燃处理后的木材强度略有下降；吸湿性的变化因阻燃剂种类、加入量和树种而异；无机盐类处理的木材，对其胶合性能有不良影响；涂饰时，应将含水率控制在12%以下，相对湿度在65%以下为宜，否则，在高含水率涂饰时，木材表面易产生漆膜变色、污染或有结晶析出。

1.1.5　木材缺陷

我们把凡是在木材上能降低其质量、影响其使用的各种缺点称为木材缺陷。

原木一般都具有天然缺陷，只是程度、大小不同。根据《GB/T 155—2006　原木缺陷》和《GB/T 4823—2013　锯材缺陷》，木材缺陷分节子、变色、腐朽、虫害、裂纹、树干形状、木材构造、伤疤、木材加工、变形十大类，各大类又分成若干分类和细类。木材缺陷对木材的物理化学性质、加工性质等有一定的影响，因此与木材材质的等级密切相关。近年，随着人们审美观的转变，开始利用木材的缺陷，如节子等的装饰性，设计时特意保留这些缺陷，而不是一味剔除，这种手法被广泛地用于家具的装饰，如儿童家具的开发等。

1.1.5.1 天然缺陷问题

树木在生长过程中，受到环境条件的影响，使树干形成不正常的形状或形成一些缺陷。

（1）弯曲

弯曲就是树干的轴线不在一条直线上，在任何方向偏离从两端断面中心连接的直线，有单向弯曲和多向弯曲。弯曲会影响木材的强度以及利用，会降低出材率。

（2）尖削度

尖削是树干上下两端直径相差比较悬殊的现象，会增加废材量，容易产生斜纹，降低木材强度，影响锯材质量，从而降低木材的使用价值。

（3）油眼

油眼又称油脂囊，是指针叶树材年轮内局部充满树脂的条状沟槽。树脂溢出会损坏木材的外表，也会影响木制品表面的油漆和美观，对于小尺寸构件，可能影响木材的强度。油眼如图1-5所示。

（4）夹皮

夹皮（图1-6）是树木受伤后，由于树木继续生长，将受伤部分全部或局部包入树干中而形成，有时还伴有树脂漏和腐朽。夹皮完全包在木材内部的叫内夹皮，在木材外表可以见到的叫外夹皮。夹皮会使年轮弯曲，破坏木材的完整性，降低木材的等级。

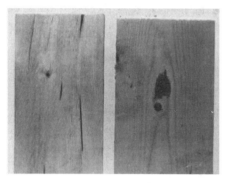 

图1-5　油眼　　　　　　　　　　　　　　　图1-6　夹皮

（5）节子

节子是指包含在树干或主枝木材中的枝条部分，在木材上十分常见，当锯成板、方材后便体现为节疤。节子长在树干或大丫木材中的树枝基础部。按照节子的质地以及与周围木材相结合的程度，可以分为活节和死节两种。活节即由树木的活枝所形成，节子与周围木材紧密连生，质地坚硬，构造正常，没有腐朽的征兆；死节由树木的枯死枝条所形成，节子与周围木材大部分或全部脱离，质地坚硬或松软，在板材中有时脱落而形成空洞就叫做漏节。

如果木材的节子已发生菌腐，程度轻的节子变软，腐朽严重的节子会脱落，在树干或板材上造成空洞的漏节缺陷。有时节子腐朽还会使周围的木材也发生腐朽，可见，死节及漏节对木材的利用影响较大，活节对木材的利用影响较小。节子的存在也破坏了木材构造的均匀性和完整性，降低了木材的强度，而且使木材加工过程中的切削阻力增大，有节子的材质对刀具的要求比其周围的材质高得多，而且有节子的木材油漆性能等也受影响。节子如图1-7所示。

（6）斜纹理

斜纹理简称斜纹或纽纹，斜纹指木材中纤维排列与纵轴方向不一致所出现的倾斜纹理，天然形成或加工不当形成。有些木材的斜纹理是交错纹理、波状纹理，可以通过特殊加工，使板面呈现特殊花纹，作装饰镶板用。斜纹会降低木材的强度，最好不用在家具的结构部件，不可以承受比较大的力。斜纹理如图1-8所示。

（7）应力木

有些圆木的端面髓心偏向一边，使另一边应力木的性质和构造与正常木材的宽窄程度不同，树干的髓心偏向一侧，偏心部分的年轮特别宽，长得较宽的一边称应力木，长得较窄的一边称对应木。应力木包括针叶树材的应压木和阔叶树材的应拉木，其构造、物性均与健全木材有差异。在家具的制造和使用过程中，应力木的主要缺陷是容易变形。应力木如图1-9所示。

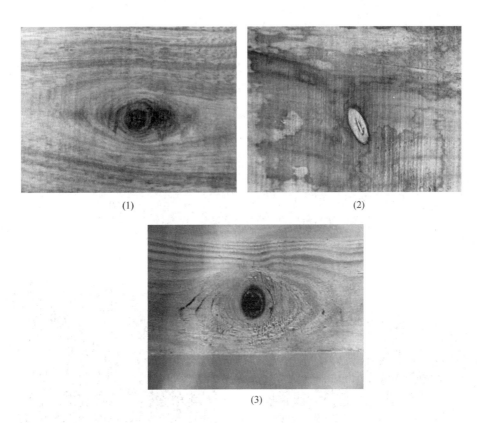

图 1-7　节子
（1）活节　（2）死节　（3）腐朽节

（8）髓心

髓心指树干横断面上第一轮的中间部分，由脆弱的薄壁组织构成，髓心周围木材强度较低，干燥时容易开裂。一般选用家具材料的时候要尽可能不用带有髓心的材料，但由于现在小径级木材的广泛使用，很多家具厂可能会买回很多带有髓心的材料，在使用时就要注意要将髓心一侧面向内侧。髓心如图1-10所示。

图 1-8　斜纹理

（9）树瘤

树瘤指因为生理或病理作用，使树干局部膨大，呈不同形状大小的鼓包；树瘤会增加木材加工难度，而且因为纹理错综复杂，力学强度很低，但可形成美丽的花纹。明清家具中使用的漂亮瘿木实际就是木材的树瘤。

（10）偏枯

偏枯是树木在生长过程中，树干局部受到创伤或烧伤后，表层木质枯死裸露而形成，通常沿树干纵向伸展，并径向凹进去，常伴有树脂漏、变色或腐朽等。偏枯破坏原

(1)

(2)

图 1-9　应力木

(1) 应压木　(2) 应拉木

图 1-10　髓心

图 1-11　树瘤

材的形状和完整性，引起年轮局部弯曲，影响木材质量。偏枯如图 1-12 所示。

（11）树包

树包指在树木生长过程中，由于枝条折断或树干局部受伤，木材组织不正常增长所形成。树包外形一般为圆形或椭圆形，内部主要是腐朽节或死节，因此，树包改变了原材的形状和木材结构的均匀性，增加了机械加工困难，影响木材质量。树包如图 1-13 所示。

图 1-12　偏枯

图 1-13　树包

1.1.5.2　木材干燥时引起的品质问题

堆积的木材干燥时，随着水分的蒸发会产生开裂和翘曲变形。

（1）开裂

裂纹是木材常见的缺陷之一。裂纹对木材的影响非常大。裂纹，特别是贯通裂，破坏木材的完整性，降低木材的强度，影响木材的利用和装饰价值，降低木材的出材率。顺着木材纹理的方向容易产生裂纹和开裂，以开裂在木材上的不同部位划分，可分为纵裂和端裂两种。开裂如图 1-14 所示。

纵裂指顺着木材纹理方向的开裂，沿着木射线可能导致内裂。

端裂指在木材横切面上的开裂，通常沿着木射线方向发生。如果端裂延伸，从端面一边发展到另一边，就在端面劈裂。柞木产生端面劈裂的情况较多。

（1）　　　　　　　　　　　　　　　（2）

图 1-14　开裂

（1）纵裂　（2）端裂

（2）翘曲

由于堆积不良，干燥不均匀，引起板材与方材等成材的变形，称为翘曲。翘曲一般分为顺弯、横弯、扭曲和翘弯等。

顺弯，指板材顺着纹理横向弯曲，即材面与边沿同时弯曲，形似弯弓，称为顺弯。

横弯，指板材与方材的材边顺着纹理纵向弯曲，即材边弯曲，材面不弯曲，称为横弯。

翘弯，指板材沿着横纹方向呈瓦形弯曲，即材面弯曲，材边不弯曲，称翘曲。

扭曲，指板面的一角向对角方向翘起，即板材的四角不在同一平面上，称为扭曲，又称翘角。

1.1.5.3　木材因生物侵害引发的品质问题

木材因生物侵害而导致的缺陷，大致有虫害、腐朽和变色三种。

（1）虫害

虫害是各种昆虫危害而造成的木材缺陷，昆虫蛀蚀木材形成的孔道，称为虫眼（虫孔）。虫害降低木材的力学强度，而且虫眼是引起木材边材变色和腐朽的重要通道。木材在贮存期与制作成品后，都会发生虫害。虫害一般出现在木材或木制品内部，如有许多虫孔、排出粉末，称为粉末虫或蛀虫。消灭虫害的有效方法是木材使用前人工高温干燥或注入防虫剂，也可以在木制品上涂一层油漆。虫害如图 1-15 所示。

（2）腐朽

腐朽是由于腐朽菌侵入木材引起的，按腐朽的类型和性质可以分为白腐（白色腐朽）和褐腐（褐色腐朽）。腐朽如图 1-16 所示。

白腐是白腐菌破坏木材细胞壁的木素以及碳水化合物所形成，使得木材多呈白色或浅黄色、浅红褐色或暗褐色等，而具有大量浅色或白色斑点，其外观多似小蜂窝或筛孔，

图 1-15　虫害

或者材质变得松软，用手挤捏很容易脱落，又称为筛孔状腐朽、腐蚀性腐朽。

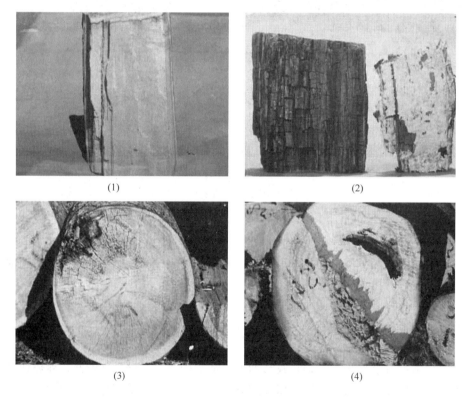

(1)　　　　　　　　　　　　　(2)

(3)　　　　　　　　　　　　　(4)

图 1-16　腐朽
（1）白腐　（2）褐腐　（3）外部腐朽　（4）内部腐朽

褐腐是褐腐菌破坏木材细胞壁的纤维素所形成，外观呈红褐色或棕褐色，质脆，中间有纵横交错的块状裂隙。褐腐后期，受害木材很容易被捻成粉末，所以又称为粉末状腐朽、破坏性腐朽。

如果按腐朽在树木上的部位来分，又有外部腐朽和内部腐朽两种。外部腐朽发生在横断面的周围，产生在被伐倒和枯立木的边材部分，又称边材腐朽。在木材保管期间，外部腐朽也容易蔓延。内部腐朽发生在立木内部，又称芯材腐朽或芯腐，由真菌从根

部、枝节或其他受伤部位侵入所致。

腐朽是木材较严重的缺陷之一，严重影响木材的物理力学性质，使木材相对密度降低，吸水性、透水性增加，强度，特别是木材的冲击韧性显著下降，可能直至为零，丧失使用价值。

防止木材腐朽的有效措施是设法改变木腐菌的生长繁殖条件。木腐菌的生长与繁殖首先要有合适的温度，适宜的温度是 25～30℃；还有就是木材要有合适的含水率，当木材含水率为 23％～30％时，最适宜木腐菌的生长与繁殖；再就是要有足够的氧气和一定的营养，这是木腐菌生长繁殖不可缺少的条件。因此，应对木材进行干燥处理，降低它的含水率，并且用高温杀死木腐菌；把有毒的药剂浸入木材之中进行防腐处理。这些都是防止木材腐朽的有效措施。

（3）变色

树木伐倒或制成方材后，经过一段时间，木材正常的颜色发生了改变，轻者影响美观，重者严重影响木材的材质和加工强度。木材的变色分为两大类，一类是天然变色和化学变色，另一类是变色菌所致的变色。受木腐菌和细菌危害后，木材也会变色，但不属于此两大类。变色如图 1-17 所示。

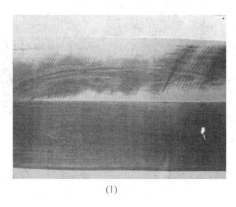

|（1）|（2）|

图 1-17 变色
（1）化学变色　（2）变色菌变色

天然变色和化学变色发生在芯材和边材中，包括氧化变色，化学变色，锯、刨等机械烧伤变色和矿物变色等。天然变色和化学变色对木材的利用一般影响不大，只有少数情况例外。如泡桐在干燥过程中容易变成黑褐色，会影响家具表面的美观。如果在干燥前用水浸泡，除去木材组织中的化学物质，就不会出现黑褐色。

变色菌产生的变色常见于边材中，所以又称为边材变色。边材变色菌有两类，一类是长在木材表面令木材发霉的真菌叫霉菌，只要将木材表面刮干净就可以防止变色；另一类是长入木材内部的变色菌，通常意义上的变色菌指的就是这一类，又称边材变色菌。对木材影响较大的变色菌是真菌，它的生长繁殖环境与木腐菌相同。由于边材变色菌的侵害，会使木材变成蓝、红、褐色或灰橄榄色，其中以蓝变（又称青变）较常见。

有效地利用木材，必须提高木材抗生物危害的能力，主要措施有油漆、干燥和防腐处理等。

① 油漆　木制品经过油漆后，既可以增加美观度，又可以起到防潮、防虫蛀、防吸湿和抗磨等作用。室外存放的木材，在其端头涂上沥青，也是防吸湿、开裂和变形的有效办法。

② 干燥　木材经人工干燥后，可以减少开裂和变形，还可以起到消毒作用，以防虫、菌等侵害发生。室内使用的木制品应干燥至含水率在 8%～12% 为好。

③ 防腐处理　木材经过防腐处理后，一般能够预防白蚁和其他虫类的危害。

1.1.5.4　木材在机械加工过程中造成的品质问题

木材加工缺陷指木材在锯、削、刨、旋等机械加工过程中所造成的木材表面损伤，会产生锯口缺陷、钝棱、起毛和起皱等主要缺陷。

锯口缺陷是木材因锯割而造成不平整或偏斜的现象，主要有瓦棱状锯痕、波纹状、毛刺糙面和锯口偏斜等，它们使锯材厚薄或宽窄不匀或材面粗糙，以致影响产品质量，难以按要求使用。锯口缺陷如图 1-18 所示。

钝棱，板、方材的边棱有欠缺称为钝棱，是由于原木有一定的尖削度和加工的板材过长所致。主要减少材面的实际尺寸，木材难以按要求使用，改锯则增加废材量。

起毛，在锯削、刨光或砂光时，木材纤维被撕裂使板面起毛。这种现象在阔叶树材中比较常见，多发生在应力木上。起毛在弦切板上比径切板上更为严重。

起皱，是指早材与晚材交界处出现凹凸不平的现象。一是木板刨光后，湿胀时晚材

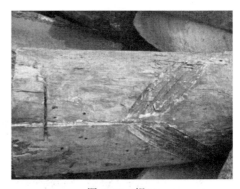

图 1-18　锯口

带凸起，干缩时晚材带凹下，多见于早、晚材硬度差异悬殊的针叶树材上，如松木类。另一种是在弦锯板上，生长轮顶端处的早、晚材分离或呈卷曲状。这是由于刨刀冲撞或砂光时压力较大，将早材破坏所致。

变形是木材在干燥、保管过程中所产生的形状改变，分为翘曲和扭曲。翘曲按照方向的不同，分为顺弯、横弯、翘弯。变形改变了木材原来的形状，难以按要求使用或加工。

1.1.6　锯材的厚度规格

原木经过干燥后，根据使用要求，往往先进行锯切，以便二次加工。将各种树种的原木按一定规格经纵向锯割后称为锯材。根据尺寸可加工成方材、板材以及曲木三大类。其中，板、方材是家具业应用最广泛的传统材料，至今仍然占主要地位。按原木锯割的方向性，锯材又分为径切板和弦切板，径切板是垂直于年轮下锯，为条状木纹，而弦切板是平行于年轮下锯，为圆形或椭圆形木纹。有些木制品对锯材的年轮纹切线与宽材面的夹角有一定的要求，例如钢琴的共鸣板就要求用径切板，家具使用的锯材以弦切板为主。

1.1.6.1 板材

宽度为厚度的三倍或三倍以上的锯材称为板材，根据家具用材的要求，一般有薄板、中板、厚板和特厚板之分。

① 薄板　厚度在 18mm 以下；

② 中板　厚度为 19～35mm；

③ 厚板　厚度为 36～65mm；

④ 特厚板　厚度在 66mm 以上。

1.1.6.2 方材

宽度不足厚度三倍的成材称为方材。按其断面面积可分为小方、中方、大方和特大方。

① 小方　宽、厚相乘积在 54dm^2 以下；

② 中方　宽、厚相乘积为 55～100dm^2；

③ 大方　宽、厚相乘积为 101～225dm^2；

④ 特大方　宽、厚相乘积在 226dm^2 以上。

1.1.6.3 曲木

经过人为加工使木材变形弯曲的木料称为曲木。根据所有木材规格的不同，分为实木弯曲、薄木胶合弯曲以及胶合板弯曲三类。其中实木弯曲可分为实木锯制弯曲和实木加压弯曲两种，锯制弯曲的木材工艺比较简单，但是强度有所影响；而实木加压弯曲的木材虽然在纹理的美观性和强度方面都稍胜一筹，但工艺要求比较高，一般家具企业是没有专门的设备进行加工的，现在一般的家具企业大都采用的实木锯制弯曲。薄木胶合弯曲所制成的家具就是俗称的曲木家具。这种由多层薄木胶制成板坯后经过模压成型的方法具有工艺简单、木材利用率高等优点，所以在现代家具生产中广泛使用，如图 1-19 所示。

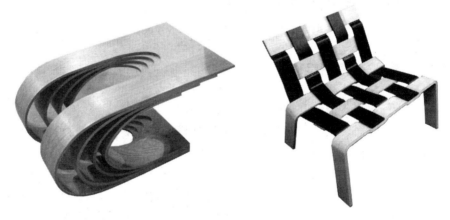

图 1-19　弯曲木家具

1.1.7　家具用材的不同要求

1.1.7.1 家具木材选用的条件

（1）吸水性和变形性小

木材具有吸水性，一般木材的含水率在 18％ 以下认为是干木，湿木的含水率在

23%以上。吸水性会使木材膨胀与收缩，造成开裂，甚至引起翘曲变形，因此家具的前期干燥处理非常重要。

（2）易于加工和涂饰

木材经过采伐、干燥后便要进行切削加工以及连接组装，最后还要经过上漆等处理，故要求必须易加工。同时，着色和涂饰性能要好。

（3）根据结构要求选用

根据家具的结构用材和面材的要求不同，选用不同的木材。支撑结构构件要选用强度高，抗压性强的木材；而面材则需要纹理美观，没有节疤等条件。

1.1.7.2　不同等级家具对材种与材质的要求

（1）普通家具

在木材缺乏的情况下，一般树种都可采用，不需列举，但以木材重量和硬度中等或中等以下的阔叶树种为好。

（2）高级家具

最好用一类材，也可采用二三类材。

一类用材有麻楝（径面）、柚木、香红木、黑檀木、铁力木、红豆、桃花心木（径面）、苏木及具鸟眼花纹（弦面）的槭木和桦木等。

二类用材有核桃木、水青冈（径面）、白青冈和红青冈（径面）、麻栎、榆木、榉木、油丹（径面）、香樟（特别是衣箱）、桢楠、檫木、悬铃木（径面）、山龙眼和银桦（径面）、格木（径面）、油楠（径面）、红豆木、香椿、红椿、山楝（径面）、黄连木（心材）、火绳木（径面）、银叶树（径面）、海棠木（径面）、铁力木（径面）、竹节树（径面）、密花树（径面）、鸭脚木、泡桐、石梓、水曲柳（径面）、莺哥木及梓木等。

三类用材有红锥、波罗密（心材，海南产者除外）、胭脂木（心材）、白蜡木、木莲、野樱等。此外，也可用粗榧、穗花杉、竹叶松、福建柏、红豆杉等木材结构细致、材质均匀的针叶树材。

1.1.7.3　家具外部与内部用材的选择

家具外部用材应选用质地较硬，纹理美观的阔叶树材。主要有水曲柳、榆木、桦木、色木、柞木、麻栎、黄波萝、楸木、樟木、梓木、柚木、紫檀、柳桉等。

家具内部用材要求较低，在能保证部件强度要求的前提下，可选用材质较松、材色和纹理不显著的木材，甚至可以是带有缺陷的木材。主要有红松、本松、椴木、杉木等。

1.1.8　主要材种及其特性

我国地域辽阔，森林分布很广，树种繁多，约有七千多种，其中材质优良、经济价值较高的有千余种。

家具用材要求：纹理美观悦目、强度大、耐摩擦、变形小、不易开裂、不易腐朽；切削加工与涂饰性能好等。我国重要的家具用材只有四十多种，主要有分布在东北的落叶松、红松、白松、水曲柳、榆木、桦木、色木、椴木、柞木、麻栎、黄波萝、楸木；长江流域杉木、柏木、檫木、梓木、榉木；南方的香樟、柚木、紫檀等。现把家具常用木材的主要特征、性能简述如下。

（1）红松

红松示例如图1-20所示。

特征：边材浅黄褐色至黄褐色带红，与心材区别明显；心材红褐色，间或浅红褐色，久则转深。木材有光泽，松脂气味较浓，无特殊滋味。生长轮略明显，晚材带色略深；宽度均匀；早材至晚材渐变。轴向薄壁组织不见。木射线密度稀至中，极细，在放大镜下横切面上明显；在肉眼下径切面上射线斑纹可见。树脂道分轴向和横向两种。

图1-20　红松

一般性质：纹理直，结构中而匀；重量轻；质甚软；干缩小至中；强度低，冲击韧性中。干燥容易，气干速度快，不易开裂和变形；性耐腐，边材蓝变少见，抗蚁蛀性弱，不抗海生钻木动物危害，防腐浸渍处理较难；油眼常见；易切削，但切面光滑；油漆后光亮性中等；胶粘性能较差；握钉力弱至中；耐磨损性略差。

（2）杉木

杉木示例如图1-21所示。

特征：树皮厚，深红褐色，平滑，浅纵裂，呈长条状剥落。木材心边材区别明显；边材黄白色，较窄；心材淡黄褐色；年轮明显；木材具有杉木香气；纹理直；结构粗至细。

一般性质：木材轻软，气干密度约0.376g/cm^3；干燥良好，少翘曲开裂，耐久性强；易加工，切削面粗糙；油漆性差，胶接性能良好；握钉力弱。

（3）红楠

红楠示例如图1-22所示。

图1-21　杉木

特征：木材灰褐色或灰黄褐色，与心材区别明显。心材红褐色。木材有光泽；干材无特殊气味和滋味；生材刨花，或干材刨花浸水后有黏液。生长轮明显，轮间呈深色带；散孔材；宽度不均匀。管孔略少；中等大小，在肉眼下略见；大小一致，分布均匀；散生或斜列。轴向薄壁组织在放大镜下可见；傍管状。木射线稀至中；极细至略细，在放大镜下明显，比管孔小；肉眼下径面上射线斑纹明显。无波痕，无胞间道。

一般性质：纹理斜或直；结构细而匀；重量轻至中；木材软；干缩小至中；强度低至中；冲击韧性中。

（4）马尾松

马尾松示例如图1-23所示。

特征：边材黄褐或浅红褐色，最易呈蓝变色，与心材区别明显；心材红褐色。木材有光泽，松脂气味浓厚，有时触之有油性感，无特殊滋味。生长轮明显，晚材带色深；晚材带略宽；早材至晚材急变。轴向薄壁组织不见。木射线密度稀至中，极细至甚细，在放大镜下横切面上明显；在肉眼下径切面上射线斑纹可见。树脂道分轴向和横向两种。

一般性质：纹理直或斜，结构粗，不均匀；重量轻或中；硬度软或中；干缩通常中；强度低或中，冲击韧性中。干燥容易，较快，干燥过程易出现表面裂纹；性不耐腐，易遭白蚁袭击，防腐处理容易；切削较软松木困难，锯解时有夹锯现象，但切面光滑；油漆及胶黏性能不佳；握钉力远比红松强。

（5）香樟

香樟示例如图 1-24 所示。

图 1-22 红楠

图 1-23 马尾松

图 1-24 香樟

特征：木材边材黄褐色或灰褐色微红，与心材区别明显；心材红褐或红褐色微带紫色，沿纹理方向常杂有红色或暗色条纹。木材光泽强；新切面上樟脑气味浓厚，经久不衰；味苦。生长轮明显，轮间呈深色带；散孔材至半环孔材；宽度不均匀。管孔略多；略小至中，在肉眼下可见，大小略一致；分布略均匀；斜列或散生；具侵填体。轴向薄壁组织在放大镜下明显；傍管状。木射线稀至中；极细至略细，在放大镜下明显，比管孔小。肉眼下径切面上有射线斑纹。无波痕，无胞间道。

一般性质：木材螺旋纹理或交错纹理；结构细而匀；重量轻至中；硬度软至中；干缩小；强度低；冲击韧性中。木材干燥略困难，速度较慢，易翘曲，稍有开裂；耐腐，耐虫害，防腐浸注较难；容易切削，切面光滑；油漆后光亮性优异，美观，适于做家具或单板贴面的材料；容易胶粘；握钉力中至略强，不劈裂。

（6）檫木

檫木示例如图 1-25 所示。

特征：木材边材浅褐色或浅褐色带红，与心材区别明显；心材栗褐或暗褐色。木材光泽强；有香气；微带辛辣滋味。生长轮明显；环孔材；宽度均匀。早材管孔中至甚大；数多，密集，连续排列成早材带；心材中侵填体丰富；早材至晚材急变。晚材管孔数略少，通常略小至甚小，在放大镜下明显；斜列或弦列成短波浪形。轴向薄壁组织在放大镜下明显；环管束状或傍管短带状。木射线稀至中；极细至略细，在肉眼下横切面上略见。径切面上有射线斑纹，无波痕，无胞间道。

一般性质：木材纹理直；结构中至粗，不均匀；重量轻至中；硬度软至中；干缩小至中；强度低或低至中；冲击韧性中。木材干燥容易，速度中常，翘裂现象少见；最耐腐，耐水湿，防腐浸注最难；容易切削，刀具不易变钝，切面光滑，光泽性强，油漆后光亮性良好；胶粘牢固；握钉力中，不劈裂。

（7）白桦

白桦示例如图1-26所示。

图1-25 榉木

特征：木材黄白至黄褐色，心边材区别不明显，立木因腐朽常出现假心材。木材有光泽；无特殊气味和滋味。生长轮略明显，轮间呈浅色细线。散孔材；宽度略均匀；管孔略多至多，略小，在肉眼下呈白点状；大小略一致，分布略均匀；散生；侵填体未见。轴向薄壁组织在放大镜下可见，轮界状。木射线密度中；极细至略细，在放大镜下略见，在肉眼下径切面上射线斑纹明显，无胞间道。

一般性质：纹理直，结构甚细，均匀；木材重；硬度软或中；干缩小；强度低至中；冲击韧性中或高。

（8）柚木

柚木示例如图1-27所示。

图1-26 白桦

特征：树木灰色，具有浅纵向裂纹，呈长薄片状剥落。木材心边材区别明显；边材浅黄褐色，心材金黄色，久之变为深黄褐色，在生长干燥地区者多呈现褐色条纹，弦切面上呈抛物线花纹；环孔材；生长轮明显，甚宽，不均匀；纹理通常直，但可能有交错纹理；结构中至略粗；木材有光泽；新伐材略有刺激性气味（如燃后的羽毛味）；触之有脂感。

一般性质：木材干燥良好，干缩性小；材色易于改变，但干燥后木材颜色一致；心材耐朽性较强，防腐处理困难，但边材易被昆虫蛀蚀；木材加工性质良好，切面光滑，材色悦目，但易使刀具变钝；油漆和胶接性能良好，耐酸。

图1-27 柚木

（9）水青冈

水青冈示例如图 1-28 所示。

特征：木材浅红褐色至红褐色，心边材区别不明显。木材有光泽；无特殊气味和滋味。生长轮明显，轮间呈深色带，遇宽木射线向内凹；半环孔材；宽度略均匀。管孔甚多，甚小至略小，在放大镜下明显或略明显；在生长轮内部较多较大，外部甚小甚少，最外部则管孔缺如；散生。轴向薄壁组织在放大镜下不见或略见；呈细短弦线或斑点状。木射线中至略密；分宽窄两类，径切面上射线斑纹不显著，无波痕，无胞间道。

一般性质：木材纹理直或斜，均匀；结构中；重量重；硬度中；干缩大；强度中，冲击韧性高。木材干燥宜慢，有翘曲和开裂、劈裂等倾向；耐腐性弱至中，外部木材有蓝变色；切削不难，切面光滑，径面上具银光花纹；油漆后光亮性好；容易胶粘；握钉力大，可能劈裂。

图 1-28　水青冈

（10）核桃木

核桃木示例如图 1-29 所示。

特征：木材边材浅黄褐色或浅栗褐色，与心材区别明显；心材红褐或栗褐色，有时带紫色，间有深色条纹，久露空气中则呈巧克力色。木材有光泽；无特殊气味和滋味。生长轮明显；半环孔材；宽度略均匀至不均匀。管孔中等大小，在肉眼下可见，逐渐向生长轮外部减小减少；呈之字形排列；侵填体常见。轴向薄壁组织在放大镜下明显；离管带状，排列呈连续或不连续细弦线。木射线略密；极细至中，在肉眼下略见，比管孔小。径切面上有射线斑纹。无波痕，无胞间道。

一般性质：木材纹理直或斜；结构通常细致，略均匀；重量、硬度、干缩及强度中；冲击韧性高。木材干燥缓慢，干燥后性质稳定，不变形，干燥过程若不注意就会产生劈裂；颇耐腐，立木有腐朽，边材会变色；容易切削和刨光；油漆后光亮性优异；容易胶粘；握钉力佳。

图 1-29　核桃木

（11）红豆杉

红豆杉示例如图 1-30 所示。

特征：早材过渡到晚材缓变，无正常树脂道，轴向管胞大小略一致，早材管胞近圆形，管胞壁螺纹加厚明显，管胞壁螺纹加厚交叉，轴向薄壁组织缺乏，射线单列（偶 2 列），射线宽 1 细胞（偶 2），射线高 5 细胞以

图 1-30　红豆杉

下，射线细胞圆形或近圆形。

一般性质：纹理直或斜，结构细，均匀，干缩小，重量硬度及力学强度中。加工容易，干燥快，少翘裂，耐腐性强，油漆后光亮性好，胶粘容易。

（12）榉木

榉木示例如图1-31所示。

特征：边材黄褐色，较宽，与心材区别明显；心材通常浅栗褐色带黄。木材有光泽；无特殊气味和滋味。生长轮明显；环孔材；宽度不均匀。早材管孔中至略大，在肉眼下明显；连续排列成明显早材带；通常含侵填体；早材至晚材急变。晚材管孔甚小至略小，一部分在肉眼下略可见；簇集，排列成连续或不连续弦向带或波浪形。轴向木薄壁组织在肉眼下明显；傍管状，通常围绕晚材管孔排列成弦向带或波浪形。木射线稀至中；甚细至略宽，在肉眼下可见，比管孔小；径切面上射线斑纹明显。无波痕，无胞间道。

一般性质：纹理直，结构中，不均匀；重而硬；干缩大；强度中至高；冲击韧性甚高。干燥困难，易翘曲、开裂；耐腐性中等；切削加工困难，切面光滑，弦锯板上呈现美丽的抛物线花纹；油漆性能优良；胶粘颇易；握钉力强，有劈裂。

（13）水曲柳

水曲柳示例如图1-32所示。

特征：树木外皮灰白色透黄，交叉细纵裂，有较深的横裂纹。木材心边材区别明显；边材黄白色，窄；心材灰褐色；环孔材；年轮明显，宽窄均匀；纹理直；花纹美观；结构粗；有光泽。

一般性质：木材略硬重，不易干燥，干缩性大；较耐朽及耐水；材质坚韧，抗弯性能良好；木材加工较易，切面光滑；油漆和胶接性能良好；握钉力强，但易钉裂。

（14）椴木

椴木示例如图1-33所示。

图1-31　榉木

图1-32　水曲柳

图1-33　椴木

特征：木材红褐色微黄或红褐色，心边材区别不明显。木材有光泽；无特殊气味和滋味。生长轮明显，轮间呈深色或浅色细线。散孔材；管孔略少，略小，在放大镜下略明显至明显；大小很一致，分布均匀；散生；侵填体未见。轴向薄壁组织在放大镜下可见；轮界状或傍管状。木射线稀至中；甚细至略细，在肉眼下几不见；在放大镜下可见。无波痕及胞间道。

一般性质：纹理斜，结构甚细，均匀；重量中至中或重；木材硬；干缩中至大；强度中至高；冲击韧性高。板材干燥不困难，干燥速度中等，表面容易产生细裂，稍有翘曲。稍有耐腐，防腐处理较难。切削不很困难，切面很光滑，适于车工；尤其后版面光亮型号；胶接性能中等；握钉力强，但沿射线劈裂。

（15）黑核桃

黑核桃示例如图 1-34 所示。

特征：年轮清晰，边材黄褐色，心材带紫色的褐色，并常有不规则的深浅不一的条纹。管孔单独或 2 至数个径列复管孔，侵填体丰富；轴向薄壁组织离管切线状；有时成同心圆状的细线。具草酸钙结晶。射线同型至异Ⅲ型，射线与导管间纹孔同管间纹孔。

一般性质：纹理一般通直，结构粗。不规则纹理具很高装饰价值。

（16）铁刀木

铁刀木示例如图 1-35 所示。

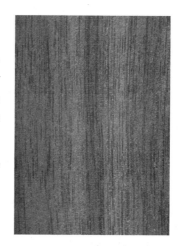

图 1-34　黑核桃

特征：铁刀木生长很慢，因此必须是大径级原木，具有充分的心材才能够利用。浅色边材和主要为黑褐色的心材有明显不同非常。薄壁组织丰富，在纵切面上呈浅细条纹，在肉眼下也能见。单管孔为主及 2～3 个径向复管孔。傍管型轴向薄壁组织呈翼状、短聚翼状，其宽度宽呈波状，作为浅色细条纹，肉眼下很明显，具链状结晶。木射线同型，宽 2～3 细胞。射线与导管间纹孔大致同管间纹孔。

一般性质：交错纹理，结构较粗。

（17）鸡翅木

鸡翅木示例如图 1-36 所示。

特征：边材颜色浅、木纹平直，心材颜色深，木纹屈曲。心材与边材的交界处有一圈黑线。生长轮廓不明显。

一般性质：纹理交错、清晰，质地坚硬细密，无棕眼纹络。

（18）花梨木

花梨木示例如图 1-37 所示。

特征：木材的心材材色红褐至紫红，材色较均匀，可见深色条纹。木材有光泽，具轻微或显著清香气。

图 1-35　铁刀木

一般性质：纹理交错、结构细而均（部分非洲、南美产略粗），耐腐耐久性强。材质硬重（部分中等），强度高（部分中等）。

（19）紫檀木

紫檀木示例如图 1-38 所示。

特征：紫檀直径通常为 15cm 左右，树干扭曲少有平直，空洞极多，素有"十檀九空"之说。边材黄褐白色心材橙红黄色少有黑色花纹，有非常细密的布格纹（波痕），木质里含有丰富的橙黄色素，比重 1∶1 以上，纤维组织呈 S 状结构。管孔内细密弯曲极像牛毛，故有"牛毛纹紫檀"之称。

一般性质：紫檀的材质致密坚硬，木材的分量重。色调呈紫黑色，类似犀角色，微有芳香，深沉古雅，心材呈血赭色，有光泽美丽的回纹和条纹，年轮纹路成搅丝状，棕眼极密，无痕疤。

图 1-36 鸡翅木

图 1-37 花梨木

图 1-38 紫檀木

（20）酸枝木

酸枝木示例如图 1-39 所示。

特征：酸枝木心边材区别明显，边材黄白色至黄褐色，部分树种为棕褐色等；心材橙色、浅红褐色、红褐色、紫红色、紫褐色至黑褐色；材色不均匀，深色条纹明显。生长轮不明显或略明显。散孔材或半环孔材，单管孔，少数径列复管孔或稀管孔团，内含深色树胶、沉积物或侵填体。轴向薄壁组织翼装、聚翼状带状、环管束状及轮界状。

一般性质：木材结构细至甚细，径面斑纹不明显或略明显，弦面具波痕。木材有光泽，具酸味或酸香味（少数为蔷薇香气）纹理斜或交错、结构细而匀（少数中等）耐腐、耐久性强。材质硬重，强度高。

图 1-39 酸枝木

1.2　木质人造板

以木材为原料，将其旋制成单板或制成短小料、碎料（包括刨花）、纤维等，施加胶黏剂（或者不加胶黏剂）和其他添加剂胶合压制而成的木质板状材料，称为人造板。目前在家具行业中，人造板已得到广泛的应用，是因为人造板具有许多优于天然木材的应用性能。按不同的要求合理使用人造板，某些效果要超过木材，木质人造板既能保持天然木材的许多优点，又能克服天然木材的一些缺陷。如人造板幅面大，板面平整光洁，质地均匀，变形小，物理、力学性能较好，便于加工，适合家具生产机械化、连续化及自动化生产等特性。我国已在许多方面，如家具制作、建筑室内装修、造船、包装箱制造、体育器械及交通运输工具的生产等，广泛使用人造板。

实木家具的主要材料是木材，但现在市场上看到的实木家具大多都有人造板的成分。可以说，人造板也已经成为实木家具所用材料的重要组成部分。其中最常见的有胶合板、纤维板、刨花板、细木工板等，现分别介绍如下。

1.2.1　胶　合　板

胶合板发展历史最悠久，在家具工业中应用也最早，是由原木经过旋切（或刨切）成单板，再经纵横交错排列胶合为三层或多层（一般为奇数层）的人造板，具有幅面大、厚度小、表面平整、密度低、纵横向力学性质均匀等特点。胶合板如图1-40所示。

1.2.1.1　胶合板的分类

胶合板的分类方法很多，按用途可分为普通胶合板和特种胶合板两大类。普通胶合板是指适应广泛用途的胶合板，由奇数层单板根据对称原则组坯胶压而成，是产量最多、用途最广的胶合板产品，也是家具制造中使用最多的胶合板。

普通胶合板根据使用情况又分为四类：

图1-40　胶合板

①　Ⅰ类胶合板　即耐气候胶合板。这类胶合板是以酚醛树脂胶或其他性能相当的胶黏剂制成的，具有耐久、耐煮沸、耐高湿和抗菌等性能，常用于室外家具。

②　Ⅱ类胶合板　即耐水胶合板。这类胶合板是用脲醛树脂胶或其他性能相当的胶黏剂制成的，能在冷水中浸渍，或经受短时间热水浸渍，并具有抗菌性能，但不耐煮沸。室内家具普遍采用此类胶合板。

③　Ⅲ类胶合板　即耐潮胶合板。这类胶合板是用血胶和低树脂含量的脲醛树脂等胶黏剂制成的，能耐短期冷水浸渍，适于室内家具使用。

④　Ⅳ类胶合板　即不耐潮胶合板。这类胶合板是用豆胶或其他性能相当的胶黏剂制成的，在室内常态下使用，具有一定的胶合强度，常用于包装箱制品等。

1. 2. 1. 2　胶合板的尺寸规格

（1）厚度

胶合板的厚度为 2.7，3，3.5，4，5，5.5，6mm 等。自 6mm 起，按 1mm 递增。其中 3，3.5，4mm 厚的胶合板为常用规格，厚度 2.7～4mm 为薄胶合板。其他厚度的胶合板需经供需双方协议后生产。

（2）常用幅面尺寸

1220mm×2440mm	915mm×2135mm
1220mm×1830mm	915mm×1830mm
1220mm×2135mm	

1. 2. 1. 3　胶合板的特点和用途

胶合板厚度小，但强度、硬度较高，耐冲击性、耐久性较好，垂直于板面的握钉力较高，便于各种加工，因此用途广泛。胶合板可作为家具、车厢、船舶、室内装饰等良好的板状材料。在家具生产过程中，制作模具时也常用到胶合板。

对胶合板表面进行饰面加工，可制成各种装饰胶合板。如将胶合板的一面或两面贴上刨切薄木、纸、塑料、金属及其他饰面材料，可进一步提高胶合板的利用价值及使用范围。如用刨切榉木薄木、柚木薄木做饰面的胶合板，可代替珍贵木材应用于中、高级家具部件上。用热固性树脂浸渍纸高压装饰层积板贴面的胶合板，常用于厨房家具装饰，车厢、船舶等内部装饰。

1.2.2　中　纤　板

凡是用采伐剩余物和木材加工中的废料如枝丫、截头、板皮、边角等或其他植物纤维作为主要原料，经过机械分离成单体纤维，加入少量胶黏剂与适量添加剂（防水剂），搅拌均匀，制成板坯，通过热压作用使互相交织的纤维之间自身产生结合力，或加入胶黏剂重新组合成的人造板，称为纤维板。纤维板具有结构单一、干缩性小、幅面大、表面平整、隔音和隔热性能良好等优点，在家具工业中也得到了广泛的应用。纤维板按照生产工艺可以分为干法生产与湿法生产两种，现在纤维板生产企业多用干法生产。按照纤维板的密度可以分为高密度、中密度与低密度纤维板，其中多用于家具生产的是

图 1-41　中纤板

中密度纤维板，通常厚度超过 1.0mm，密度为 450～880kg/m³，简称中纤板（MPF），如图 1-41 所示。

1. 2. 2. 1　中纤板的分类

中纤板可按厚度、特性、适用条件或适用范围分类。这里介绍中纤板按适用条件的分类，见表 1-4。

表 1-4　　　　　　　　　　　　　中纤板分类

类型	简称	表示符号	适用条件	适用范围
室内型中纤板	室内型板	MDF	干燥	所有非承重部位的应用,如家具和装修件
室内防潮型中纤板	防潮型板	MDF. H	潮湿	
室外型中纤板	室外型板	MDF. E	室外	

室内型板指不具有短期经受水浸渍或高湿度作用的中纤板。防潮型板指具有短期经受冷水浸渍或高湿度作用的中纤板,适合于室内厨房、卫生间等环境使用。室外型板指具有一定耐候性与抗老化性、可在室外经受水蒸气的湿热作用的中纤板。

1.2.2.2　中纤板的尺寸规格

（1）厚度

中密度纤维板的厚度有 6，9，12，15，(16)，18，(19)，21，24mm 等。

（2）常用幅面尺寸

610mm×1220mm　　　　　　　　1220mm×1830mm

915mm×2135mm　　　　　　　　1220mm×3050mm

915mm×1830mm　　　　　　　　1220mm×2440mm

1.2.2.3　中纤板的特点及用途

中纤板是一种新型人造板材,20 世纪 60 年代在国外兴起,我国于 1982 年在湖南株洲实现工业化生产,从 20 世纪 80 年代末期以来,特别是从 1993 年开始,在我国发展十分迅猛。目前,中纤板已被许多行业广泛使用。它主要有以下特点：

① 幅面大,尺寸稳定性好,厚度可在较大范围内变动。

② 板材内部结构均匀,物理、力学性能较好。由于将木质原料分解到纤维水平,可大大减少木质原料之间的变异,因此其结构趋于均匀,加上其密度适中,故有较高的力学强度。板材的力学强度均大于刨花板,吸湿膨胀性也优于刨花板。

③ 板面平整细腻光滑,便于用微薄木、薄装饰纸等材料进行贴面装饰。

④ 中纤板兼有原木和胶合板的优点,机械加工性能和装配性能良好,特别适合锯截、开榫、钻孔、开槽、镂铣成型和磨光等机械加工,对刀具的磨损比刨花板小,与其他材料的黏结力强,用木螺钉、圆钉接合的强度高。板边密实坚固,可直接进行涂饰。

因此,中纤板是一种中高档木质板材,可用于家具、建筑制品、室内装修、车船隔板以及音响器材等。中纤板过去主要被用作背面材料,如柜类家具的背板、抽屉的底板等不外露的部件。现在,由于发展了表面二次加工,如木纹直接印刷、贴木皮等,纤维板也可以用作低、中档家具的表面材料,中密度和高密度纤维板可作硬木家具内部构件。中纤板家具如图 1-42 所示。

1.2.3　刨　花　板

刨花板,又称碎料板,是利用木材加工废料、小径木、采伐剩余物或其他植物秸秆等为原料,经过机械加工成一定规格形态的刨花,然后施加一定数量的胶黏剂和添加剂（防水剂、防火剂等）,经机械或气流铺装成板坯,最后在一定温度和压力作用下制成的人造板。刨花板生产是充分利用废材，解决木材资源短缺和综合利用木材的重要途径。

刨花板幅面大，品种多，用途广，表面平整，容易胶合及表面装饰，具有一定强度，机械加工性能好；不宜开榫和着钉，表面无木纹，但经二次加工，覆贴单板或热压塑料贴面以及实木镶边和塑料封边后等就能成为坚固、美观的家具用材。刨花板如图 1-43 所示。

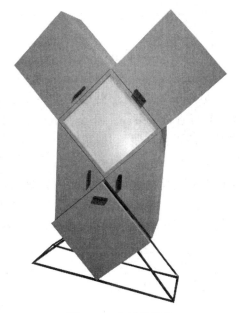

图 1-42　中纤板家具

1.2.3.1　刨花板的分类

刨花板的分类方法很多，常见的有以下几种：

（1）按刨花板结构分

单层刨花板，在板的厚度方向上，刨花的形状和大小完全一样。这种刨花板表面比较粗糙，不宜直接用于家具生产。

三层刨花板，在板的厚度方向上明显地分为三层。表层为较细的刨花、木质纤维铺成，用胶量多；芯层为较粗刨花，用胶量少。这种刨花板强度高、性能好，表面平滑，易于装饰加工，常用于家具生产。

多层刨花板，在板的厚度方向上刨花明显地分为三层以上。这种板的稳定性、强度均匀性好，但成本高，国内较少生产。

图 1-43　刨花板

渐变刨花板，在板的厚度方向上从表面到中心，刨花逐渐由细到粗，没有明显界限。这种板的性能与三层刨花板相似，也常用于家具生产。

（2）按刨花板制造方法分

平压法刨花板，刨花板的板坯平铺在板面上，所加的压力应垂直于刨花板平面。这种方法可以生产单层或多层结构的刨花板。多数刨花排列平行于板面，所以在板平面的纵横向力学强度较好，且力学性质均一。

辊压法刨花板，刨花也是平铺在板面上，板坯在钢带上前进，然后经过回转的压辊压制而成。同平压法一样，其压力方向垂直于板面，特别适宜于生产特薄型刨花板。

1.2.3.2　刨花板的尺寸规格

（1）厚度

各类刨花板的公称厚度为 4，6，8，10，12，14，16，19，22，25，30mm 等，在家具生产中最常用的是 16，19mm。

（2）常用幅面尺寸

915mm×1830mm　　　　　　　1220mm×1220mm

1000mm×2000mm　　　　　　　1220mm×2440mm

1.2.3.3 刨花板的特点及用途

刨花板的主要优点是可按需加工成相应厚度及大幅面的板材，开裁方便；板件不需干燥，可直接使用；易加工，有利于实现机械化生产；价格低廉，运输保存方便。它的主要缺点是边部毛糙，易吸湿变形，甚至导致边部刨花脱落，影响加工质量；握钉力较低，紧固件不宜多次拆卸；密度通常高于木材，如用其做家具，一般较笨重；另外，刨花板用于横向构件易产生下垂变形等。生产刨花板是节约和综合利用木材的有效途径之一，具有一定的生态和经济效益。刨花板广泛应用于板式家具制作、音箱设备、建筑装修等方面，但在实木家具的制造中使用较少，一般仅限于桌面等。

1.2.4 细木工板

细木工板是用宽度、厚度相等，但长短不一的小木条胶合而成的板材。若在其两面胶贴1~2层单板或薄木，经加压可制成覆面细木工板。

1.2.4.1 细木工板的分类

细木工板可以从不同方面分类，这里介绍几种常见的分类。

（1）按板芯结构

分为实心细木工板（具有实体板芯，如图1-44）和空心细木工板（以方格板芯制作成的）。习惯上说的细木工板都是指实心细木工板（通常称为大芯板）。空心细木工板就是我们常说的空心板之一。

（2）按胶接性能

分为室外用细木工板和室内用细木工板。

（3）按层数

分为三层细木工板和五层细木工板。生产中常用五层细木工板。

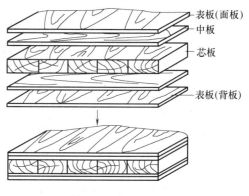

图1-44 细木工板

细木工板按其外观的材质缺陷和加工缺陷分成三个等级：优等品、一等品、合格品。细木工板的分等主要是根据其面板的材质缺陷和加工缺陷，并对背板和板芯上的材质缺陷加以限制，一般通过目测细木工板面板上的外观缺陷判定其等级。

1.2.4.2 细木工板的尺寸规格

（1）厚度

细木工板的厚度为16，19，22，25mm等，特别需要的规格可按生产要求来确定。

（2）常用幅面尺寸

1220mm×1830mm　　　　　　　915mm×1830mm

1220mm×2135mm　　　　　　　915mm×2135mm

1220mm×2440mm

经供需双方协议可以生产其他幅面尺寸的细木工板。细木工板长度和宽度的公差为＋5mm，不允许有负公差。

1.2.4.3 细木工板的特点及用途

覆面细木工板和实木拼板相比较，它具有结构稳定、不易变形、木材利用率高、幅面大、表面美观、力学性能好等特点。与刨花板、纤维板相比较，具有美丽的天然木纹、质轻、有弹性强、握钉力好等优点。其生产设备比刨花板、纤维板、胶合板的简单，耗胶量低、密度小。所以，覆面细木工板是生产实木家具的优良原材料，应用十分广泛。

细木工板能够充分利用短小料，原料来源充足，成本低，能合理利用木材，板件质量优良，具有木材和一般人造板不可比拟的优点。因此，在许多行业，都将细木工板作为优质板材来使用，广泛应用于家具制作、缝纫机台板制作和建筑装修行业。发展细木工板，是提高木材综合利用率，劣材优用的有效途径之一。

覆面细木工板已被广泛应用于家具制作，主要用于中、高级家具的制造，如大衣柜、五屉柜、书柜、酒柜等各种家具的板式部件。

1.2.5 集 成 材

集成材（也称胶合木或指接、齿接材）是利用板材或小规格材接长、拼宽、层积而成的一种新型人造板、方材，如图 1-45 所示。它是利用木材的板材或木材加工剩余物板材截头之类的材料，经干燥后，去掉节子、裂纹、腐朽等木材缺陷，加工成具有一定端面规格的小木板条（或尺寸窄、短的小木块），再将这些板条两端加工成指形连接榫，涂胶后一块一块地接长，再次刨光加工后，沿横向胶拼成一定宽度（横拼）的板材，最后再根据需要进行厚度方向上的胶拼。

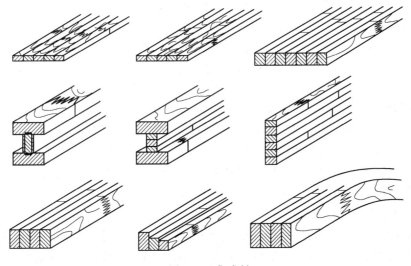

图 1-45 集成材

目前，集成材在国际市场上是一种流行的新产品，已成为建筑、装饰、家具行业的主要基材。近十多年来，国内的集成材生产发展也较迅速。但我国目前还没有集成材国家标准，集成材生产企业多根据日本的集成材 JAS 标准制定企业标准。

1.2.5.1　集成材的分类

集成材的分类方法很多，一般根据用途可分为三类：

① 一般集成材（即非结构用集成材）　主要用于制作不承重的部件制品，适用于装修和家具行业。

② 结构用集成材　主要用于制作承重部件制品，适用于建筑行业的梁、柱、桁架等。

③ 大断面集成材　断面在 75mm×150mm 以上的集成材，主要用于制作受力大的部件制品，适用于建筑行业的大型柱、梁、桁架等。

1.2.5.2　集成材的特点

（1）小材大用、劣材优用

集成材是由小块料木材在长度、宽度和厚度方向上胶合而成的，因此，用集成材制造的构件尺寸不再受树木尺寸的限制，可以按需要制成任意大的横截面或任意长度，做到小材大用。如 1994 年日本爱媛县建成的一座集成材拱桥，长达 2636m，宽 8m，跨度达 23m，能载重 20t。由于集成材制作过程中，可以剔除节疤、虫眼、局部腐朽等木材上的天然瑕疵，以及弯曲、空心等生产缺陷，因此做到了劣材优用。在家具制造中，对大尺寸的零部件，如木沙发的扶手和大幅面的桌台面等，都可以使用集成材，以节约用料和提高产品质量。

（2）易于干燥及特殊处理

集成材采用坯料干燥，干燥时木材尺寸较小，相对于大块木材更易于干燥，且干燥均匀，有利于大截面的异型结构木制构件的尺寸稳定。木材的防虫防蚁、防腐防火等各种特殊功能处理也可以在胶拼前进行，相对于大截面锯材，大大提高了木材处理的深度和效果，从而有效地延长了家具和木建筑的使用寿命。

（3）尺寸稳定性高，强度比天然木材大

相对于实木锯材而言，集成材的含水率易于控制，尺寸稳定性高。集成材通过选拼可控制坯料木纤维的通直度，因而减少了斜纹理、乱纹理等缺陷对木构件强度的影响，材料的均匀性优于天然木材。根据有关研究表明，集成材整体强度性能是天然木材的 1.5 倍。

（4）能合理利用木材，构件设计自由

集成材可按木材的密度和品级不同，而用于木构件的不同部位。集成材是由厚度为 2~4cm 的小材胶合而成的，因此方便制成各种特殊形状的木构件，如拱架、弯曲的框架等。在制作如家具异型腿等构件时，可先将木材胶合制成接近于成品结构的半成品，再经仿型铣等加工，能节约大量木材。

1.2.5.3　集成材的用途

集成材因具有以上所述的特性，故其用途极为广泛。在制作各种家具时，因构件设计自由，故可制得大平面及造型别致、独特的构件，如大型餐桌及办公桌的台面；柜类家具的面板（顶板）、门板及旁板等；各种造型和尺寸的家具腿、柱、扶手等。

在集成材的加工过程中需要注意以下几点：

① 树种近似原则　集成材应尽量使用同一树种，避免采用密度和收缩率差别很大的不同树种木材，严禁将针叶材和阔叶材混用。现在生产上常用杉木、柞木、水曲柳、

榆木、榉木、落叶松、樟木等。

② 木材含水率　木材含水率对集成材的胶合性能有很大的影响，一般控制在 6%～12%，根据胶的种类、胶合条件、树种而定。

③ 集成材对木材缺陷的要求　节子长径 10mm 以下，无死节；裂纹长度 20mm 以下，虫眼直径 2mm 以下；腐朽、变色、树脂道等缺陷要求"极轻微"。

④ 集成材的胶合　胶合（包括长度指接和宽度拼接）应在指榫加工完或刨光后 24h 内加工完毕。

⑤ 生产集成材所采用的胶黏剂依据树种、集成的用途而定　生产集成材所使用的胶黏剂有乳白胶、脲醛树脂胶和专用的拼板胶（双组分水性高分子异氰酸酯）。为了保证产品质量，现在规模较大的企业多使用专用的拼板胶，当然拼板胶的价格也相对较高。

1.3　其他材料

1.3.1　新型木材

采用化学、物理或机械等方法对原木进行处理，可以赋予天然木材新特性，如尺寸更加稳定、强度更加提高和耐候性能更优良等。经过特殊加工处理后得到的木材品种较多，将他们统称为新型木材。新型木材仍然是以原木为基础，但其性质已与天然原木有很大不同。

1.3.1.1　压缩整形木

在专门的压缩装置上对原木进行压缩整形，使木材从原木状态不经制材工序而直接得到方形木材（幼龄原木→微波加热→压缩→方材）。

（1）特点

材质较差的软木经整形压缩处理后，密度明显提高，强度也随之加大，其耐磨性和硬度均有所改善，如图 1-46 所示。

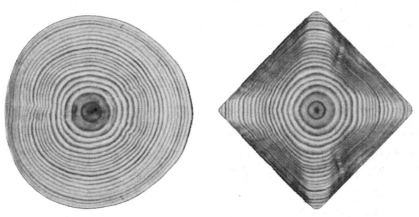

图 1-46　压缩木前后对比图

（2）用途

可替代好材质的木材用于家具制作。

1.3.1.2 塑合木

塑合木是指在木材中注入树脂液，树脂液是以乙烯基单体为主，也有苯乙烯、醋酸乙烯和不饱和聚酯等单独或混合液，并在木材内发生聚合反应而形成的一种新型材料。

（1）特点

具有独特光泽的表面，力学强度、表面硬度和耐磨性高（其静曲强度可提高 4～5 倍），尺寸稳定（吸湿润胀性和干裂程度下降），耐久性高，加工性能下降。

（2）用途

多用于室外家具用材。

1.3.2 胶　黏　剂

1.3.2.1 常用胶黏剂的种类及性能

家具生产中常用的胶黏剂种类有：动物胶、聚醋酸乙烯酯乳液胶（简称乳白胶）、脲醛树脂胶和酚醛树脂胶等。

（1）动物胶

动物胶是皮胶、骨胶和鱼胶等胶种的统称，它是最为传统的一类胶种。这类动物胶在使用前，都需要加水加热熬制，是一种水溶性胶，因此，也俗称水胶。水胶在常温下能够很快凝固，对操作人员的技术要求较高，但每次使用前都必须加热使其升温溶化，也给使用带来了不便。水胶对木材的附着力好，具有较大的干强度，胶层弹性较好，不易使刀具变钝，但耐水性和抗菌性很差，胶层遇水就会膨胀而失去胶接强度。为了提高动物胶的耐水及耐腐性能，可以采用甲醛溶液与它配合使用。

（2）乳白胶

乳白胶为水溶性乳液，略带醋酸味，无毒；无腐蚀性，对人体呼吸道和皮肤均无刺激作用，具有良好的安全操作条件；抗菌性能好，胶液活性时间长。乳白胶使用方便，能在常温下固化，胶合强度较高，其胶合强度与胶压时间成正比，固化后的胶层为无色透明，不会污染木材表面。胶层具有韧性，对刀具的损伤小。但此胶耐水、耐热和耐溶剂的性能较差。乳白胶广泛用于室内家具的胶合，由于使用方便，可操作性强，它几乎完全取代了传统的水胶。

（3）脲醛树脂胶

脲醛树脂胶为无色透明黏稠状液体或乳白色液体，不污染制品。它能在常温下固化，也可在 100～120℃ 的温度条件下热压固化。它具有较高的胶合强度，良好的耐水、耐热和耐腐蚀性能，但韧性稍差，有异味挥发，含有有害于健康的游离甲醛，多用于贴木皮，脲醛树脂胶在室内木制品中应用较广。在生产中，也常把脲醛树脂胶与乳白胶配合成两液胶使用，两液胶的性能可以发挥两胶各自的优点，且弥补了各自的缺点。

（4）酚醛树脂胶

酚醛树脂胶为深褐色胶液，它可在常温下固化，也可在 100～150℃ 的温度下热压固化。它胶合强度高，耐水性强、耐热性好、化学稳定性高，也具有不受菌虫侵蚀等优点，但胶层较脆。酚醛树脂胶主要用于室外家具或强度要求较高的产品。

1.3.2.2 胶黏剂的选用条件

胶黏剂选用条件主要是依据被胶合材料的种类，胶合制品的使用条件，胶合工艺以及胶黏剂的特性等。

（1）根据被胶合材料的种类和性质来选择

家具生产中需要胶合的材料种类繁多，不仅有木材、人造板，还有各种金属、塑料、橡胶、织物、皮革、玻璃、陶瓷等。胶合材料的不同，使用胶黏剂的种类也不同。因此必须根据被胶合材料的种类和特性，选用合适的胶黏剂，以达到理想的胶合强度。

（2）根据胶合制品使用条件及用途来选择

胶合制品使用须注意环境条件，如在室内和室外使用，其相对湿度、温度、酸碱度和负荷等差异很大，应选用能全面满足制品要求的胶黏剂。

室外使用的家具必须选用耐水性强，耐候性好的胶黏剂。

室内的环境条件往往要好于室外，所以室内使用的家具可选用耐水性强、耐候性稍差些的胶黏剂。

胶合件在使用中，所承受的动荷载、静荷载、冲击荷载、交变荷载等不同，必须选择适合的胶黏剂类型。

（3）根据胶合工艺和胶黏剂特性来选择

不同的胶合工艺所选用的胶黏剂也不同。如封边机封边时常用热熔性胶，包边机包边时常使用的是改性聚醋酸乙烯酯乳液胶，拼板与组装的工艺要求也各自不同，要根据胶合工艺来选择合适的胶黏剂。

（4）经济条件

目前，家具企业使用的胶黏剂有国产的和进口的，并且各种胶黏剂的价格差距较大。在使用时，应遵循保证胶合强度的前提下尽量选择经济型胶黏剂的原则，以降低生产成本，提高经济效益。

1.3.3　玻璃与镜子

玻璃应用于家具上已有悠久的历史。它是一种经高温烧炼而成的具有环保特征的"绿色材料"，即对环境无污染，对人体无危害。在实木家具制作中，玻璃与木材互相结合，可以做成电视机柜、食品柜、茶几、博古柜、床边柜、角柜、梳妆台及桌面等。除了床、凳以外，其他各类家具，包括大型组合柜，都可以设计成实木与玻璃结合使用的家具。镜子是梳妆家具上不可缺少的附件，用来做镜子的玻璃厚度一般为 3～6mm。镜子也可作为陈列柜中的装饰件。

1.3.3.1 玻璃板材

适宜制作玻璃家具的玻璃板或镜片厚度在 3～10mm，一般以 5mm 厚最佳。太薄的牢固性不好，太厚的会使组件整体显得笨重，个别有特殊要求的部位，如电视柜的台面，可采用 8～10mm 厚的玻璃板，以增加使用安全感。

用于竖放的玻璃板高度一般宜在 1500mm 以内，宽度宜在 200～400mm；用于平放的玻璃板长度宜在 700mm 以内，宽度宜在 500mm 以内。超出以上范围，都会影响玻璃板自身的强度和跨度的承载能力。用于制作家具的玻璃板颜色多样，通常为无色、茶色、绿色、蓝色、彩色涤纶贴面等，也可用彩色玻璃做家具的装饰件。

1.3.3.2 常用的几种玻璃

玻璃常作为家具的辅助材料，品种繁多，传统产品有磨光玻璃、磨砂玻璃以及有色玻璃等。

（1）磨光玻璃

磨光玻璃即镜面玻璃，是表面经过机械研磨和抛光处理的平整、光滑的平板玻璃。可消除因表面不平引起的波筋、波纹等缺陷，避免光学畸变现象。小规模生产磨光玻璃一般采用单面研磨与抛光，大规模生产可进行单面或双面连续研磨和抛光，多采用压延玻璃为毛坯，硅砂为研磨材料，氧化铁或氧化铈为抛光材料。磨光玻璃的厚度一般在5～6mm，表面平整光亮，光透射比在84％以上。产品厚度有4，5，8mm多种。

（2）磨砂玻璃

磨砂玻璃又称毛玻璃、漫射玻璃。通常是指磨砂平板玻璃，可用机械喷砂、手工研磨或氢氟酸溶蚀等物理或化学的方法，将玻璃的单面或双面加工成均匀的粗糙表面。特点是透光不透视，并且光线柔和不刺目。

（3）彩色玻璃

彩色玻璃又称有色玻璃，分透明、不透明和半透明三类，颜色有红、黄、蓝、黑、绿、乳白等十余种。它是在玻璃原料中加入一定量的金属氧化物作着色剂，使玻璃带上各种颜色。作为家具配件，在室外有阳光照射时，使得室内五光十色，别具一格。

（4）钢化玻璃

钢化玻璃又称强化玻璃。其主要特点是：抗弯强度和抗冲击能力高，为普通玻璃的4～5倍。耐热性好，碎后呈颗粒状，无尖锐棱角存在，可大大减少玻璃碎片对人体特别是对面部造成的伤害，故属安全玻璃。规格按需加工，目前国内可生产最大尺寸是3000mm×2500mm。但钢化玻璃不能进行任何裁切、钻孔和磨槽等加工，常用于家具的台面或台面板及力学强度要求较高的玻璃家具。

（5）冰花玻璃

冰花玻璃是将原片玻璃进行特殊处理，在玻璃表面形成酷似自然冰花纹理的一种新型玻璃。所用的原片玻璃可以是普通平板玻璃或彩色平板玻璃。特点是透光不透视（对光线有漫反射作用），光线柔和，视感舒适，装饰效果典雅清新。

（6）光栅玻璃

光栅玻璃以玻璃为基材，用特殊材料和特殊处理工艺制成，可在玻璃表面（背面）构成全息光栅或其他几何光栅。光栅玻璃在不同光源的照射下会因光源的入射角度不同或观察者的角度不同而出现不同的色彩变化，装饰效果变幻无穷、神秘莫测、梦幻迷人。光栅玻璃的光栅结构采用高稳定性的材料制作，对酸、碱和盐的抵抗力较高，并具有优良的抗老化性，使用寿命可达50年以上，规格目前最大的尺寸是2000mm×1000mm。

（7）彩绘玻璃

彩绘玻璃是一种艺术玻璃。运用特殊胶在玻璃上先绘制各种图案，然后用铅油画上分割线，再在玻璃图案上涂上特殊的胶质颜色。特点是色彩丰富亮丽，艺术格调高雅，耐擦洗。

1.3.4　涂　　料

涂料，通常称为油漆或油漆涂料。一般它的形态为黏稠液体或粉末状物质，以不同的施工方式涂布于物体表面，干燥后能形成坚韧保护薄膜物质的总称。在被涂装表面的涂料中，可由挥发物和不挥发物组成，其不挥发物留在被涂表面上干结成膜，可起到保护、美化和其他预期的效果。

1.3.4.1　常用木涂料的基本组成

常用木涂料的基本组成与其他的涂料一样，一般都由树脂、颜料、填充物料、溶剂和助剂等组成。但根据性能要求有时成分会略有变化，如清面漆中没有颜料、填料，粉末涂料中可以没有溶剂等。

按涂料的主次可概括为：主要成膜物质、次要成膜物质、辅助成膜物质。主要成膜物质又可分为油脂类和树脂类；次要成膜物质可分为着色颜料和体质颜料（填料）；辅助成膜物质也可分为溶剂和助剂。以下重点介绍几项：

① 树脂　是主要成膜物质，不同的树脂在涂料中有不同的物理、化学性能，并能决定该涂料的应用形式。常用的树脂：醇酸树脂类、丙烯酸树脂类、硝基纤维素树脂（硝化棉）类、不饱和聚酯树脂类、光固化涂料树脂类及各种类型的水性树脂类等。

② 颜料和填料　它们是次要的成膜物质，能赋予漆膜色彩，提高遮盖力（即不透明性），耐久性，机械强度及对底材的保护作用。如钛白粉、炭黑、滑石粉等。

③ 溶剂　是指能改善涂料黏度，以适应制造、包装、贮存、涂装等需要。不但影响涂料与涂装成本，还影响涂料的施工性能（黏度，光泽，流平性，湿润性，附着力等）、干燥过程及最终综合指标。

④ 助剂　涂料助剂又称添加剂，在涂料中用量很少（一般在千分之几），主要在涂料制造、贮存、涂装、成膜的过程中会遇到很多问题，需要加入不同类型的助剂去改善或解决制造工艺、贮存性能、施工性能等一系列问题，如引发剂、乳化剂、催化剂、流平剂、消泡剂等。

1.3.4.2　常用木涂料的主要类别及特性

常用木涂料的分类目前并没有完全统一的标准，但都遵守着行业内的标准。作为常见木器涂料基本可分成六大类，即硝基漆（NC）、不饱和聚酯树脂漆（UPE）、聚氨酯漆（PU）、酸固化漆（AC）、紫外光固化漆（UV）及水性漆（W）。前两种是按成膜物质来区分命名的，后四种是按其固化必须条件而命名。下面分别介绍这六大类油漆涂料。

（1）硝基漆（NC）

硝基漆也称硝化纤维素涂料、硝基涂料或者 NC 涂料，是目前比较常见的木器及装修用涂料。主要成膜物质是以硝化棉（硝化纤维素）为主体，配合其他树脂或合成树脂（如醇酸树脂、改性松香树脂、丙烯酸树脂、氨基树脂等）并与颜料、填料、增塑剂、助剂、溶剂等涂料基本成分共同调制而成。20 世纪 80 年代之前，硝基漆（NC）曾是我国木材涂装的主要用漆，但其综合性能不及后来的聚氨酯漆，故当前多用聚氨酯漆等。美国人偏爱硝基漆，至今美国室内家具大部分仍用硝基漆，所以近年出口美国的家具几乎全部采用所谓美式涂装工艺，其底、面漆多用硝基漆。而日本的手工制作家具与中国台湾的家具涂装中硝基漆也占有很大比例。

优点是装饰涂膜性能优良，施工使用极为简便，表干燥迅速快，对涂装环境条件的要求不高，具有涂膜损伤易修复，同时也具有较好的硬度和亮度，不易出现漆膜弊病。缺点是固含量较低，需要较多的施工次数才能达到较好的效果；耐久性不太好，尤其是内用硝基漆，其保光、保色性不好，使用时间稍长就容易出现诸如失光、开裂、变色等弊病；漆膜保护作用不好，不耐有机溶剂、不耐热、不耐腐蚀。

常用硝基类的木漆品种有：透明腻子、透明底漆、中层透明着色漆（透明着色剂和透明修色剂）、透明面漆（清漆和亚光清漆）、彩色硝基漆（包括有色硝基腻子、有色硝基底、有色硝基面）、特殊效果漆（如裂纹漆、仿皮革漆、仿大理石漆等）。

（2）聚氨酯漆（PU）

聚氨酯涂料是目前较为常见的一类涂料，常称为聚酯漆，成膜物质属于聚氨基甲酸酯树脂。目前我国市场家具的绝大部分是用聚氨酯漆（PU）涂装，其中大部分是双组分的（二液型）PU漆，近年也出现少量单组分PU。该漆综合理化性能优异（附着性、丰满度、透明性、可挠性、耐化学药品性等均优良），有稍易变黄的品种，也有不变黄的品种。

市场上所买来的木漆类双组分PU有两个包装，贮存时分装，临时使用才按比例配漆，涂于家具表面两个组分发生交联化学反应成膜。薄层的PU膜尚可保留部分木材质感，厚膜显现木材质感的效果不及双组分聚氨酯涂料和单组分聚氨酯涂料。

（3）不饱和聚酯漆（PE）

不饱和聚酯漆是以不饱和聚酯树脂为主要成膜物质。它是由二元酸、部分不饱和二元酸（如顺丁烯二酸酐）和二元醇经高温缩聚而成的线性聚酯树脂。在常温下能通过引发剂和促进剂的共同作用产生自由的交联聚合反应面生成漆膜，其中乙烯基单体在漆液中即是稀释溶剂，在成膜后又是漆膜的组成部分，所以不饱和聚酯漆也叫无溶剂漆。

主要优点是可以制成无溶剂涂料，一次涂刷可以得到较厚的漆膜，对涂装温度的要求不高，而且漆膜装饰作用良好，漆膜坚韧耐磨，易于保养。缺点是固化时漆膜收缩率较大，对基材的附着力容易出现问题，气干性不饱和聚酯一般需要抛光处理，工序较为烦琐，辐射固化不饱和聚酯对涂装设备的要求较高，不适合于小型生产。

（4）酸固化漆（AC）

酸固化漆行业内可简称AC涂料，它作为木用涂料在国外应用较为普及，一般以氨基树脂与醇酸树脂混合调制而成，在使用时加入有机酸（磷酸、硫酸、盐酸、甲苯磺酸等）酸性催化剂，使其在室温下反应，就能干燥成膜。它具有许多的优点：漆膜丰满、坚硬耐磨；漆膜的耐热、耐水、耐寒性都很高；透明度和光泽度高；附着力强、机械强度高。其缺点是因漆中含有游离甲醛，味道相当难闻，会刺激施工者眼、鼻；涂料具有一定的酸性，容易腐蚀金属质地的材料。

（5）紫外光固化漆（UV）

紫外光固化漆又称为光敏涂料或UV涂料，是从20世纪60年代初发展起来的一种新型涂料，也是光固化涂料产品中产量较大的一类。主要由光固化树脂、活性稀释剂、光敏剂和涂料助剂四部分组成。它是指通过一定波长的紫外光照射，使液态的树脂高速聚合而成固态的一种光加工工艺。光固化反应本质上是光引发的聚合、交联反应。这类涂料可以在几秒到几分钟的极短时间内快速固化成膜，多应用于不能经受长期高温烘烤又要快速固化成膜的涂膜上。在实木家具应用中，多以一些板件为主，不适宜复杂形状部件的涂装。

（6）水性漆（W）

水性漆是指用水作为溶剂分散树脂的涂料。水性涂料的特点有：它以水为溶剂，代替了溶剂型涂料中易燃、易爆、对人体有害的有机溶剂。水性涂料已成为环保型涂料中的最主要的一类涂料。常用于一些儿童、环保型家具中。水性涂料有水性醇酸树脂漆、水性丙烯酸树脂漆、双组分水性聚氨酯漆、聚氨酯-丙烯酸共聚树脂漆、水性硝基漆、水性 UV 光固化涂料漆、水性环氧树脂漆等。

1.3.4.3 木用涂料的常用产品

根据不同的材料制作出不同类别的涂料，根据这些品种分别在涂装过程中起的作用，可以分为不同的产品，主要是指在一个完整的涂装工序过程中，所用到的涂料产品的一种分类，包括腻子、封闭底漆、底漆、面漆等。

（1）腻子

腻子是专门用来填充素材表面缺陷（如缝隙、凹陷、钉孔），它主要是由大量体质颜料与树脂液或黏结材料混合调制而成的一种厚浆状、黏稠性涂料品种。通常木用的腻子有猪血灰腻子、硝基类腻子、不饱和聚酯腻子（通常称原子灰）、水性腻子。腻子有透明与不透明之分，它之前的差别在于有没有加入颜料或者填料，使之成为所需的颜色或无色。在使用过程中，须结合整个涂装工艺来进行选择所需的专属腻子。

（2）封闭底漆

封闭底漆又称为头道底漆或一度底漆。常用的可分为硝基（NC 单组分）封闭底漆和聚氨酯（PU 双组分）封闭漆。可配合填充剂或颜料和染料使用于木材基料上。通常较为常见的是用虫胶制作而成的封闭底漆，因为虫胶是一类很好的封闭性物质，能起到封闭和隔离作用，它具有封闭性好、干燥快、施工方便、可刷、可喷的优点。常作为封闭隔离底漆和着色、修色的胶黏剂使用。

（3）底漆

底漆又称为中涂底漆，是在封闭底漆之上、面漆涂膜之下的涂层。所以它相对作用就是填平，增加漆膜厚度，支撑上层面漆。通常有透明底漆和实色底漆。

（4）面漆

面漆在漆膜中起主要的装饰和保护作用，是涂膜中与外界接触的涂层。一般只有面漆才有表面漆膜光泽的区别，所以可分为高光面漆、亮光面漆、半光（半亚）面漆、亚光面漆。根据色彩效果可分为透明清面漆、透明有色面漆和实色面漆。

思考与实训

1. 作为家具用材，实木具有哪些优点？
2. 列举家具常用木材。
3. 采取哪些措施可以减少木材的变形？
4. 参观家具材料室或家具材料市场，了解现代实木家具的用材情况，完成参观报告。

2 实木家具结构设计

本章学习目标

理论知识 了解实木家具的各种接合方式；掌握实木家具各部件的结构设计方法。

实践技能 掌握实木家具各种结构的技术要求；学会对实木家具进行合理的结构设计。

2.1 家具接合方式

家具是由若干个零部件按照一定的接合方式组装而成的，接合方式是否正确对于家具的外观质量、接合强度和加工过程都有直接影响。现代家具常用的接合方式有榫接合、钉接合、木螺钉接合、胶接合、连接件接合等。

2.1.1 榫 接 合

榫接合是指榫头嵌入榫眼或榫槽的接合。榫接合是中国实木家具传统的接合方式，接合时通常都要施胶，以增加接合强度。榫接合的各部分名称如图 2-1 所示。

2.1.1.1 榫接合的分类和应用

（1）以榫头形状来分

可将榫分为直角榫、燕尾榫、圆（圆棒）榫、椭圆榫，如图 2-2 所示，至于其他类型的榫头都是根据这三种榫头演变而来的。木制品框架接合一般采用直角榫；燕尾榫接合接触紧密，结构牢固，可防止榫头前后错动，因而常用于箱框、抽屉等处的接合，也较多用于

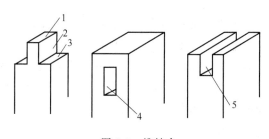

图 2-1 榫结合

1—榫端 2—榫颊 3—榫肩 4—榫眼 5—榫槽

仿古家具及较高档的传统家具；圆榫主要用于板式家具的接合和定位等，为了提高制品的强度和防止零件的扭动，需用两个以上的圆榫。椭圆榫是将矩形断面的榫头两侧加工成半圆形，榫头与方材本身之间的关系有直位、斜位、平面倾斜、立体倾斜等，可以一次加工成型，常用于椅框的接合等。

（2）以榫头数目来分

根据零件宽（厚）度决定在零件的一端开一个或多个榫头时，就有单榫、双榫和多榫之分，图 2-3 所示为直角榫的几种形式。燕尾榫、圆榫等都有单榫、双榫和多榫之分，榫头数目增加，就能增加胶层面积和制品的接合强度。一般框架的方材接合，如桌、椅框架及框式家具的木框接合等，多采用单榫和双榫。箱框、抽屉等板件间的接合则采用多榫。

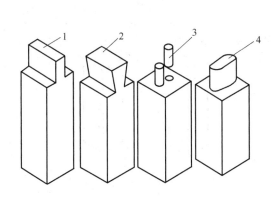 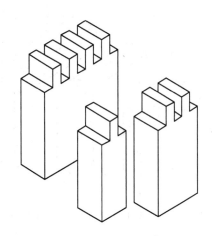

图 2-2　榫头的形状　　　　　　图 2-3　单榫、双榫、多榫

1—直角榫　2—燕尾榫　3—圆棒榫　4—椭圆榫

（3）按榫肩的数目来分

对于单榫而言，根据榫头的切肩的方式不同，又可分为单面切肩榫、双面切肩榫、三面切肩榫、四面切肩榫，如图 2-4 所示。

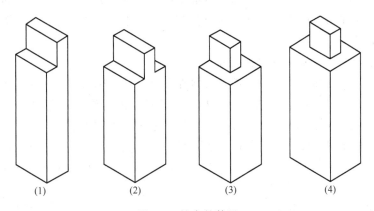

（1）　　　　　（2）　　　　　（3）　　　　　（4）

图 2-4　榫肩的数目

（1）单面切肩榫　（2）双面切肩榫　（3）三面切肩榫　（4）四面切肩榫

（4）根据接合后能否看到榫头的侧边来分

有开口榫、半开口榫、闭口榫之分，如图 2-5 所示。直角开口榫加工简单，但强度欠佳且结构暴露；闭口榫接合强度较高，结构隐蔽；半开口榫介于开口榫与闭口榫之间，既可防止榫头侧向滑动，又能增加胶合面积，部分结构暴露，兼有前两者的特点。

（5）根据榫接合后榫端是否外露来分

有明榫（贯通榫）接合与暗榫（不贯通榫）接合，如图 2-6 所示。明榫榫端外露，接合强度大；暗榫榫端不外露，接合强度弱于明榫。一般家具，为保证其美观性，多采用暗榫接合，隐蔽结构；但受力大且隐蔽或非透明涂饰的制品，如沙发框架、床架、工作台等可采用明榫接合。

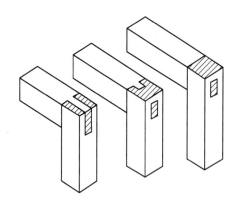

图 2-5　开口榫、半开口榫、闭口榫

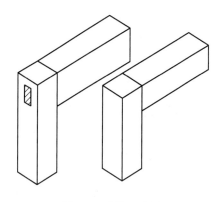

图 2-6　明榫、暗榫

由于榫接合的强度取决于胶接面积的大小，所以开口贯通直角榫的强度较大。但开口榫在装配过程中，当胶液尚未凝固时，零部件间常会发生扭动，使其难以保持正确的位置；而贯通榫，因榫头端面暴露在外面，当含水率发生变化时，榫头会凸出或凹陷于制品的表面，从而影响美观和装饰质量。为了保持装配位置的正确，又能增加一些胶接面积，可以采用半闭口榫接合，它具有开口榫及闭口榫两者的优点，一般应用于某些隐蔽处及制品内部框架的接合，如桌腿与桌面下的横向方材处的接合，榫头的侧面能够被桌面所掩盖；又如用在椅档与椅腿的接合处等。一般中、高级木制品的榫接合主要采用闭口、不贯通榫接合。

（6）根据榫头与方材本身的关系分

可分为整体榫与插入榫，整体榫是直接在方材上加工榫头——榫头与方材是一个整体；插入榫的榫头与方材不是同一块材料。直角榫、燕尾榫一般都是整体榫（参见图 2-2）；圆榫、榫片等属于插入榫。图 2-7 为几种典型的插入榫接合。

插入榫与整体榫比较，可显著地节约木材和提高生产率。如使用插入圆榫，榫头可以集中在专门的机床上加工，省工、省料；圆榫眼可采用多轴钻床，一次定位完成一个工件上的全部钻孔工件，既简化了工艺过程，也便于板式部件的安装、定位、拆装、包装和运输，同时为零部件涂饰和机械化装配提供了条件。

2.1.1.2　榫接合的技术要求

榫接合有一定的间隙要求，它直接影响接合强度。由于目前尚无正式的标准，所以在这里介绍一些经验数据供参考。

（1）直角榫接合的技术要求

① 榫头厚度、宽度与断面尺寸的关系见图 2-8。

② 榫头厚度　一般根据开榫方材的断面尺寸和接合的要求来定。单榫厚度约为

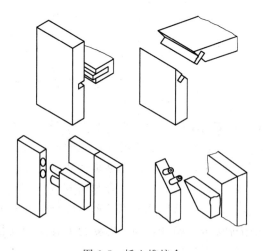

图 2-7　插入榫接合

方材厚度或宽度的 0.4～0.5 倍，当零件断面尺寸大于 40mm×40mm 时，应采用双榫，这样既可增加接合强度又可防止方材扭动，双榫总厚度也约为方材厚度或宽度的 0.4～0.5 倍。为便于榫头装入榫眼，常将榫头端部的两边或四边削成 30°的斜棱。由于榫接合采用基孔制，即榫头与榫眼相配合时，是以榫眼形状和尺寸为基准的，因为榫眼是用标准规格尺寸的木凿或方孔钻头加工的，所以榫头的厚度根据上述要求设计以后，还要修整为相应的木凿或标准钻头的规格尺寸。榫头厚度常用的有 6，8，9.5，12，13，15mm 等几种规格。

当榫头的厚度小于榫眼的宽度 0.1～0.2mm 时，为间隙配合，接合后抗拉强度最大。当榫头的厚度大于榫眼的宽度，接合时胶液被挤出，接合处不能形成胶层，则强度反而会下降，且在装配时容易产生劈裂。

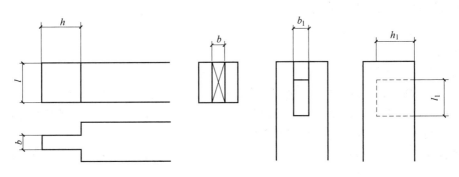

图 2-8　榫接合示意图

h—榫长　l—榫宽　b—榫厚　l_1—槽长　h_1—槽深　b_1—槽宽

③ 榫头宽度　榫头宽度在 25～30mm 为宜，超过 40mm 应开双榫（在榫宽方向开）；榫头宽度跟榫眼长度的配合为过盈配合，榫头宽度应比榫眼长度大 0.5～1.0mm（硬材取 0.5mm，软材取 1.0mm）。

④ 榫头长度　根据接合形式而定，明榫接合，榫头的长度比榫眼深度大 0.5～1mm；暗榫接合，榫头的长度比榫眼深度小 2～3mm；榫头的最大长度一般须小于35mm；半闭口榫的外露侧面的长度一般为榫头总长度的 1/3～2/5，但应大于 5mm。

⑤ 榫接合对木纹方向的要求　榫头的长度方向应为顺木纹方向，横向易折断；榫眼长度方向跟木纹方向一致，横向易撕裂。

⑥ 榫头与榫肩的夹角　等于或略小于 90°，但不可大于 90°，否则会导致榫肩跟榫眼基材表面接合不严密，影响接合强度和美观性。

（2）圆榫接合的技术要求

圆榫按表面构造情况有许多种，典型常用的有五种，如图 2-9 所示。螺纹圆榫因表面有螺旋压缩纹，接合后圆榫与榫眼能紧密嵌合，胶液能均匀地保持在圆榫表面。当圆榫吸收胶液中的水分后，压纹开始润胀，使榫接触的两表面能紧密接合且保持有较薄的胶层。当榫接合遭到破坏时，因其表面的螺旋纹须边拧边回转才能拔出，故抗破坏力相当高。网纹圆榫被破坏时，因其表面的网纹过密，常会引起整个网纹层被剥离。而直纹圆榫，虽说强度并不低于螺纹状，但受力破坏时，一旦被拔动，整个抗拔力急剧下降。光滑圆榫接合时，由于胶液易被挤出而形成缺胶现象，一般装配时作定位销等。

为了提高插入圆榫的接合强度和防止零件扭动，至少需插入 2 个圆榫配合使用。圆榫可用于零部件的接合或定位。插入圆榫和整体榫比较，可节约木材，因为配料时省去榫头的尺寸，但接合强度比直角榫约低 30%。

圆榫用的材料应选密度大、花纹通直细密、无节无朽、无虫蛀等缺陷的，如柞

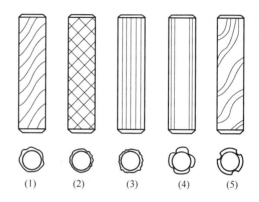

图 2-9　圆榫的形状
(1) 螺旋压纹　(2) 网纹状压纹
(3) 直线压纹　(4) 沟槽　(5) 螺旋沟槽

木、水曲柳、水青冈、桦木等。圆榫木材应进行干燥处理，其含水率应低于 7%，至少也要圆榫的含水率比家具用材低 2%～3%，制成后需防潮，立即封装备用。圆榫接合时，可以一面涂胶也可以两面（榫头和榫眼）涂胶，其中两面涂胶的接合强度高。如果一面涂胶应涂在榫头上，使榫头充分润胀以提高接合力。常用胶黏剂为脲醛树脂胶和聚醋酸乙烯酯乳液胶，或是胶黏剂厂家直接出品的组装胶。

圆榫配合时，榫端与孔底间应保持 0.5～1.0mm 的间隙。圆榫的直径为基材厚度的 1/4～1/2，常用的规格有 6，8，10，12mm。圆榫的长度一般为直径的 5～6 倍，常用的为 30～60mm。

2.1.2　钉及木螺钉接合

钉接合是一种使用操作简便的连接方式，可以用来连接非承重结构或受力不大的承重结构。各种类型的钉子都可作为简单的连接件使用，主要起定位和紧固作用，广泛用于木家具、房屋预制承载构件等。在我国家具生产中，由于现有一般品种的钉子接合时容易破坏木材纤维，强度较低，故多用于家具内部接合或外观质量要求不高的地方，如抽屉滑道的固定或用于钉线脚、包线等处，而在国外一些工业发达的国家，非常重视钉接合，钉子种类多，功能齐全，为生产提供了便利条件。

钉接合的特点：接合工艺简单、效率高；不能拆装；接合强度小，通常与胶接合配合使用，有时仅起胶接合的辅助作用；只适用于制品内部的接合以及外形美观要求不高的接合。

钉子有竹、木、金属制三种。竹钉、木钉在我国传统手工生产中应用较多，主要用于手工拼板。现代家具多采用金属钉，如圆钢钉、扁头圆钢钉、骑马钉（"U"形钉）、鞋钉、鱼尾钉、Π形气钉、T形气钉等，最常用的是后两种，如图 2-10（1）所示。

木螺钉也叫木螺丝，它是金属制的带螺纹的简单连接件。常见木螺钉类型有：一字平（沉）头木螺钉，一字槽半圆头木螺钉，十字平（沉）头木螺钉，十字半圆头木螺钉，如图 2-10（2）所示。除此之外，还有半沉头木螺钉、平圆头木螺钉等。各种木螺

钉的规格也很齐全。一字头型的适合于手工装配，十字槽型的适合于电动工具和机械装配，沉头木螺钉应用最为广泛。由于木材本身特殊的纤维结构，用木螺钉接合时不能多次拆装，否则会破坏木材组织，影响接合的强度。木螺钉接合比较简单，常用于木家具中桌面板、椅座板、柜背板、抽屉滑道、脚架、塞角的固定，以及拉手、锁等配件的安装。此外，客车车厢和船舶内部装饰板的固定也常用木螺钉。

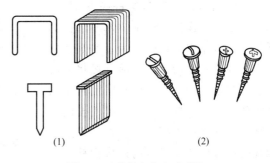

图 2-10　常见气钉与木螺钉

竹钉是用竹片劈削而成，适用于板缝的拼合与固定榫头。

2.1.3　胶　接　合

胶接合是指单纯依靠接触面的胶合力把制品的零部件接合起来。生产中常见的短料接长、窄料拼宽、覆面板的胶合，台板的制造等均采用胶接合。实际生产中，胶接合也广泛应用于其他接合方式的辅助接合，如钉接合、榫接合常需施胶加固。胶接合的优点是可以做到小材大用，短料长用，劣材优用，既可以节约木材，又可以提高家具的强度和表面装饰质量。

家具行业经常使用的胶黏剂主要有脲醛胶、热熔性胶、环氧胶、酚醛类胶、乳白胶、皮骨胶、两液胶等，在实际生产中要根据产品的使用要求选择胶种。

2.1.4　连接件接合

连接件接合就是利用特制的各种专用连接件将家具的零部件装配成产品。采用连接件接合时，要求其结构牢固可靠，装拆方便，成本低廉。用连接件接合可以做到部件化生产，这样有利于机械化、自动化生产，也便于包装、运输和贮存，可运到目的地后由厂家或用户自行组装。连接件的选择和安装，直接关系到制品结构的牢固度、配合的准确度以及外观质量。生产中，要正确选择连接件的类型，装配也要选适合的工具。

连接件的种类很多，常用的有偏心连接件、圆柱螺母连接件、直角式倒刺螺母连接件等。

2.1.4.1　偏心连接件接合

偏心连接件接合是利用偏心件、倒牙螺母或膨胀螺母，通过连接杆把两部件连接在一起。结构特点是拆装方便、灵活，接合强度较大，不影响外观，应用广泛，也是板式家具的主要连接方式之一，但加工装配孔较复杂，精度要求高。

图 2-11 所示为偏心连接件接合形式，它是由偏心轮、连接（金属）螺杆、带倒刺的尼龙螺母等组成。安装时，先在一块板件上钻出小圆孔，预埋带倒刺的尼龙螺母，如需增加强度，孔中可注适量胶液，然后将金属螺杆拧入螺母中；再将另一块与其相连接的板件钻出大圆孔，装入偏心轮，两板件接合时，只需将金属螺杆套入偏心轮，旋转偏

心轮上的槽口，使其与螺杆拉紧即行。偏心轮是这套连接件的主体，零部件的拆装主要依靠它来进行。为了美观，可在连接件锁紧之后，用塑料盖板将偏心轮表面遮住。偏心连接件除广泛用于两块零部件的垂直接合外，还可用于两块并列的板件间的连接。只要将上述连接螺杆改用可以变换角度的连接螺杆，即可实现倾斜部件之间的拆装接合。

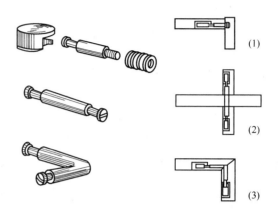

图 2-11　偏心连接件接合形式

2.1.4.2　空心螺柱连接件接合

如图 2-12 所示，它主要由螺柱、螺母组成，材料一般用金属。接合时，先将螺母装嵌在一部件孔中，螺栓穿过两部件中相对应的孔拧入螺母内。这种接合加工方便，接合牢固，成本较低，但螺栓头外露，影响美观。

2.1.4.3　直角式倒刺螺母连接件接合

如图 2-13 所示，它是由尼龙倒刺螺母、带倒刺的直角件和螺栓三部分组成。接合时，首先将倒刺螺母、直角件分别嵌装在两块板上，然后将螺栓通过直角件上的孔与倒刺螺母旋紧连接。这种连接件成本低，使用方便，结构牢固，可用于一切柜类板件间的接合。直角件及螺栓头隐藏于柜内，一般不影响使用与美观。直角式连接件种类很多，连接原理大同小异。

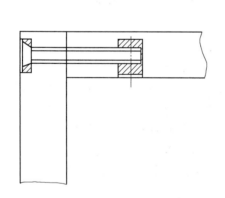

图 2-12　空心螺柱连接件接合

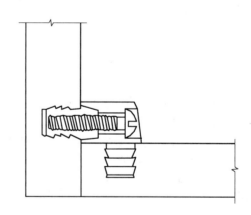

图 2-13　直角式连接件接合

2.2　实木家具基本部件的结构

本部分主要介绍家具各种部件的内在结构与家具的装配结构，是家具结构设计的基础理论。家具只有拥有牢固的结构，才能确保使用功能的要求。以下主要对框架部件结构、板式部件结构、接长结构、箱框件结构、抽屉结构以及脚架结构等进行分析和学习。

2.2.1 框架部件结构

2.2.1.1 框架基本构件

框架是家具的基本结构之一，也是框式家具的受力构件，它主要用于制造传统框式家具。最简单的框架是纵、横各两根方材用榫接合而成。不同用途的框式部件，其框架结构不同，有的框内带有若干横档或竖档，横、竖档的布置也根据结构要求排列不同。框架制成之后，有的在中间装板材（木材或人造板），有的在中间镶玻璃。常见的实木桌、椅、凳等的脚架则是较复杂的框架结构。一般框架及装板结构如图 2-14 所示。

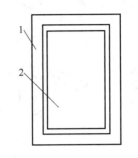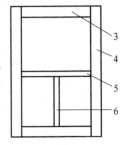

图 2-14　框架及装板结构
1—木框　2—嵌板　3—帽头　4—立边　5—横撑　6—立撑

2.2.1.2 框架结构角部接合

根据框架立边与帽头的端面是否外露可分为直角接合和斜角接合两种。分别介绍如下。

（1）直角接合

直角接合是指框架接合后，其立边或帽头的端面外露，其特点接合强度较高，但外形欠美观。如图 2-15 所示，图（1）为直角开口贯通双榫，图（2）为直角开口不贯通双榫，图（3）为直角闭口不贯通双榫，图（4）为直角半开口贯通单榫，图（5）为直角半开口不贯通单榫，图（6）为插入圆棒榫，图（7）为连接件接合，图（8）为直角闭口不贯通单榫，图（9）为开口燕尾榫。框架角部接合中直角接合的形式很多，上述只是直角接合的一般方法。

（2）斜角接合

框架除直角接合外，还可采用斜角接合。斜角接合可避免直角接合不美观的缺点，将相接合的纵横两根方材端部榫肩切成 45°的斜面，或单肩切成 45°的斜面后进行接合。与直角接合相比，斜角接合强度较小，加工复杂些。一般用于绘图板、镜框及柜门上。斜角接合的种类也很多，图 2-16 所示为一般接合方法。图（1）为单肩斜角榫，图（2）为斜角闭口榫，图（3）为双肩斜角明（贯通）榫，图（4）为斜角开口双榫，图（5）为插入三角榫，图（6）为插入圆棒榫。

2.2.1.3 中部接合

框架中部接合是指框架内横档和竖档之间的接合，以及它们分别与主框的接合，接合方式较多。常见结构形式如图 2-17 所示，（1）为直角不贯通单榫，（2）为开口燕尾榫，（3）为斜口燕尾榫，（4）为带企口直角明榫结合，（5）为对开十字槽接合，（6）为直角暗榫十字对接，（7）为插入圆棒榫结合，（8）为格肩榫接合，（9）为燕尾榫接合。

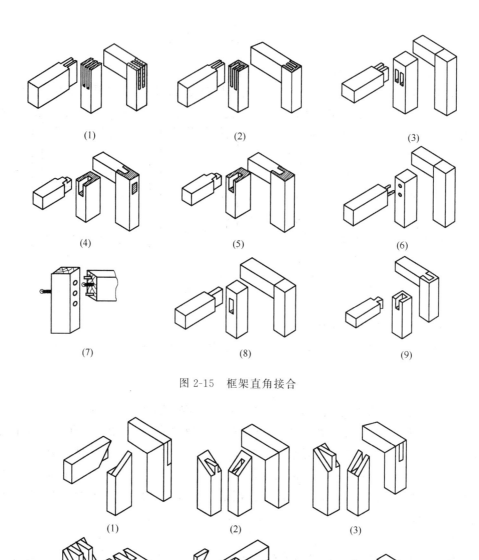

图 2-15　框架直角接合

图 2-16　框架斜角接合

2.2.1.4　装板结构

框架装板结构是一种传统结构，是框架式木制品的典型结构。这种结构一般在框架内装入各种板材（一般为木板材、实木板等）或镜子等做成装板结构。

如图 2-18 所示，装板的装配形式有槽榫法和裁口法两种。图（1）、（2）、（3）是普通的槽榫法，都是在木框上开出槽沟，然后放入装板，其中图（2）中的木框方材一面铣成了型面，而（1）、（3）的木框方材断面是方形的。这三种结构在更换装板时都须先

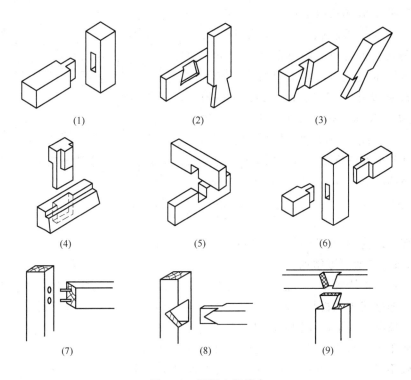

图 2-17　框架中部接合

将木框拆散。图（4）、（5）、（6）是典型的裁口法，在木框上开出铲口，然后用螺钉或钉固定装板，或者使用型面木条（线条）使装板固定于木框上，这种结构装配简单，容易更换装板。图（7）、（8）是装玻璃或镜子的结构。

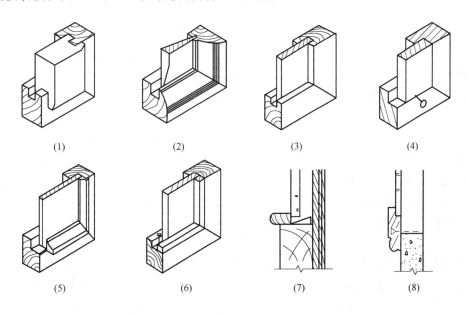

图 2-18　框架装板结构

当框架采用槽榫法接合时，对框架的槽沟要求是：装板均不能施胶，当含水率变化时，要能满足装板自由收缩和膨胀。一般来说，对于多数木材，假设生产时其含水率为10%，装板宽度小于600mm，门梃槽约有5mm余量就足以适应最坏情况下的装板的膨胀，如图2-19所示。采用框架镶板结构时，

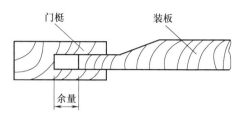

图 2-19　装板结构的预留余量

沟槽不能开到框架的榫头上去，以免影响接合强度，还要注意嵌槽不能太深而破坏框架角部的榫结构。

2.2.2　板式部件结构

板式部件结构分为实木拼板结构和覆面板结构两大类。

2.2.2.1　实木拼板结构

采用胶接、榫槽等接合方法将窄木板拼合成所需幅面的板材称为实木拼板结构。目前应用较广的指接集成板是实木拼板结构的一种较特殊的形式。许多餐桌、茶几、办公桌的面板，椅凳的座板以及钢琴的共鸣板等都采用实木拼板结构。拼板的结构应便于加工，接合要牢固，形状、尺寸应稳定。为了保证形状与尺寸的稳定，窄板的宽度应有所限制，一般不能超过200mm；树种、材质、含水率应尽可能一致且要满足工艺要求；拼接时，相邻两窄板的年轮方向应相反排列，常用的拼板方式如图2-20所示。

采取不同的结构形式将窄的实木板材拼合成所需宽度的板材叫做实木拼板，为了避免和减少拼板的收缩量和翘曲量，单个木板的宽度、同一拼板零件中的树种和含水率也应一致，以保持形状稳定。

（1）实木拼板的接合方法

① 平拼　如图2-20（1）所示，拼板侧面平直。此方法优点是不需开榫打眼，加工简单，材料利用率高，生产效率也高，所以应用较广。但在拼合时，接合面应注意对齐，否则拼板表面易产生凹凸不平现象，一般需要适量增大拼板的加工余量。

② 斜口拼　如图2-20（2）所示，在平拼的基础上将平接合面改为斜口，加工简单，斜面可以增加胶接面积，增强接合牢固度，但比平拼稍费材料。

③ 裁口拼　又称搭口拼、高低缝拼合，如图2-20（3）所示。这是一种板边互相搭接的方法，搭接边的深度一般是板厚度的一半。裁口拼容易使板面对齐，材料利用上没有平拼接合经济，多消耗6%～8%，耗胶量也比平拼略多，加工比较复杂。

④ 凹凸拼　又称槽簧拼、企口拼，如图2-20（4）所示。企口拼操作简单可靠，当胶缝开裂时，拼板的凹凸结构仍可掩盖胶缝，但加工复杂。

⑤ 齿形拼　又称指形拼，如图2-20（5）所示。胶缝中有两个以上的小齿形，拼板表面平整度与拼缝密封性都比较好，接合强度高，但加工复杂。

⑥ 圆榫拼　如图2-20（6）所示，圆榫拼的拼合面同平拼，加圆榫后可以增加接合强度，节省材料，若是胶拼软质木材可用竹钉代替圆榫进行拼接；但圆榫的孔位要求精度高，加工复杂。

⑦ 方榫拼　如图 2-20（7）所示，原理同圆榫拼相同，比圆榫有更大的接合强度；但榫眼定位精度高，加工复杂。

⑧ 穿条拼　如图 2-20（8）所示，穿条拼加工简单，材料消耗同平拼基本相同，是拼板结构中较好的一种，在企业里应用较为广泛，但要注意插入木板条的纤维方向应与窄板的纤维方向相垂直。

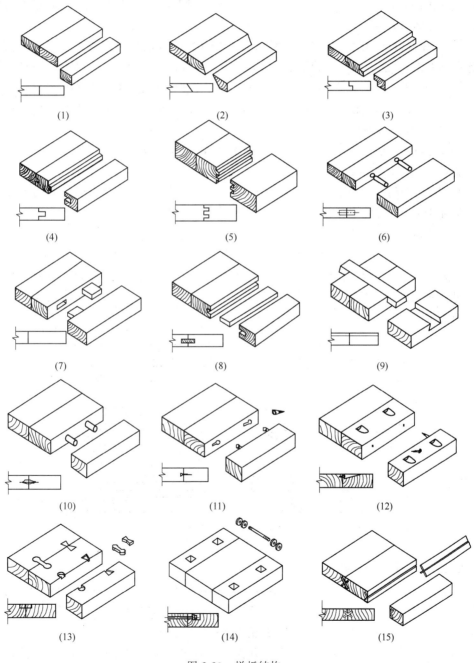

(1)　　　　　　　(2)　　　　　　　(3)

(4)　　　　　　　(5)　　　　　　　(6)

(7)　　　　　　　(8)　　　　　　　(9)

(10)　　　　　　(11)　　　　　　(12)

(13)　　　　　　(14)　　　　　　(15)

图 2-20　拼板结构

⑨ 穿带拼接　如图 2-20（9）所示，将穿带木条加工成燕尾形断面的楔形条，然后插入相应的槽口。此法一般用在其他拼接，特别是平拼的基础上，用以防止板面翘曲。

⑩ 竹梢拼　如图 2-20（10）所示，竹梢拼与插入圆棒拼基本一样，只是一种材料的变更。

⑪ 暗螺钉拼　如图 2-20（11）所示，通过匙形孔槽让另一侧的螺钉头插入圆孔中并推入窄槽内胶合，板面不留痕迹，接合强度比较大，但加工十分复杂，要求精度也高。也用于拆装的接合，但接合面不能施胶。

⑫ 明螺钉拼　如图 2-20（12）所示，从一拼板的背面钻出螺杆孔，在另一拼板的拼接面钻有螺钉孔，在两拼板侧面涂胶后放平、对齐，用木螺钉加固即可。此法工艺简单，接合强度高，并能节约木材，但钻螺杆孔时要破坏拼板的背面的整体结构。

⑬ 木销拼　又叫元宝拼，如图 2-20（13）所示，将木制的销嵌入拼板接缝处相应的凹槽内。此法一般用于厚木板的拼接。

⑭ 螺栓拼　如图 2-20（14）所示，这是一个重型拼板方法，接合强度大，一般用于实验台、工作台等的拼合。

⑮ 十字穿条拼　如图 2-20（15）所示，十字穿条拼合是一种牢固而紧密的拼板方法，但加工复杂，需要专门的加工设备，而且对精度要求比较高。

（2）实木拼板的镶端

实木拼板往往由于木材含水率发生变化而易引起变形，尤其是两端面最易开裂、翘曲，并影响美观。为了减少和防止拼板的翘曲变形，通常需要采用榫槽、透榫、穿条等方法进行木条镶端，如图 2-21 所示。也可采用涂料封端法，用树脂涂料涂在拼板的端面，但效果不是很理想。

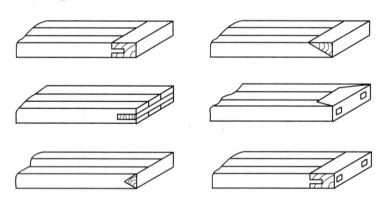

图 2-21　实木拼板的镶端

2.2.2.2　覆面板结构

随着家具工业的不断发展，实木家具生产的主要原材料正在由单一的天然木材向与各种人造板和复合材料结合发展。一些板式部件就多采用覆面板结构，可以充分利用碎料，提高木材利用率，尺寸稳定，减少翘曲变形。

覆面板部件种类很多，从结构上可分为：覆面实心板式部件和覆面空心板式部件两大类。

　　覆面实心板是由刨花板、纤维板、胶合板、细木工板等实心芯板，胶贴覆面材料制作而成，在此就不再论述。覆面空心板指芯料具有空隙的覆面板，即在具有空隙芯料的一面或两面胶贴覆面材料的板式部件。芯料一般为纯木框结构或在木框中再填充具有空隙的衬垫物。覆面材料一般为薄胶合板或数层单板。这种板具有形状和尺寸稳定、质量轻、表面性能好等优点，常用于门板、旁板和中隔板等非承载性部件，便于减轻整个制品的质量。覆面板必须封边。

　　覆面空心板以其芯材的结构来分类命名。常用的芯料结构有纯木框结构、木框蜂窝纸结构、木框格状结构、木框波纹结构等多种。分别叫覆面栅状空心板（栅状空心覆面板）、覆面格状空心板（格状空心覆面板）、覆面蜂窝状空心板（蜂窝空心覆面板）、覆面波状空心板（波状空心覆面板）等，如图 2-22 所示。

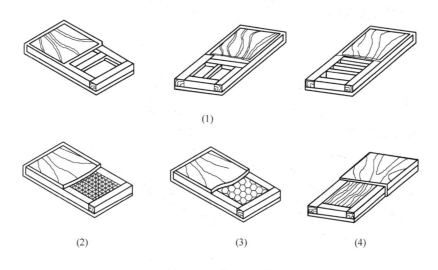

(1)

(2)　　　　　　　　　(3)　　　　　　　　　(4)

图 2-22　覆面空心板
（1）覆面栅状空心板　（2）覆面格状空心板　（3）覆面蜂窝状空心板　（4）覆面波纹状空心板

2.2.3　接长结构

根据零件外观形状的不同，把接长分为直线零件的接长和曲线零件的接长两大类。

2.2.3.1　直线接长

方料和厚板可以通过多种方式接长，从而实现短料长用，节约木材。有时方料太长为了避免木材变形也要将木材打断再重新接长，有些企业规定长于 600mm 的方料必须打断重接。为了增加胶合面积，提高胶合强度，常把接合面加工成不同形状，方式如图 2-23 所示。

2.2.3.2　曲线接长

曲线具有圆滑、柔和、变化、活泼的动态感，故弯曲件在家具中应用相当普遍，如圆形台面、椭圆形镜框、曲线形扶手等。弯曲件的结构与接合方法有着重要现实意义，在弯曲件的接长有如直角榫、燕尾榫、槽榫、圆榫、搭接接合等，如图 2-24 所示。

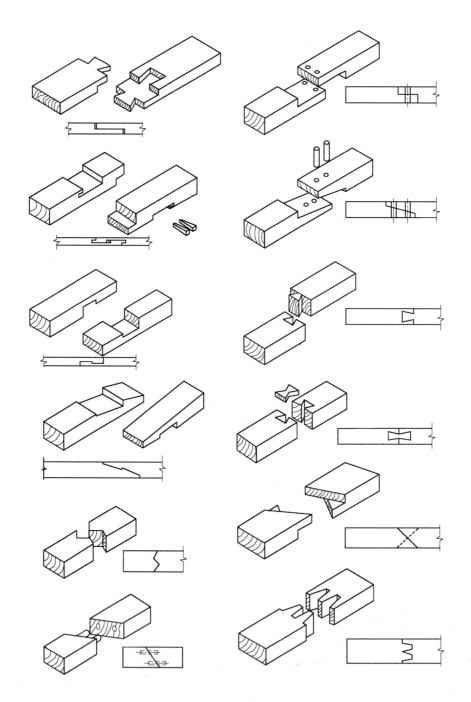

图 2-23　直线零件的接长结构

2.2.4　箱框及抽屉结构

2.2.4.1　箱框结构

箱框结构是至少由三块或三块以上的板件（最多是四块）用一定的接合方式构成的

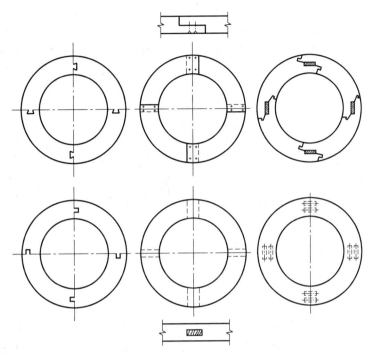

图 2-24　曲线零件的接长结构

箱体或槽体结构，箱框中间可设有若干块中板（隔板、搁板）。箱框常采用整体榫、插入榫接合，也有采用钉接合、连接件接合等形式的。

箱框结构主要用在仪器箱、包装箱及家具中的抽屉。

（1）箱框的角部接合

根据箱框接合后其周边板的端面是否外露可分为直角接合和斜角接合两种。

① 直角接合　其周边板的端面外露，欠美观，但接合强度大，加工简便，为一般箱框常用的接合方法。其接合的基本方法如图 2-25 所示，依次是（1）直角开口多榫接

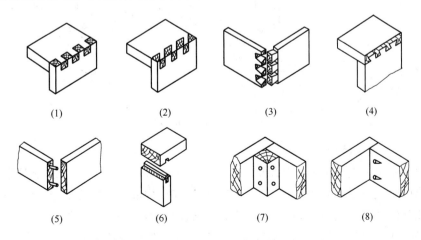

图 2-25　箱框直角接合形式

合，（2）斜形开口多榫接合，（3）明燕尾榫接合，（4）半隐燕尾榫接合，（5）插入圆榫接合，（6）插入木条接合，（7）嵌木条接合，（8）明螺钉接合。

② 斜角接合 指其周边板的端面均不外露的接合，较美观，但强度略低。主要用于外观要求较高的箱框接合。其基本方法如图 2-26 所示，依次是（1）全隐燕尾榫接合，（2）槽榫接合，（3）穿条接合，（4）塞角接合。

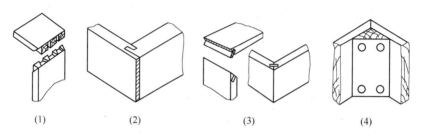

| (1) | (2) | (3) | (4) |

图 2-26　箱框角部接合形式

（2）箱框的中部接合

箱框内隔板（搁板）与箱体的接合均为箱框的中部接合，其形式有直角榫、燕尾榫、整体榫、插入榫、槽榫接合等。如图 2-27 所示，依次是（1）直角槽榫接合，（2）燕尾槽榫接合，（3）半燕尾槽榫接合，（4）插入木条接合，（5）插入圆榫接合，（6）直角多榫接合，（7）木条和螺钉接合，（8）搁扦（托）接合等。

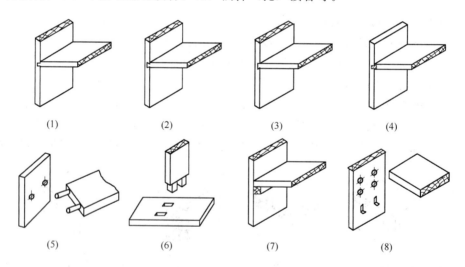

| (1) | (2) | (3) | (4) |
| (5) | (6) | (7) | (8) |

图 2-27　箱框的中部接合

2.2.4.2　抽屉结构

抽屉是储藏类家具中十分常见的一个重要部件，柜、台、桌、床类家具常设抽屉。抽屉一般由屉面板、屉底板、屉后板、屉旁板等零件构成。实木传统结构多采用整体直角榫或燕尾榫结合，如图 2-28 所示。如果抽屉较宽大，则还需在抽屉下面装一根屉底档，屉底档前面与屉面板一般做成榫接合，后面用木螺钉或圆钉固定于屉后板下面。在传统产品中，抽屉绝大多数用实木制作。抽屉结构与箱框结构基本相同，抽屉的主要接合属箱框的角接合。在现代产品中，常选用中密度纤维板、细木工板等与实木结合制作，结构也多采用插入（圆棒）榫、五金件等结合。

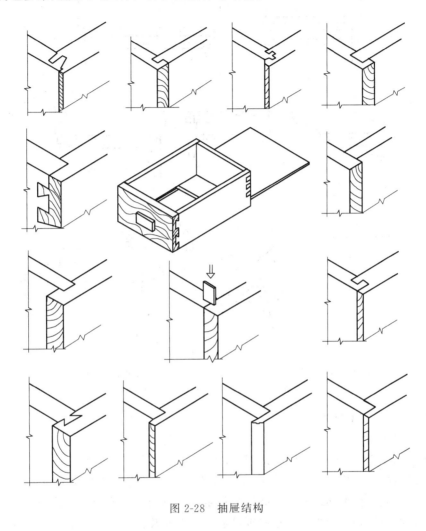

图 2-28 抽屉结构

2.2.5 脚架结构

在柜类家具中，脚架是承重最大的部件，由脚和望板、牵脚档构成，也是家具主体的支撑部件。在传统柜类、拆装柜等许多柜类中，脚架都是作为一个独立部件。对脚架的要求是结构合理、形状稳定、外形美观。常见的柜类脚架有亮脚、包脚、塞脚和装脚四种类型。

2.2.5.1 亮脚型结构

亮脚型脚架又称框架型脚架，一般是由四条独立的腿跟若干根牵脚档连接成的一个立体框架，然后与柜体或桌面等连接为一体，有直脚和弯脚两类。由亮脚和望板、拉档构成的柜类脚架结构如图 2-29 所示。亮脚与望板、拉档的接合属于框架接合，常用普通榫接合，有时也在脚架四内角用钉、木螺钉等加贴木块加固。

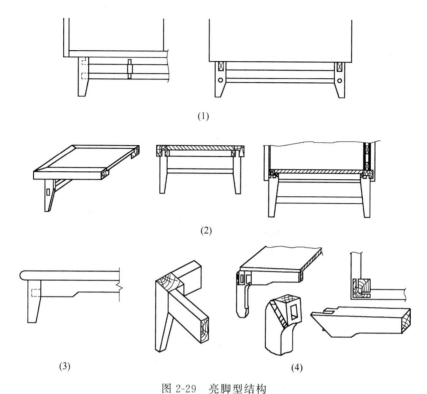

图 2-29　亮脚型结构

（1）直角双肩开口（半开口）单（双）榫　（2）直角双肩单（双）榫
（3）直角三肩闭口单（双）榫　（4）格角榫接合

2.2.5.2　包脚型结构

包脚型属于箱框结构，又称箱框型脚。组合柜及放书籍等较重物品的家具，常用包脚型结构，如图 2-30 所示。包脚的角部可用直角榫、圆榫、燕尾榫等形式接合；脚架钉好后，四角再用三角形或方形小木块作塞角加固，塞角与脚架的接合一般用螺钉加胶。为使柜体放置在不同地面上都能保持稳定，在脚架中间底部应开出大于 3mm 的凹档，或者在四角的脚底加脚垫，这样也可使柜体下面及背部的空气流通，但是包脚式底座不便于室内清扫。

2.2.5.3　塞脚型结构

塞脚就是在旁板与底板的角部加设一块木板，从而把脚装上去，安装在柜子底板的四个角上，借助柜子的底板连成一体。木板一般做成线型板，这样既可加强柜体的稳定性，又可使脚部美观。木板与旁板采用全隐燕尾榫接合，并在塞脚的内部用三角形或方形木块来加固，如图 2-31 所示。

2.2.5.4　装脚型结构

装脚是一个独立的亮脚，彼此不需要用牵脚档连成脚架，而是直接安装在柜子的底板下或桌、几的面板下，如图 2-32 所示。当装脚比较高时，通常将装脚做成锥形，这样可使家具整体显得轻巧美观。当脚的高度在 700mm 以上时，为便于运输和保存，宜做成拆装式装脚。

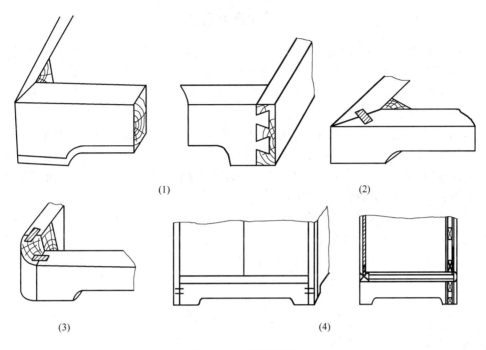

(1)   (2)

(3)   (4)

图 2-30　包脚型结构

（1）燕尾榫接合　（2）穿条斜角接合　（3）前面为圆角面的斜角接合　（4）旁板与望板组合的包脚结构

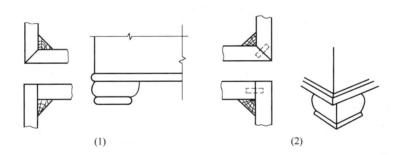

(1)   (2)

图 2-31　塞脚型结构

（1）全隐燕尾榫和塞角接合结构　（2）半隐燕尾榫和塞角接合结构

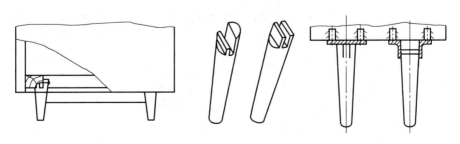

图 2-32　装脚结构

2.2.6 古典家具结构

随着科技的发展和人们消费观念的变化，仿古家具在民用家具消费中的比例越来越大，既保留了传统技艺的精华，又传递着新的时代信息，能广为多层次的人所理解和接受。市场上仿古家具有许多在保留传统榫卯结构外观特征的前提下，已有较大简化，但也有些完全忠实沿用古典家具的结构。

作为中国家具史上最辉煌的明式家具结构严谨而科学，榫卯结构种类繁多，有格肩榫、格角榫、插肩榫、抱肩榫、穿带榫、粽角榫、楔钉榫等，为了较好地了解古典家具的结构，现以明式家具为例对应用较多的几种古典榫卯结构按照以下类别作简要的介绍。

2.2.6.1 丁字形结构（格肩榫）

丁字形结构是横材和竖材的结合，又叫格肩榫。格肩榫的榫头在中间，朝外面一边的榫肩为梯形或三角形，朝里面一边的榫肩为直角平肩，不容易扭动变形。可分为大格肩榫（实肩）[见图 2-33（1）]、大格肩榫（虚肩）[见图 2-33（2）]、小格肩榫（实肩）[见图 2-33（3）]、飘肩 [见图 2-33（4）] 等。

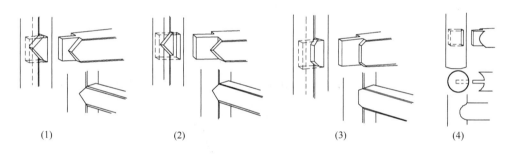

(1)　　　　　　(2)　　　　　　(3)　　　　　　(4)

图 2-33　格肩榫

（1）大格肩（实肩）（2）大格肩（虚肩）（3）小格肩（实肩）（4）飘肩

2.2.6.2 直材角接合结构

直材角接合结构主要分为格角榫和挖烟袋锅两种。

（1）格角榫

格角榫主要用于桌案、椅凳、柜门等板面四框的接合，或椅背、扶手等立柱与横木的直角接合。格角榫也可分为明榫和暗榫，明榫多用于桌案的板面四框和柜子的门框，暗榫又叫闷榫，形式多种多样，有单闷榫 [见图 2-34（1）]、多闷榫 [见图 2-34（2）]、暗销 [见图2-34（3）] 等结构。

（2）挖烟袋锅

挖烟袋锅主要用于明式家具的靠背

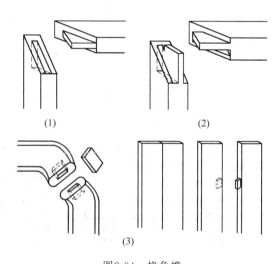

(1)　　　　　　(2)

(3)

图2-34　格角榫

（1）单闷榫　（2）多闷榫　（3）暗销结构

椅和扶手椅的椅背、转角等直材角接合处，它是在横材下面做出榫窝，直材上端做出榫头，将横材压在竖材上，如图 2-35 所示。

2.2.6.3　拼板结构

明式家具中，大型家具用料比较宽，一块板不够用，常用几块板拼接起来，根据材料的宽窄、厚薄、用料位置等可以将拼板结构分为龙凤榫、穿带榫和框内装板等几种结构。

（1）龙凤榫

为了防止拼板出现翘裂和变形，并使拼缝保持平整光洁，薄板拼板时经常在板面纵向断面上起槽，另一边做出与榫槽对应的槽榫，拼板时加以配合，这种做法叫做龙凤榫（见图 2-36）。

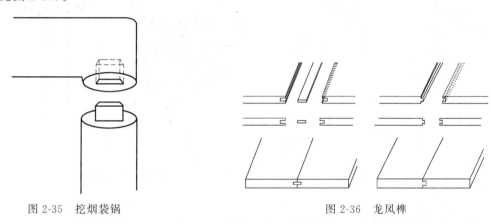

图 2-35　挖烟袋锅　　　　　　　　图 2-36　龙凤榫

（2）穿带榫

比较厚的板材在拼合时，为了加固板的连接和防止变形，多采用穿带榫（见图 2-37）。

（3）框内装板结构

家具的面板或柜子的顶、门、侧板等多采用框内装板结构（见图 2-38）。

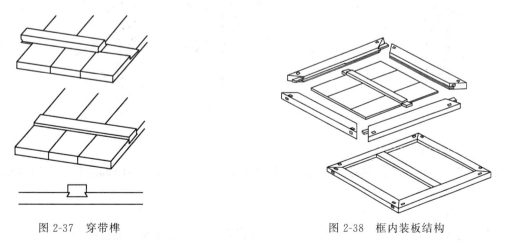

图 2-37　穿带榫　　　　　　　　图 2-38　框内装板结构

2.2.6.4　腿、面与牙板结构

（1）夹头榫

夹头榫是由唐、宋时期发展而来的一种科学合理的复杂榫结构，在明式家具中的桌

案类家具结构中被广泛应用。这种结构，由四腿把牙条夹住，连接成方框，上接案面，使桌面和腿足的角度不易变动，并能够将面板的受力均匀分布到四条腿上，如图 2-39 所示。

（2）插肩榫

插肩榫与夹头榫的结构基本一样，只是外形有所差别，并且有个显著特点：受力越大，结构结合就越紧密，如图 2-40 所示。

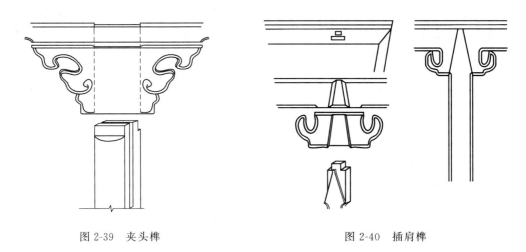

图 2-39　夹头榫　　　　　　　　　　　图 2-40　插肩榫

（3）抱肩榫

抱肩榫如图 2-41 所示。一般用于腿足与束腰、牙条的接合。

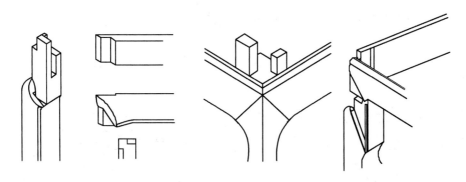

图 2-41　抱肩榫

（4）挂肩榫

挂肩榫是一种酷似抱肩榫的结构，外表看和抱肩榫一样，但内部结构是有区别的，如图 2-42 所示。

（5）粽角榫

粽角榫如图 2-43 所示，形状酷似粽角而得名，多用于四面平家具中。

（6）霸王枨

霸王枨是一种 S 形曲枨，从桌腿的内角线向上弯曲，延伸并固定在桌面下的两条穿带上，既帮助牙板固定四足，同时也对桌面下的穿带起到支撑作用，如图 2-44 所示。

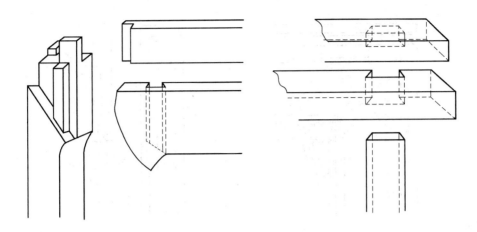

图 2-42 挂肩榫

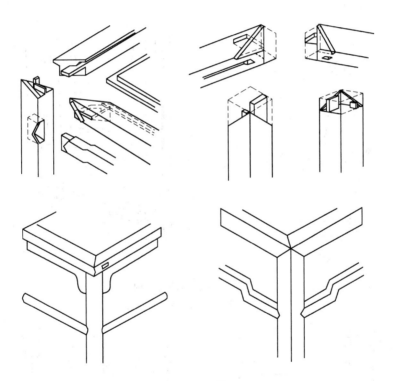

图 2-43 棕角榫

2.2.6.5 拖泥与腿足结构

拖泥是家具脚下的一种构件，分为框形［见图 2-45 （1）］和垫木形［见图 2-45 （2）］两种。

2.2.6.6 弧形材结构

弧形材结构常用楔钉榫，如图 2-46 所示。结构精密复杂，常用于圆弧零件接合，典型的是明式家具的圈椅，在现代仿古家具中也有很多体现。

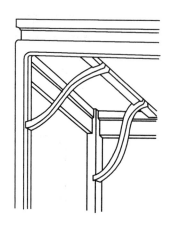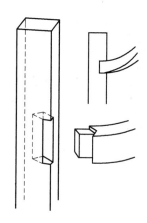

图 2-44　霸王枨

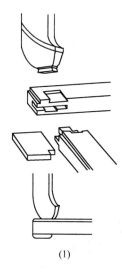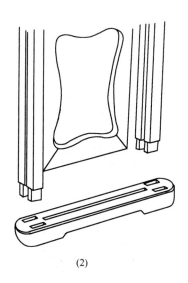

（1）　　　　　　　　　　　　　　　　（2）

图 2-45　拖泥与腿足结构

（1）框形拖泥　（2）垫木形拖泥

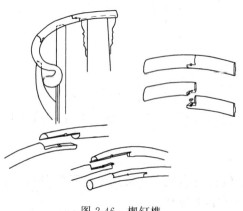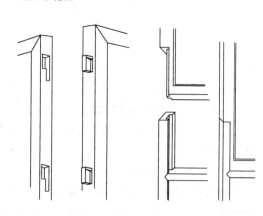

图 2-46　楔钉榫　　　　　　　　图 2-47　活榫开合结构

2.2.6.7　活榫开合结构

又名走马销，主要用于床、屏风、榻等一些大型的家具，方便在搬运时分解成多个部件，如图 2-47 所示。

2.2.7　家具装配结构

家具的装配结构也就是部件的接合结构，必须全面考虑各零部件的接合方式、技术条件、加工质量、材料选用等因素，使之具有足够的强度，并充分估计它在各种使用情况下能保持其形状的稳定性和牢固性。无论家具在静载荷还是动载荷的作用下，不得产生过大的变形，以满足家具的各种使用要求。

传统实木家具主要以榫接合为主，现代实木家具的结构更加多样化，拆装结构也已经是一种趋势，在很多实木厂已经占据了一定的比例。五金件的拆装结构与榫结构相互配合，构成了现代实木家具的主要结构形式。现代实木家具的拆装结构形式主要有木螺钉接合结构、倒牙螺母连接件接合结构等，见图 2-48。

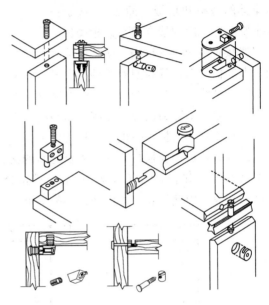

图 2-48　现代实木家具结构形式

2.2.7.1　框架类家具装配结构

框架类家具以榫接合为主体结构，传统上一般都是不可拆的，榫结构前面已经讲述很多，现主要介绍拆装结构的框式类实木家具的装配结构。

椅、凳、台类家具多属于框架结构，它们的共同特点可以分为面板（凳面板、椅面板、台面板）与脚架两大部件。在此讲的装配结构是指面板跟其脚架的接合结构主要有木螺钉接合结构（见图 2-49）、倒牙螺母连接件接合结构（见图 2-50）等。

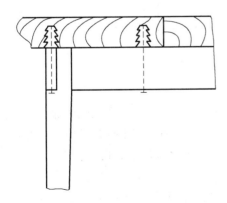

图 2-49　木螺钉接合

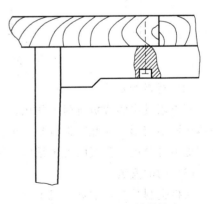

图 2-50　倒牙螺母连接件接合

为了便于包装与运输，椅子、凳子、桌子等的脚架需要用专门的五金件进行连接，做成可以拆装的架构，如图2-51所示，（1）为椅框组件分割图，（2）为牵脚档与脚的接合，（3）是椅腿与望板的接合。

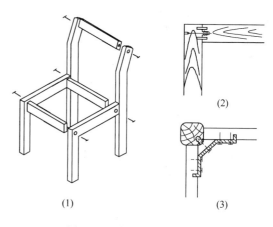

图 2-51　椅子脚架拆装结构

2.2.7.2　柜类家具装配结构

柜体的装配结构在这里是指柜类实木家具的旁板和顶板（面板）、底板三大主要部件之间的接合关系。柜类家具上部连接两旁板的板件称为顶板或面板，大衣柜、书柜等高型家具的顶部板件高于视平线（约为1500mm）称为顶板；小衣柜、床头柜等家具的上部板件全部显现在视平线以下则称为面板。传统实木柜类一般选用框架镶嵌实木拼板结构。

（1）顶板、底板与旁板、隔板的安装

顶（面）板、底板与旁板、隔板之间的接合，可以是齐头、凸出或缩进等形式，如图2-52所示。接合方法有木螺钉接合、榫接合、角尺接合等方式，如图2-53所示。固定结构一般采用榫接合，牢固并且不易变形，拆装结构就要采用五金连接件的连接。

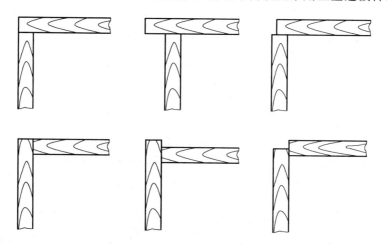

图 2-52　顶板、底板与旁板、隔板的安装

（2）背板的安装

柜类家具中的背板有两个作用，一是用于封闭柜体后侧，二是增强柜体的刚度，使柜体稳固不变形，因此背板也是一个重要的结构部件，特别是对于拆装式柜类，背板的作用更不可忽视。背板的安装结构多种多样，图2-54所示为常见形式。

（3）门的安装

在柜类制品中，常见的门有开门、移门、翻门、卷门等多种形式。这些门各具特点，但都要求有合理的结构，精确的尺寸，严密的配合以防止灰尘虫子进入柜内，同时

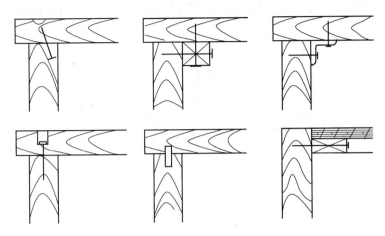

图 2-53 顶板、底板与旁板、隔板的结构

在使用过程中还要求不发生太大的变形，且开关灵活，并具有足够的强度等。

① 开门　开门即沿着垂直轴线转动（启闭）的门。开门也称边开门，有单开、双开、三开门之分。门扇嵌装于两旁板之间时，称为嵌门或内嵌门，如图 2-55（1）所示；也可以装在旁板之外，叫做外搭门或盖门，如图 2-55（2）所示。

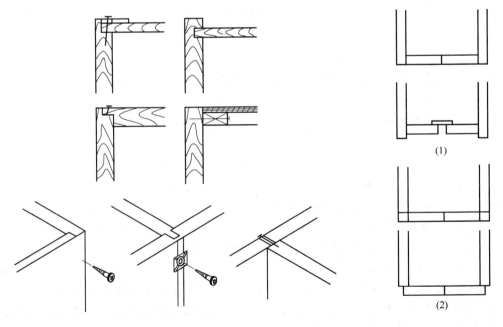

图 2-54　背板的安装结构

图 2-55　开门的装设位置

开门的装配主要靠铰链连接，一般用普通铰链（合页）、门头铰链、暗铰链等。门装上柜体后，一般要求能旋转 90°以上，虽然开启位置各有不同（见图 2-56），但应不妨碍门内抽屉拉出。一般每扇门要装两个或两个以上铰链，门宽超过 1200mm 时，可用三个铰链，门超过 1600mm 时，要用四个铰链。

对开门的中缝可以采取多种形式，接缝的设计应该保证让右门先开，如图 2-57 所示。

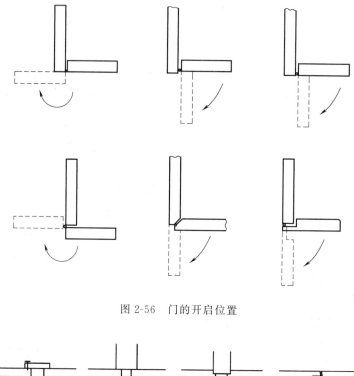

图 2-56　门的开启位置

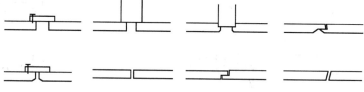

图 2-57　对开门的中缝形式

② 翻门　翻门又称翻板门、摇门，是围绕着水平轴线转动的门。翻门能使垂直的门板转动到水平位置，常作为陈设物品或写字台面用等。根据用途不同，翻门也可由水平位置翻转至垂直位置或者其他位置等。翻门的安装是用铰链（普通铰链、门头铰链、翻门铰链等）和牵筋（拉杆）与柜体等进行连接，安装方法如图 2-58 所示。

③ 移门　移门一般都装在滑道上，门在滑道中左右移动。常见的移门种类有木制移门和玻璃移门等，轨道有柜槽式、槽榫式、门槽式、吊轮式等，如图 2-59 所示。移门打开或关闭时，柜体的重心不可偏移，能保持稳定，门打开时不占据室内空间，目前市场上有许多新型的移门滑道等配件，能使移门滑动时十分轻松灵活，故移门应用较广。

④ 卷门　卷门又叫百叶门或软门。卷门开启后不占据室内空间而又能使柜体全部敞开，但是一般制造很费工。一般卷门是用断面呈半圆形或其他型面的小木条（或塑料条）胶贴在帆布或尼龙布上加工而成，木条厚度一般为 10～14mm，含水率小于 12%，表面要磨光，槽道也要加工得很光滑。如图 2-60 所示的是木制卷门的几种开闭方式和卷门的结构。

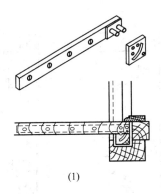 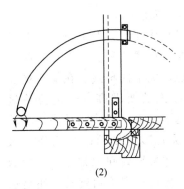

(1)　　　　　　　　　　　(2)

图 2-58　翻门的安装

（1）翻板门头铰　（2）拉杆连接

⑤ 其他特殊结构的门　除了上述四种门外，还有一些其他特殊形式的门，例如翻门与移门相结合的藏式门，以及折叠门等。图 2-61 所示为屏风式折叠门，该门共装有五根轴，其中有一根轴固定在旁板上，有两根轴装有折叠铰链起折叠作用，另外两轴的上、下支点沿滑槽移动。这种门可将柜子全部打开，存取物品方便。

（4）搁板的安装

搁板是柜内的水平板件，主要用于分层存放物品，它与旁板的连接分固定和活动两种。固定安装的有直角榫、燕尾榫、连接件连接；活动搁板可根据所存放物品的情况来调整间距，较灵活，常用的搁板

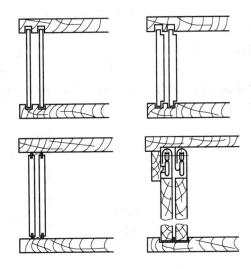

图 2-59　木制移门安装结构

支承件主要是套筒搁板销、金属搁板卡、木条、玻璃搁板卡等，参见图 2-62。

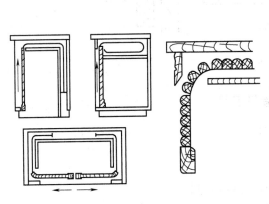 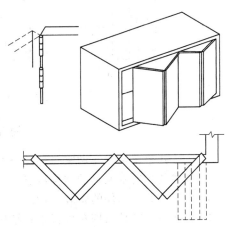

图 2-60　卷门　　　　　　　图 2-61　屏风式折叠门

（5）抽屉的安装

抽屉的安装从外部造型上看，一般可分为外遮式与内藏式两种。外遮式有凹凸变化的起伏感，优于内藏式。在加工精度方面，对内藏式的要求高，若正公差过大，屉面板沉不进去，即使能进去，活动也不自如，从而影响使用；若负公差过大，面板与柜体接缝处间隙则偏大，影响美观。因此，无论从审美角度看，还是从制作和使用方面考虑，外遮式均优于内藏式，所以目前外遮式被广泛使用。

如图 2-63 所示，抽屉的安装方式有托屉支撑式［图 2-63（1）和图 2-63（2）］、吊屉式［图 2-63（3）］、滚轮滑道式［图

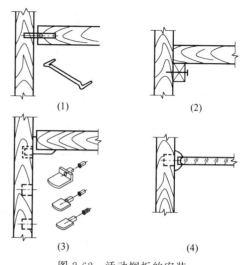

图 2-62 活动搁板的安装

2-63（4）、图 2-63（5）和图 2-63（6）］等几种。相比较后两种方式安装结构较为简单，吊屉式宜用于轻便抽屉与不便设托屉撑的地方，滚轮滑道式推拉很轻便，虽然成本较高，但仍然被普遍使用于现代家具中。

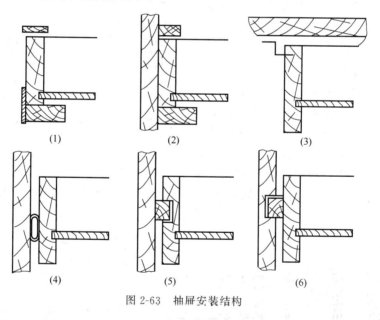

图 2-63 抽屉安装结构

思考与实训

1. 设计并手工制作几种家具的接合结构。
2. 试述现代实木家具的结构特点。
3. 讲述家具各部件的安装结构。
4. 思考明式家具结构对现代家具结构设计的启迪。
5. 完成一款实木家具的结构设计。

3 机械加工工艺基础

本章学习目标

理论知识 了解加工基准、加工精度、表面粗糙度的概念；熟悉实木家具机械加工的生产过程与工艺规程。

实践技能 学会选择家具的加工基准；懂得如何提高家具的加工精度与降低粗糙度。

3.1 加 工 基 准

用来测量工件加工位置的点、线、面称为加工基准。

在进行切削加工的时候，必须先把工件放在设备或夹具上，使它和刀具之间具有一个正确的相对位置，这种相对位置就叫定位。工件在定位后，还不能承受加工时的切削力，为了使它在加工过程中保持正确的位置，还须将其固定，这种固定就叫夹紧。从定位到夹紧的整个过程称为定基准。

3.1.1 工件定位的"六点"规则

工件在空间具有六个自由度，为了使工件相对于生产设备和刀具准确定位，就必须约束这些自由度，使工件在生产设备或夹具上相对固定下来。如图 3-1 所示为工件定位的六点规则。

把工件放在一个由 X-Y 组成的平面上，这时工件就不能沿着 Z 轴移动，也不能绕 X 轴和 Y 轴转动，这样就约束了三个自由度，如果再将工件紧靠在 X-Z 组成的平面（靠 Y 尺）上，工件便不能沿 Y 轴移动和绕 Z 轴转动，又约束了两个自由度。最后当把工件靠在 Y-Z 组成的平面上，工件便不能沿 X 轴移动，于是又约束了沿 X 轴的自由

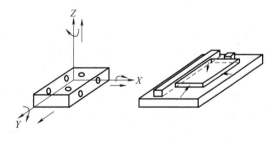

图 3-1　工件定位的六点规则

度。至此，工件的六个自由度就全被约束了，从而使工件能在设备上准确地定位和夹紧，这就是工件定位的"六点"规则。

在进行切削加工时，有时仅需要约束一个自由度，有时须约束两个、三个、四个、五个或六个自由度，这要根据生产工艺和设备的加工方式来确定。如排钻钻孔时必须约束六个自由度，四面刨加工时客观上约束了五个自由度，宽带式砂光机砂光时约束了四个自由度。

3.1.2 基准的基本概念

了解了工件定位时应遵循的六点规则，就应该研究选用工件上的哪些表面来定基准。为了使工件在设备上相对于刀具或在产品中相对其他零部件具有正确的位置，需利用一些点、线、面来定位，这些作为测量起点的点、线、面就称为基准。

根据基准的作用不同，可以分为设计基准和工艺基准两大类。

3.1.2.1 设计基准

在设计时用来确定产品中零件与零件之间相互位置的那些点、线、面称为设计基准。这种设计基准可以是零件或部件上的几何点、线、面，如轴心线等，也可以是零件的实际点、线、面，即实际的一个面或一个边。例如，设计门扇边框时，以边框的对称轴线或门边的内侧边来确定另一门边的位置，这些线或面即为设计基准。

在家具设计时，我们所使用的一些尺寸界限、中心线等都是设计基准。如果设计人员不懂得生产设备自身的基准，任意标注尺寸界限、中心线等，导致设计和生产基准不统一，势必造成人为的尺寸误差。

3.1.2.2 工艺基准

在测量、加工或装配过程中，用来确定与该零件上其余表面或在产品中与其他零部件的相对位置的点、线、面称为工艺基准。

工艺基准按用途不同又分为定位基准、装配基准和测量基准。

（1）定位基准

工件在机床或夹具上定位时，用来确定加工表面与机床、刀具间相对位置的表面称为定位基准。例如，工件在打眼机上加工榫眼，放在工作台上的面、靠住导尺的面和顶住挡板的端面都是定位基准，如图 3-2 所示。

加工时，用来作为定位基准的工件表面有以下几种情况：

① 用一个面作定位基准，加工其相对面，如压刨、宽带式砂光机等生产设备。

② 用一个面作为基准，又对它进行加工，如封边机、平刨等生产设备。

③ 用一个面作基准，加工其相邻面，如卧式精密裁板锯、万能圆锯机等生产设备。

④ 用两相邻面作基准，加工其余两相邻面，如四面刨等生产设备。

⑤ 用三个面作基准，如钻床钻孔加工等。

在加工过程中，由于工件加工程度不同，

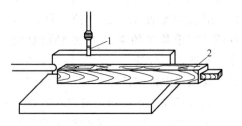

图 3-2 定位基准
1—钻头 2—工件

定位基准还可以分为粗基准、辅助基准和精基准。未经过精确加工且形状正确性较差的表面作为基准，称为粗基准，如在纵解圆锯上锯解毛料时，以板材上的一个面和一个边做基准，这个面及边属于粗基准。在加工过程中，只是暂时用来确定工件某个加工位置的基准称为辅助基准。如工件在单面开榫机上加工两端榫头，在加工时，以其一端作为基准，概略地确定零件的长度，这就是辅助基准。但这种基准在加工另一端时就不起作用了。已经达到加工要求的光洁表面作为基准，就称为精基准。在已加工出榫头的工件上加工榫眼时，采用榫肩做基准，这就是精基准。

（2）装配基准

在装配时，用来确定零件或部件与产品中其他零部件的相对位置的表面称为装配基准。装配基准是装配成部件或产品时使用的，如图 3-3 中木框用整体平榫装配而成，其榫头侧面和榫肩以及两端榫肩的间距都将影响木框的尺寸和形状，所以，它们都是装配基准。

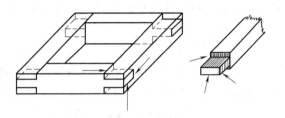

图 3-3　木框用整体平榫装配的装配基准

（3）测量基准

用来检验已加工表面的尺寸及位置的表面称为测量基准，工件的尺寸是从测量基准算起的。在加工过程中，工件的尺寸精度来自设备的加工精度，而测量基准的选取也必须与设备的定位基准统一，否则就会产生人为的测量误差。

3.2　加 工 精 度

3.2.1　基 本 概 念

现代家具作为一种工业产品，比以往更加强调工艺性。工艺性的核心就是加工精度。加工精度是指零件在加工之后所得到的尺寸、几何形状等参数的实际数值与图纸上规定的尺寸、几何形状等参数的理论数值相符合的程度。这种相符合的程度越高，偏差越小，加工精度也就越高；反之，加工误差越大，加工精度越低。

加工误差就是指零件在加工之后所得到的尺寸、几何形状等参数的实际数值与图纸上规定的尺寸、几何形状等参数的理论数值之间所产生的偏差。

任何零件在其加工制作的过程中，总会出现各种各样的加工误差。所以，加工误差的存在是绝对的，是不可避免的。换句话说，零件加工精度的高低只是一个相对的概念，绝对精确的零件只是在理论上存在，而实际上是加工不出来的。加工精度与加工误差实质上就是一个问题的两个方面。加工精度的高低是靠加工误差的有效控制来保证的。

3.2.2　加工误差的种类与性质

3.2.2.1　加工误差按其表面特征分类

零件的加工误差按其零件的表面特征不同可分为尺寸误差、几何形状误差和表面位置误差。当然，三者之间并不是孤立存在，而是相互关联的。如零件的几何形状本身也就包含了零件的尺寸和零件各表面的位置。

（1）尺寸误差

零件加工的实际尺寸与图纸上规定的尺寸之间的偏差称为尺寸误差。零件的实际尺寸与规定的尺寸之间相符合的程度就称为尺寸精度。

（2）几何形状误差

零件经过加工之后，实际形状与图纸上规定的几何形状不符合，两者之间产生了偏差，这种偏差称为几何形状误差。规定的几何形状和实际的几何形状相符合的程度就称为几何精度。

（3）表面位置误差

经过加工之后的零件，其实际的各表面间的相互位置与规定的各表面间的相互位置之间的偏差称为表面位置误差。同样，这种相符合的程度也就称为表面位置精度。

3.2.2.2　加工误差按其性质特征分类

工件在切削加工过程中出现误差是不可避免的。零件的加工误差按其引起误差的性质特征不同又可分为系统性误差和偶然性误差。

（1）系统性误差

当依次加工一批零件时，其加工误差的大小基本上保持不变或有规律的变化，这种误差称为系统性误差。例如，在机床上加工零件，由于刀具的制造精度、安装精度以及机床调整不精确，这将使零件加工误差的大小数值基本上保持不变。又如在压刨上加工方材零件的相对面，随着加工时间的延长刨刀不断产生磨损、变钝，造成被加工的零件的厚度及表面形状误差出现的有规律的变化。所造成的这些加工误差均属于系统性误差。

（2）偶然性误差

当加工一批零件时，其加工误差大小不是固定的变化或者不是有规律的变化，这种误差称为偶然性误差。偶然性误差是因为加工过程中某一个或若干个偶然因素造成的，这些因素的变化是没有规律的。例如，木材树种和木材性质的变化等所引起的加工误差都属于偶然性误差。其引起误差的原因和过程是：由于木材是各向异性的材料，在三个方向上的物理、力学性质是不同的，同时在材质上又有节子、斜纹等缺陷，不同树种材质的硬度不同，所以在切削过程中产生的切削力就不一样，导致机床、夹具、刀具、被加工零件等工艺系统的弹性变形不一致，从而影响到零件的加工误差。或是由于偶然原因产生的人为因素如操作违规、手工进料速度不一致等引起的。

在机械加工过程中，无论产生哪一种误差，无论是系统性误差还是偶然性误差，都可能使加工零件出现尺寸误差、形状误差或各表面之间的相互位置误差。

综上所述，在零件的加工过程中有许多因素会产生零件的加工误差，影响到零件的加工精度。在生产中应根据具体情况采取相应措施，减小这些因素的影响，使加工误差控制在允许的范围内，以保证产品的质量。

3.2.2.3　提高加工精度的工艺措施

为了保证加工精度，最大限度地减小零件加工中产生的各种误差。可采取以下措施：

（1）购买适合机床，并加强加工机床的维护与保养

在购买机床时，须对机床刀轴的径向跳动与轴向移动、工作台与导轨的平直及其相互垂直度、主轴跟工作台面及导轨的垂直度或平行度等都应提出合理要求，以保证加工质量。对加工设备应定期检修保养，发现问题应及时维修，避免加工机床的"带病工作"。

（2）提高刀具的制造、安装精度及研磨质量

刀具在制造时要保证切削部分的几何角度准确，刀刃的前面与后面应光洁，以减小刀具与木材的摩擦阻力；刀具应选用耐磨性强，刃口锋利，有足够的韧性，容易研磨，受热后变形较小的材料制造。

刀具安装时应保持与主轴同心，旋转时不左右摇摆；刀具的夹紧要牢固，不能有相对滑动；多头切削刀具安装前应做等重和平衡检查，使几片刀重量相同，尺寸一致，重心一致；紧固刀片的螺栓、螺母、盖板、压条等也要做平衡检查；同一轴上每块刀片的安装伸出量应均匀，要保持在一个切削圆周上，并保证加工表面水平。刀具刃磨要保证刃磨质量；刀具磨损到一定程度影响到加工质量时应及时研磨以保证加工质量。

（3）提高夹具的制作精度

为了减少零件在夹具上的安装误差，批量生产的夹具应具有合理的结构和足够的加工精度，应采用耐磨不易变形的材料制造。

（4）提高机床和夹具的刚度，保持机床运转平稳

木材加工机床一般来说转速高，进给速度快。如果自身刚度不足，工作起来要产生振动，刀具、导板、紧固件等可能会出现相对位移，会使工艺系统产生弹性变形，从而使零件产生加工误差。

（5）选择合适的测量工具和测量方法

精度要求较高时应采用游标卡尺检量；测量工具应经常校对检查；在度量时要注意从定位基准面开始，操作应正确，读数不得有误差。

（6）尽量减少机床调整误差

为了保证零件的尺寸与规定的尺寸相符合，必须正确地进行刀具与零件相互位置的调整。调控的不正确就会产生调整误差。机床调整通常用样品零件进行，首先在机床静态条件下，按标尺调整刀具与零件间的相互位置，然后加工几个零件，测量它们加工后的平均尺寸，再按其误差来校正刀具与零件的相互位置，直到加工出的样品零件的平均尺寸与规定尺寸相符合为止。

（7）正确选择和确定定位基准

① 选择较长较宽的面作基准，使加工时的稳定性好；

② 尽可能用平面作基准。对加工弯曲件要尽可能用凹面作基准，增加稳定性；

③ 尽可能以设计基准面或测量基准面作为定位基准；

④ 对于需要多次定位加工的零件，应尽量采用统一的面作定位基准；

⑤ 尽量减少定位基准的数目。因工件在加工时的定位基准越少，定位就简便，精度就越高。

（8）提高成材的干燥质量

干燥材出炉窑后要在料仓中堆放整齐，陈放一周左右的时间，使其含水率和内应力趋于平衡后再使用。

3.2.2.4 加工精度与互换性

（1）互换性

互换性是指某一种产品或零部件与另一种产品或零部件在尺寸上能够彼此相互替换的功能。现在板式家具的生产在某些企业已经开展得很好，对于实木家具来说，鉴于木材各向异性的特殊性，实现单个零件的互换性比较困难，但某些企业已经实现了拆装实木家具部件的互换性。

研究互换性在现代家具生产中有着重要的意义。它是现代化大生产的需要，专业化协作的需要，是实现零部件标准化、系列化、规格化和通用化的需要。加工精度与互换性有着密切的关系，加工精度高，互换性好，产品质量好，产品的售价也相应地提高。但是加工精度高，要求生产设备的精度高、性能好，生产工人的操作水平要求高，这无形中提高了家具的生产成本。如果将加工精度限制在一定的范围内，既保证了加工质量，经济上又可行，同时又保证了互换性，这是最理想的。

（2）互换性的依据

① 设计方面　设计中图纸标出的技术要求与生产中可能达到的要求一致。

② 生产方面　设备的精度（刀具、夹具、模具等精度）要一致；检验方法要合理，检验工具要一致；生产的工艺路线和工艺水平要先进以及生产工人操作设备要熟练。

（3）实现互换性的条件

原材料的含水率与车间相对湿度所对应的平衡含水率要一致；各个零部件的加工精度要一致；零部件尺寸和规格做到系列化，零部件的加工要尽量实现合理的公差与配合制。

3.3　表面粗糙度

木材在加工过程中，由于受到机床的工作状态、刀具的几何精度、木材树种、含水率、纹理方向、材质、切削方向以及工艺参数（如压力、温度、进给速度、主轴转速、刀片数目）等各种因素的影响，在加工表面会产生各种不同的加工痕迹，这种加工痕迹称为木材表面粗糙度，也就是产品表面粗糙不平的程度，直接影响产品质量与美观性，应严格控制在允许的范围内。

3.3.1　表面粗糙度的表现形式

家具在加工的过程中，实际加工所形成的表面并非理想光洁的表面。正是由于它们之间存在着偏差，也就形成了实际加工表面的各种不平度，有以下几种形式。

3.3.1.1 构造不平度

由于木材的细胞腔在切削加工过程中被切破、木材的切削方向不同、碎料构成的木制零件表面微粒的形状尺寸和配置情况不同等原因而产生的木材加工表面的不平度均称为构造不平度。

3.3.1.2　弹性恢复不平度

这是由于木材不同的纤维方向其干缩变化不一致，以及木材本身的密度和硬度不均匀所造成的。木材在切削加工时，一定会受到刀刃在木材表面的挤压，当解除压力后木材表面材料会产生弹性恢复不均匀的现象，从而导致了木材加工表面的不平度，这种不平度称为弹性恢复不平度。特别是刨、铣削软质木材所产生的弹性恢复不平度比较严重。

3.3.1.3　加工不平度

这是在对木材锯解、切削等加工过程中，由于锯齿和刀刃的几何形状、研磨修整状况、加工时的切削用量等因素所造成的。木材在切削加工时，由于这些因素会使木材加工表面形成梳状或沟状的锯痕、大小相近或规律起伏的波纹以及出现了有规律的刀痕。所有这些由于加工刀具以及加工工艺参数等原因而产生的木材加工表面的不平度称为加工不平度。

3.3.1.4　破坏不平度

与加工不平度所产生的原因一样，也是由于加工刀具、加工工艺参数以及木材本身的微观构造等原因造成的。这种破坏不平度的表现形式很多，如在横向切削时，加工表面有不深的凹痕；在木材的逆纹理或有节疤的附近切削时，或死节、腐朽、虫蛀等导致加工表面易发生崩茬、劈裂和崩裂；横向和逆纹切削均有可能使木材加工表面产生木毛、毛刺等破坏不平度的多种形式。木毛是指单根纤维一端仍与木材表面相连，而另一端竖起或黏附在表面；毛刺是成束或成片的木纤维没有和表面完全分离开。

3.3.2　影响表面粗糙度的因素及改进措施

3.3.2.1　影响表面粗糙度的因素

影响木材表面粗糙度的因素比较复杂，被切削的木材表面所留下的各种不平度是由机床、刀具、加工材料的性质、切削条件等诸多因素共同作用的结果。影响木材表面粗糙度的因素有以下几个方面。

（1）切削用量

切削用量包括切削速度（刀轴转速）、进给速度（进刀或进料速度）、吃刀量。主轴的转速越快，进给速度越慢，吃刀量越少，则加工表面的光洁度就越高。但要降低进给速度，减少吃刀量，就要以降低生产率为代价。所以只有通过提高主轴转速来提高表面切削光洁度。

（2）切削刀具

刀具的几何参数、材料质量、制造精度、工作面的表面粗糙度、刃磨质量以及磨损情况。

（3）工艺系统的刚度和稳定性

指零件机械加工整体工艺系统的刚度和稳定性，包括机床刀具和工件等。若机床与刀具的刚度、精度、稳定性差及工件的刚度不好，均会降低加工表面的光洁度。

（4）切削方向

包括端向切削、横向切削和纵向切削，纵向切削又包括顺向切削和逆向切削。顺纤维方向切削比逆纤维方向切削的表面光洁度高。纵向切削比横向切削高。弦向切削比径向切削高。

（5）木材的力学性质

包括硬度、密度、含水率、弹性等。如含水率低的木材比含水率高的木材加工表面光洁度高。

（6）其他因素

刀具切削的排除状况（如方壳钻、刨刀）及其他偶然因素（吃刀量或进给速度突然增加）等。

3.3.2.2 降低木材表面粗糙度的措施

① 根据产品质量要求，选择适当的加工机床类型。

② 平面铣削时，在允许的范围内，可增加切削圆的直径、提高刀头转速、增加刀片数量和降低进料速度。

③ 切削时，注意进料方向，要顺纹切削，不要逆纹切削。

④ 根据材质的优劣及加工余量的大小，适当调整切削用量，掌握好进给速度。

⑤ 刀具要保持锋利，刀具锉磨与安装要符合技术要求，保证质量。

总之，必须从机床、刀具、切削方法、切削条件等多方面来找出对降低木材表面粗糙度有利的措施。

3.3.3 表面粗糙度的评定

根据我国木制品生产技术水平，国家技术监督局发布的《GB/T 3324—2008 木家具通用技术条件》中，将木家具各部位的表面粗糙度划分为精光、细光、粗光三等，现在木材加工工业是依靠加工工艺来保证制品的表面光洁度。

① 粗光 仅经过平刨、压刨、铣床切削加工的表面（具有微细的波浪纹）；

② 细光 经粗、细砂纸砂光或经一般刨光的表面（尚微细砂痕或细小的撕裂）；

③ 精光 用很精密锋利的手工光刨刨光或用极细的（00♯）高速砂带砂磨光滑的表面。

检验手段主要是凭经验，眼看、手摸为准。也有的企业用粉笔画，凡精光表面，以不显现明显笔印为准，越不明显就越光洁。

木制家具产品涂饰前各部位的表面粗糙度应符合表 3-1 规定。

目前，我国家具生产企业对产品表面粗糙度的测定一般依靠目测、手摸来检验评定，在一定程度取决于检测者的经验和主观的判断，难免存在一定的随意性和不一致性。粗糙度的鉴定也可以采用粗糙工艺样板，与加工后零部件进行对比的办法进行。粗糙度工艺样板可以是成套的特制样板，也可以是从生产的零件中挑选出来的粗糙度合乎要求的标准零件。为了使检验结果准确，样板在树种、形状、尺寸、加工方法等诸多方面尽可能与被检验零件

表 3-1 家具各部位的允许表面粗糙度

部位	表面粗糙度要求	
	普级	中、高级
外表	细光	精光
内表	细光	细光
内部	粗光	细光
隐蔽处	粗光	粗光

一致。这种评定方法比较麻烦，因为用于家具生产的原材料树种较多，加上形状尺寸、加工方法、原材料的物理力学性质等方面的因素，这就决定了样板系列的复杂和庞大。

3.4 生产过程与工艺规程

3.4.1 生产过程

3.4.1.1 生产过程

生产过程是指将原材料制成产品相关过程的总和，即从生产准备工作开始，直到把产品生产出来为止的全部过程。

生产过程的组成主要包括生产准备、基本生产、辅助生产和生产服务四个部分。

（1）生产准备

包括生产家具所需原材料的运输和保存，家具新产品的开发设计与试制，生产中使用的刀具、夹具和模具的设计制造或采购，生产规划和工艺过程的编制等。

（2）基本生产

包括采用各种生产设备将原材料制成零部件，零部件的胶合、装配和装饰，零部件和产品的质量检验等。

（3）辅助生产

包括生产设备的调整、维修和保养，刀具与工具及能源（水、电、汽等）等的及时供应等。

（4）生产服务

包括生产车间、车间班组的生产组织和管理，成品、半成品、废料的运输和储存，成品和半成品入库管理，工业卫生和环境保护等。

3.4.1.2 工艺过程

（1）工艺过程

工艺过程是指通过各种生产设备改变原材料的形状、尺寸或其他物理性质，将原材料加工成符合技术要求的产品的一系列过程的总和。

工艺过程是生产过程中的基本生产部分。工艺过程是否合理取决于生产工艺路线的流向是否顺畅，零部件加工工序的多少和工序之间的匹配是否合理，零部件的加工质量和产品的产量能否得以保证，以及是否降低消耗，提高劳动生产率等。

（2）工艺过程的构成

家具的样式种类繁多，结构特征各异。每一件家具通常都是由数量较多、尺寸不同、结构与形状较复杂的各种零部件组成，而且常常同一零件可采用不同的材料进行制作（如锯材或人造板等），也可采用不同的加工方法加工而成（如手工制作或机械加工等），因而就形成了各种不同的家具生产工艺过程和工艺类型。如配料工艺过程、手工制作工艺过程、机械加工工艺过程、装配工艺过程、框架式家具工艺过程、板式家具工艺过程等。

根据家具每个零件的加工方式的不同，可以将生产家具的工艺过程划分成配料、机械加工、胶合与胶压、装配和油漆装饰等不同的车间或工段。无论划分与否，怎样组织生产，手工制作还是机械加工制作，家具的生产工艺过程都必须由一系列的生产工序所组成，即原材料依次通过各种生产工序加工成产品。工序，是工艺过程的一个基本环节，是组织生产过程的基本单位，是控制产品制作质量优劣的关键所在。

图3-4所示是实木家具中某部件的一个横档零件。用机械加工的方法加工这种横档零件的加工工序见表3-2。从表中可以看出，即使加工这样一个简单的零件，其工艺过程至少也要由6道工序所组成。如果所制作的这种家具以及所包含的横档零件批量较大，就需要在工厂中进行大规模地生产制作，为了提高劳动生产率和保证整体的生产工艺水平，则可以考虑分为几个工段进行加工生产制作，如配料工段、毛料加工工段和净料加工工段等，而其中的每个工段只完成该横档零件加工工艺过程的一个工序或几个工序。如果所制作的这种横档零件数量较小，则完全可由一组工人进行分工（均可使用多功能刨床或手工工具），每个工人完成其中的一道工序而进行流水式地加工制作；也可由一个工人按着零件的加工工艺过程独立完成零件加工制作时每一道工序，就这种情况来说，就没有必要再细分成工段或车间来进行加工制作了。

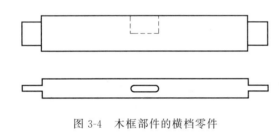

图3-4　木框部件的横档零件

表3-2　横档零件的加工工序

序号	工序名称	工作位置
1	材料横截	横截锯
2	材料纵解	纵解锯
3	刨基准面和边	平刨
4	刨相对面和边	压刨
5	截端与开榫	开榫机
6	加工榫眼	打眼机

（3）制定工艺过程的原则

现代家具生产中，由于零部件使用的原材料不同，工艺过程也不相同，没有一个适合所有企业固定和统一的模式。但是制定工艺过程一般应遵循以下原则：

① 家具生产的基本理论、基本原则和基本方法。

② 家具生产的标准化和规范化。

③ 企业追求的高产、低耗和高效的目标。

3.4.1.3　工序

（1）工序概念

工艺过程各工段又由若干个工序组成，或工艺过程是由若干个工序组成。一个（或一组）工人在一个工作位置上对一个或几个工件连续完成的工艺过程的某一部分操作称为工序。

工序是工艺过程的基本组成部分，也是家具生产的基本单元。因此，工序的控制和管理的好坏直接影响着零部件的加工质量和生产效率。

（2）工序的表示方法

为了确定工序的持续时间，制定工时定额标准，还可以把一些较复杂的加工工序进一步划分为安装、工位、工步、走刀等组成部分。

① 安装　由于工序复杂程度不同，工件在加工工作位置上可以只装夹一次，也可

能需装夹几次，工件在一次装夹中所完成的那一部分工作称为安装。例如，两端开榫头的工件在单头机上加工时就有两次安装，而在双头开榫机上加工，只需装夹一次就能同时加工出两端头，因此只有一次安装，平、压刨则不要装夹。

② 工位　工件处在相对于刀具或机床一定的位置时所完成的那一部分工作称为工位。在钻床上钻孔或在打眼机上打榫眼都属于工位式加工。工位式加工工序可以在一次安装一个工位中完成，也可以在一次安装若干次工位或若干次安装若干个工位上完成。在工位式加工工序中，由于更换安装和工位时需消耗时间，所以次数越少，生产率越高。

若工件在机床上相对切削刀具的数量多，工位数就多，这种机床称为多工位机床。如单轴平刨、压刨、铣床等只有一个工位，而四面刨就有 4 个工位，开榫机有 2～4 个工位等。多工位机床生产效率高，但价格也贵，操作技术要求高。

③ 工步　工序又可以由一个工步或几个工步组成。在不改变切削用量（切削速度、进料量等）的情况下，用同一刀具对同一表面所进行的加工操作称为工步。例如，在平刨上加工基准面和基准边，该工序就由两个工步所组成。又如在压刨上加工相对面与相对边，也是两个工步。

④ 走刀　在刀具和切削用量均保持不变时，切去一层材料的过程称走刀。一个工步可以一次或几次走刀。例如，工件在平刨上加工基准面，对平整度较差的零件，有时需要进行几次切削才能得到符合要求的平整的基准面，这每一次切削就是一次走刀。在压刨、纵解锯等机床上，工件相对于刀具作连续运动进行加工称为走刀式加工。走刀式加工工序中，因毛料是向一个方向连续通过机床没有停歇，不耗费毛料和刀具的返回运行时间，所以生产率较高。

将工序划分为安装、工位、工步、走刀等几个组成部分，对于制定工艺规程，分析各部分的加工时间，正确确定工时定额以及研究如何保证加工质量和提高生产率是很有必要的。在工件加工过程中，消耗在切削上的加工时间往往要比在机床工作台上安装、调整、夹紧、移动等所耗用的辅助时间少得多。因而，减少机床的空转时间，减少工件的安装次数及装卸时间，采用多工位的机床进行加工，也是提高机床利用率和劳动生产率的有效措施。

（3）工序的分化和集中

① 工序分化　工序分化是使每个工序中所包含的工作量尽量减少，把较大的、复杂的工序分成一系列小的、简单的工序，其极限是把工艺过程分成很多仅仅包含一个简单工步的工序。如把四面刨工序分化为平刨、压刨、立铣（加工型面、平面）、立铣（加工槽榫、榫槽）四个工序。

工序分化所用机床设备与夹具的结构以及操作和调整工作都比较简单，对操作人员的技术水平要求也比较低，因而便于适应产品的更换，而且还可以根据各个工序的具体情况来选择合适的切削用量。但是这样的工艺过程需要设备数量多，操作人员也多，生产占用面积大，管理复杂，加工时累计误差增大，原材料的损失加大。

工序分化适用于初建投产厂，由于工人技术水平低，难以掌握多工位复杂设备，故采取工序分化的措施，充分地利用劳动力，同时还可减少投资。对于批量大的专业化生产厂，一时投资不多，也可采用工序分化，充分发挥单机生产能力来提高效率。

② 工序集中 工序集中是使工件在尽可能一次安装后，同时进行多项加工，把小的、简单的工序集中为一个较大的、复杂的工序。其极限是一个零件的全部加工在一个工序内完成。如一个零件的四面刨光、开榫、打眼、铣槽、铣成型面、表面修整等工序在一部联合机床上加工完成。

工序集中选用多功能的生产设备，使生产设备的数量减少，工艺过程也就相应缩短，这样大大减少了工件的装卸次数和时间，生产效率高，并能节约人力与场地，降低加工成本，是实现自动化生产的初级阶段。但机床结构复杂，操作技术水平要求高，投资大。在进行工艺设计时，应根据实际条件，合理地利用工序分化和工序集中的加工工艺过程。

工序的分化或集中关系到工艺过程的分散程度，加工设备的种类和生产周期的长短。因此，实行工序分化或集中，必须根据生产规模、设备情况、产品的种类与结构、技术条件以及生产组织等多种因素合理确定。

3.4.2 工艺规程

工艺规程是规定生产中合理加工工艺和加工方法的技术文件，如工艺卡、检验卡等。在这些文件中，规定产品的工艺路线、所用设备和夹具与模具的种类、产品的技术要求和检验方法、工人的技术水平和工时定额、所用材料的规格和消耗定额等。它是组织生产和工人进行操作的重要依据，也是新建、扩建厂的设计基础。

3.4.2.1 工艺规程的内容

① 零部件或产品的设计文件；
② 零部件的生产工艺流程或产品的工艺路线；
③ 设备、工具、夹具、模具和刀具的种类；
④ 零部件或产品的技术要求和检验方法；
⑤ 零部件或产品的工时定额；
⑥ 家具生产中使用的原材料规格和消耗定额。

在实际生产中，工艺规程主要是以工艺卡片、检验卡片及原材料清单等体现出来的。为了简化生产中技术文件的数量，常常把工艺卡片和检验卡片合二为一，统称工艺卡片。

现列举一些企业生产中使用的工序卡片（见表3-3）来说明工艺规程的内容。

表 3-3　　　　　　　　　工序卡片

卡号	产品名称	产品编号	零 件		工序名称		共 页	
			名称	图号				
							工序号	
工序略图					材料名称			
					毛坯尺寸			
					成品尺寸			
					件 数			
					标准或技术规程			
					辅助材料			
					工艺检查纪要			
					设备、刀具		量具辅助工具	
技术科长	日期	校对	日期	编制	日期	描图	日期	制图	日期

在生产过程中，按工序的先后顺序所编制的生产工艺走向图称为工艺过程流程图，或简称工艺流程图。现以实木家具中椅子拉档为例，说明实木家具零部件的生产工艺流程。

板材 ⟶ 锯解 ⟶ 加工基准面和边 ⟶ 加工相对面和边 ⟶ 开榫头 ⟶ 钻榫眼 ⟶ 砂磨 ⟶ 零件

家具制品中所有零部件工艺过程流程图的汇总称为工艺过程路线图，或简称工艺路线图。表 3-4 所示为家具生产工艺过程路线图。

表 3-4　　　　　　　　　　　某家具生产工艺过程部分路线图

编号	零部件名称	零部件尺寸	工作位置							
			纵解锯	横截锯	平刨	压刨	铣床	钻床	组装	砂磨
1	A 部件	—	○ →	○ →	○ →		○ →	→	○ →	○
2	B 部件	—	○ →	○ →	○ →	○ →	○		→	○
⋮	⋮	—								

现代化家具生产企业突出的特点是提高设备利用率，减少工序，倡导"一次性质量"，即各工序的生产质量为一次定"终身"。这样既避免多工序生产的累计误差大，同时又可减少加工损失，简化了生产工艺过程。

3.4.2.2　工艺规程的作用

工艺规程不仅是指导生产的技术文件，同时也是组织生产、管理生产的基本依据。

（1）工艺规程是指导生产的主要技术文件

合理的工艺规程是在总结实践经验的基础上依据科学理论和必要的工艺试验而制定的，所以按照工艺规程进行生产，就能保证产品的质量，达到较高的生产效率和较好的经济效益。工艺规程并不是一成不变的，它应及时地反映生产中的革新、创造，吸收国内外先进的工艺技术。它也是管理生产、稳定生产秩序的依据，是工人工作和计算工人工作量的依据，应该不断地改进和完善，以更好地指导生产。

（2）工艺规程是生产组织和管理工作的基本依据

在生产中，原材料的供应、机床负荷的调整、工夹具的设计和制造、生产计划的编排、劳动力的组织以及生产成本的核算等，都应以工艺规程作为基本依据。

（3）工艺规程是新建或扩建工厂设计的基础

在新建或扩建工厂或车间时，须根据工艺规程和生产任务来确定生产所需的机床种类和数量、车间面积、机床的配置、生产工人的工种、等级和人数以及辅助部门的安排等。

3.4.2.3　制定工艺规程的要求

现代家具生产中，工艺规程的制定是否合理直接关系到企业的生产是否能有序地进行，是否以最少的劳动量和最低的生产成本加工出符合设计要求的产品。因此，在制定工艺规程时必须考虑以下几点。

（1）技术上的先进性

在制定工艺规程时，要根据生产设备情况尽量选择先进的生产工艺。由于家具生产的特殊性，任何一个工艺规程都不是一成不变的，要根据产品品种和结构的变化，经常调整工艺规程，使工艺规程在技术上做到先进，工艺上力求合理。

（2）经济合理性与可行性

在一定的生产条件下，工艺过程有多种类型，同样工艺规程也要随着工艺过程而变化。但是多种类型的工艺过程必然有最经济的和最可行的工艺方案，以保证生产成本的最低，因此工艺规程的制定必须与工艺过程相适应。

（3）可操作性

工艺规程一般是由设计人员根据产品的生产需要而制定的，因此设计人员必须经常和生产一线的工人紧密联系，了解生产的实际，使工艺规程做到简明易懂，具有可操作性。

（4）有良好的工作条件

在制定工艺规程时，要确保生产工人具有良好的工作条件，尽可能地减轻生产工人的劳动强度，以达到安全生产、文明生产的目的。

为制定工艺规程，须认真研究产品结构、生产设备，广泛收集技术资料，吸收先进技术并充分理解。然后具体结合本厂已有的生产经验来进行此项工作，以确保产品质量与生产效益的提高。为了使工艺规程更符合于生产实际，还须注意调查研究，集中群众智慧。对先进工艺技术的应用，应该经过必要的工艺试验。

3.4.3　生产流水线

生产流水线是加工的工件沿着依次排列的设备或工作位置移动进行的加工生产。实现生产流水线可以提高产品工艺过程的连续性、协调性和均衡性，便于采用先进的工艺和高效率的技术装备，缩短产品的生产周期，加速资金周转，降低生产成本，简化生产管理和提高劳动生产率。

3.4.3.1　实现生产流水线的条件

产品的结构合理、先进；生产工艺先进，工艺路线稳定，无回流、交叉等现象；零部件具有互换性，各道工序的加工时间要接近或互成倍数，产品的产量成批量或大量生产。

3.4.3.2　生产流水线的分类

（1）间歇式生产流水线

间歇式生产流水线是加工的工件从一个工序到另一个工序的加工和运输是间断的，各工序之间设有缓冲仓库。

（2）连续式生产流水线

连续式生产流水线是生产设备按工件加工工序的先后顺序依次排列，加工工件从一个工序到另一个工序的加工和运输是不间断的。

连续式生产流水线又分为两类：

① 不变生产流水线和可变生产流水线　在整个生产流水线中，只加工一种零部件的称不变生产流水线；而加工的工件有阶段性变化时称可变生产流水线。

② 简单连续生产流水线、半自动连续生产流水线和自动连续生产流水线　在整

个生产流水线中,工件从一个位置到另一个位置是由工人搬运或由简单的辊筒传送的称简单连续生产流水线;工件在传送带上传送,工人从传送带上取件和送件的称半自动连续生产流水线;工件由传送带传送直接送入生产设备的流水线称自动连续生产流水线。

3.4.4 劳动生产率

提高劳动生产率是家具行业面临的主要任务,目的是促进产品的更新换代,降低成本,提高产量,以及减轻生产工人的劳动强度,确保企业获得较高的经济效益。

要想提高劳动生产率,就必须改进企业的生产组织和管理方式、改进家具的设计方法和设计手段、改进家具的生产工艺和生产方式,并使家具的结构趋于简洁而且合理。

3.4.4.1 家具企业中的劳动生产率

单位时间内生产合格家具产品的数量称为家具企业中的劳动生产率。

表示方法:

单位时间内的产量=产品产量/生产产品所消耗的劳动时间

单位产品所消耗的劳动时间 = 生产产品所消耗的劳动时间/产品产量

3.4.4.2 提高劳动生产率的工艺措施

不断改进家具的产品结构,使之便于加工和生产。若结构不合理、加工复杂就导致劳动量大,产品成本高。设计产品时,在满足产品功能要求的前提下,尽量减少零部件的数量,并降低每个部件生产的难度,使家具零部件具有良好的结构工艺性,便于采用高效率的生产设备和先进的生产工艺,尽量提高零部件的标准化和通用化程度。设计人员要经常"升级",能利用先进的设计软件,来提高家具设计的效率,减少家具设计的工作量。

采用合理的生产工艺和完善的加工方法,根据现有的生产设备情况,使生产设备调整到最佳的状况;根据现有的生产和技术水平,逐渐完善加工方法,要用简单、合理的工艺来做出质量过硬的家具产品。

不断提高设备的加工精度及设备的自动化水平,完善家具生产的专业化和标准化的水平。特别对于实木来说,要提高材料的各项性能指标,减少变形,尽量使其部件标准化。

改进刀具的结构,采用新材料提高刀具的耐用性,减少刀具的刃磨次数和换刀时间。在正式生产前要调试检查好设备与刀具,生产过程中也要利用生产间隙由维修人员进行检查保养、换刀等。

应用先进的夹具、模具及先进的检测手段和测量工具,提高工作效率。夹具和模具的设计合理及先进,可使工件定位准确、迅速,在制作时一定要有经验的工人来操作。

保证原材料的质量并及时供应到各个工序。生产前、生产中要与物控、采购部门沟通协调好,并提前做好材料的质量检查。

加强车间管理,解决好劳动集体(如班组、作业组)的划分和人员配备,以及劳动集体内部人员之间分工协作的问题。改善劳动条件和工作环境,采用有效的劳动组织形式和工作方法,节约使用劳动力,以便更好地发挥生产工人在生产中的作用。

思考与实训

1. 实木家具的加工工艺过程包括哪些主要组成部分？结合家具实例简要说明家具生产工艺过程。

2. 工序可划为哪四个组成单元？有何意义？

3. 何谓工序分化和工序集中？各有何优、缺点？怎样合理应用？

4. 结合家具实例试确定各零件的加工余量。

5. 何谓工艺规程？制定工艺规程有何具体要求？

6. 何谓基准？基准可分为哪些类型？怎样合理选择加工基准？

7. 何谓切削加工精度？试分析影响木材切削加工精度的主要因素有哪些？

8. 木材经切削加工后，其切削表面可能会产生哪些粗糙度？试分析影响木材切削加工表面粗糙度的主要因素有哪些？

4 配 料 工 艺

本章学习目标

理论知识 了解配料选材的原则；熟悉配料的几种方式；掌握加工余量的确定方法；懂得计算出材率。

实践技能 学会根据实木板材具体情况确定配料方式；掌握细木工带锯、纵解锯、横截锯与双面刨的操作规程及操作要点。

配料是指把木材板材按照零件尺寸要求，锯制成各种规格的毛料。配料是切削加工工艺过程的第一个工段，工艺虽较简单，但直接关系到合理用材和提高木材的利用率的问题，跟产品品质也有着密切的联系。

应高度重视配料工艺，须选派经验丰富、技术全面、责任感强的工人把关生产，以达到确保产品用材质量和充分利用原材料的目的。

4.1　锯 材 配 料

锯材是原木经制材加工得到的产品。我们国家制定的锯材尺寸标准是一个工业上的标准，但对一些特殊要求的行业来说，特别是对原材料要求比较高的现代化家具生产企业，锯材的尺寸标准已不能适应要求，因此现代家具生产企业提出了定制材（规格料）的概念。

定制材是根据家具零部件的加工需要确定木材规格尺寸、材质质量和木材的含水率等来购进或生产的特种规格干燥材。一些企业还要根据自己的实际情况，制订一些特殊要求的定制材。定制材的特点是：减少配料工段的工作量或省去配料工段；便于专业化生产，但价格高于锯材。

方材是木材制品中最简单、最基本的构件，具有各种不同的断面形状和尺寸。方材的主要特征是断面尺寸宽厚比约为 2∶1，长度是断面宽度的许多倍；含水率符合加工和使用的要求。方材毛料是最基本的规格料，定制材的规格理应与方材毛料一致。但是，如果按着企业所有方材毛料的规格来订购这样的干燥材，势必造成规格过多，给运输、储存及挑选带来不利，因此，定制材的规格应满足大多数方材毛料的规格，其余的定制材应是方材毛料的倍数为宜。这些定制材只需在配料工段经过纵剖或横截即可满足方材毛料的要求。

由于多数企业使用锯材或不符合方材毛料规格的定制材，因此配料还不能完全省去，甚至配料在一些企业还很重要，特别是在一些曲线形零部件的生产中，它直接影响到原材料的出材率，因此必须重视配料工作。配料是按照零件的尺寸、规格和质量要求，将锯材锯剖成各种规格方材毛料的加工过程。配料工作的主要内容是：合理选料，控制含水率，确定加工余量和加工工艺。

4.1.1 按产品的质量要求合理选料

合理选料是指选择符合产品质量的树种、材质、等级、规格、纹理及色泽的原料。配料时应遵循以下原则：大材不小用，长材不短用，优质材不劣用，低质材合理使用，做到"材尽其用，最大限度地提高利用率"。这也是设计人员在确定每个零件材种、材级应掌握的原则。

（1）按产品的质量要求合理选料的原则

高档产品的零部件以及整个产品往往需要用同一种树种的木材来配料。中、低档产品的零部件以及整个产品要将针叶材、阔叶材分开，将材质、颜色和纹理大致相似的树种混合搭配，以节约木材。

（2）按零部件在产品中所在的部位来选料

家具的外表用料，如家具中的面板、顶板、旁板、抽屉面板、腿等零部件用料，必须选择材质好、纹理和颜色一致的木材，以提高制品外观美与质感，不能用带死节、裂痕、初腐、树脂囊、缺棱等缺陷的木材。内部用料，在不影响制品强度和使用要求的条件下，应合理利用低质材。如家具中的搁板、隔板、底板、屉旁板和屉背板等零部件的用料，对于木材的一些缺陷，如裂纹、节子、虫眼等可修补使用，纹理和颜色可稍微放宽一些要求。如双包镶产品中的芯条、细木工板中的芯条等，在用料上可以非常宽松。对于拼板用材，应用材种、材级相近似的木材相拼，最好用同种等级的木材相拼，这样会使拼板件变形小，优质材优用，劣质材合理使用。对于受力较大或经常受磨损的零部件，如各种脚料、面板用料等应选用材质较好的优质硬质材。

（3）根据零部件在家具中的受力状况和强度来选料

要适当考虑零部件在家具制品中的受力状况和强度要求，以及要考虑某些产品的特殊要求，如书柜的搁板尺寸和使用的原材料等都将影响着搁板的受力状况和强度。对于有榫眼、榫头的零件，其榫头、榫眼所在处不应有节子、磨朽、裂缝等缺陷，以免影响结合强度，甚至报废。

（4）根据零部件采用的涂饰工艺来选料

实木家具的零部件若采用浅色透明涂饰工艺，在选料和加工上要严格一些；若采用深色透明涂饰工艺，在选料和加工上可以放宽一些；若采用不透明涂饰工艺，则可更加宽松。

（5）根据胶合和胶拼的零部件来选料

对于胶合和胶拼的零部件，胶拼处不允许有节子，纹理要适当搭配，弦径向要搭配使用，以防止发生翘曲；同一胶拼件上，材质要一致或相近，针叶材、阔叶材不得混合使用。

4.1.2 控制含水率

木材含水率是否符合产品的技术要求，直接关系到产品的质量、制品中零部件的加工工艺和劳动生产率的提高。木材含水率过高，不仅影响零件的尺寸精度和几何形状、精度，而且会影响木材的胶接强度，榫接合强度，涂膜附着力及表面加工光洁度。因此，在选料前木材必须先进行干燥，对于家具生产使用的木材必须采用人工干燥，干燥后还必须进行静放平衡处理，以消除内应力。干燥后木材含水率的高低，还必须要适应使用地的相对湿度所对应的木材平衡含水率。一般规定长江以南地区不能大于20%，长江以北地区不能高于18%。出口制品与高级制品用材含水率不能高于12%。

4.1.3 合理确定加工余量

在配料时必须合理留出加工余量，选用的锯材规格尺寸或定制材的规格尺寸要尽量和加工时的零部件规格尺寸相衔接。由于零部件的种类繁多，配料后的方材毛料规格尺寸不应过多。根据实际情况可以得出下列类型的方材毛料：

① 由锯材直接下出方材毛料。

② 由锯材配出宽度上相等，厚度是倍数的方材毛料。

③ 由锯材配出厚度上相等，宽度是倍数的方材毛料。

④ 由锯材配出宽度、厚度上相等，长度是倍数的方材毛料，在配制这样的方材毛料时要考虑长短搭配使用。

4.1.4 配料工艺

4.1.4.1 配料方法

一类是单一配料法，即在同一锯材上，配制出一种规格的方材毛料；第二类是综合配料法，即在同一锯材上，配制出两种以上规格的方材毛料。两类配料方法的出材率不同，前者出材率低，但现在锯材的规格越来越小，多数企业都采用第一类的配料方法。

4.1.4.2 配料工艺

（1）横截后纵剖的配料工艺

这种工艺适合于原材料较长和尖削度较大的锯材配料，采用此方法可以做到长材不短用、长短搭配和减少车间的运输等，同时在横截时，可以去掉锯材的一些缺陷，但是有一些有用的锯材也被锯掉，因此锯材的出材率较低。如图4-1所示为先横截后纵剖的配料工艺。

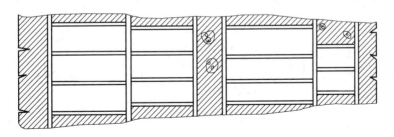

图 4-1　先横截后纵剖

（2）先纵剖后横截的配料工艺

这种工艺适合于大批量生产以及原材料宽度较大的锯材配料，采用此方法可以有效地去掉锯材的一些缺陷，有用的锯材被锯掉的少，是一种提高木材利用率的好办法。但是，由于锯材长，车间的面积占用较大，运输锯材时也不方便。如图4-2所示为先纵剖后横截的配料工艺。

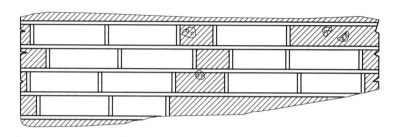

图 4-2　先纵剖后横截

（3）先划线再锯截的配料工艺

采用这种工艺主要是为了便于套裁下料，可以大大地提高木材利用率，在实际生产中主要是针对曲线形零部件的加工，特别是使用锯制曲线件加工的各类零部件。如图4-3所示为平行划线法，就是先将长板按零件长度锯成短板，同时注意剔除缺陷部分，然后用样板在短板上进行划线，这种方法配料方便，效率高，应用普遍。

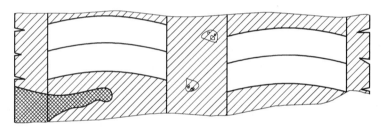

图 4-3　平行划线法

如图4-4交叉划线法又称套裁法，先用样板在整个板材选材划线，即在划线时，避掉木材的缺陷部分，以充分利用木材的目的，该方法虽能提高木材出材率，但配料锯解很不方便，劳动强度大、生产效率低，只适用于特别贵重木材的配料。

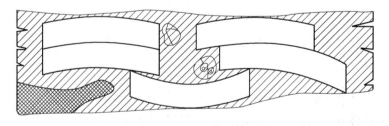

图 4-4　交叉划线法

（4）先粗刨后锯截的配料工艺

采用先粗刨后锯截的配料工艺，主要目的是暴露木材的缺陷，在配制要求较高的方材毛料时，这种配料工艺被广泛地采用。粗刨后的配料应根据需要锯材的形式采用不同的锯截方案。

先粗刨后锯截的配料工艺流程图

板材 → 选料 → 粗刨 → 划线 → 锯解 → 毛料

这种配料工艺流程的特点是：板材经选料之后，先经过刨削加工（粗刨），可使板面上的缺陷、木材纹理以及材色更加明显地表露出来，以便能更好地实现合理配料，以提高配料质量和出材率。刨削加工根据具体情况可进行两面或一面粗刨，在粗刨之后可以分别进行直接锯截、纵解或进一步划线锯截（解）这三种加工工序，直至加工出毛料为止。它实质上又是一种综合性极强的配料工艺流程。这种先粗刨后锯截（解）的综合性的配料工艺，在实际使用中通常都是根据具体情况灵活选用每一种具体的配料工艺方案。

先粗刨后锯截综合性配料工艺流程图：

```
          ┌→ 两面粗刨 ────→ 横解 → 纵解 → 毛料
板材 → 选料 ┤         ├→ 划线 →┤
          └→ 一面粗刨 ────→ 纵解 → 横解 → 毛料
```

（5）先胶合后锯截（解）配料工艺

如图 4-5 所示，这种配料工艺，首先将板材经选料、刨削之后，锯成板段或板条，同时剔除缺陷；然后利用指形榫和平拼法，将板段或板条在长度、宽度和厚度上进行胶合（或者根据实际情况和需要选择其中一两种进行胶合）；然后再进行划线、锯截（解）加工或不经过划线直接进行锯截（解）加工成毛料。这种配料工艺特别适用于长度较长、材面较宽、断面较大和形状弯曲的毛料的配制。虽然经过刨削、齿接等工序，会使生产率有所降低，但在节约木材，提高出材率和保证质量方面有很大的意义。

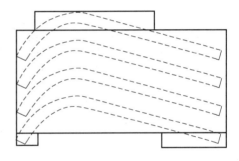

图 4-5 拼板后再锯成毛料

一般先粗刨后锯截的配料工艺流程图：

板材 → 选料 → 粗刨 → 胶合 → 划线 → 锯截 → 毛料

① 套拼 如图 4-6 所示，适用于曲线形状的零件。配料时先将方板按零件弧形划一条线，锯开后拼在另一边，再套料划出几个零件进行套裁加工。

② 拼料 如图 4-7 所示，适用于凹凸曲线形状或大小头的零件，配料时在零件较大的部分加拼一块或几块料。

③ 拼搭头 如图 4-8 所示，适用于局部凸起的零件，这类零件一般不再运用套拼的配料方法。采用在局部凸起的部件拼贴一小块料即可。

④ 多边形拼料法 如图 4-9 所示，多用于圆柱或多边形柱子的零件，中部可以是空心，也可用其他材料填充。

⑤ 工艺拼料（拼空心） 如图 4-10 所示，拼空心用于中间有一空洞的零件，由于

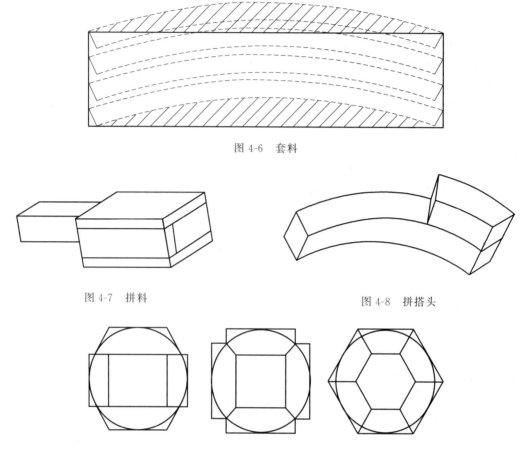

图 4-6　套料

图 4-7　拼料

图 4-8　拼搭头

图 4-9　多边形拼料法

用一块板件直接加工空洞浪费材料，因而在拼料时直接拼成空心状。

　　综上所述，在实际生产中，可结合各种不同的配料工艺特点，根据零件具体的技术要求和现有的生产条件，选出最为合理的配料工艺方案，从而保证产品质量，以提高出材率和劳动生产率。

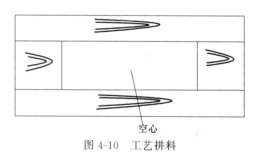

空心

图 4-10　工艺拼料

4.2　加工余量

4.2.1　加工余量的概念

4.2.1.1　加工余量

将方材毛料加工成形状、尺寸和表面质量等方面符合设计要求的零件，所切去的一部分材料称为加工余量，即毛料尺寸跟零件尺寸之差的材料。

　　根据实验，加工余量的大小与加工精度及木材损耗有关。如图 4-11 所示，加工余量大，生产中出现废品的可能性小，但是由于加工余量大，使原材料的损失加大，即原材料的总损失大。加工余量小，生产中出现废品的机会多，虽然加工余量损失小，但是原材料的总损失加大。

　　同样，加工余量偏大，加工时走刀次数就多，就导致劳动生产率低，但如果一次走刀，切削力加大，就使工艺系统的弹性变形大，加工精度降低。如加工余量偏小，机床的调整时间及工序准备时间就长，吃刀量偏低，就会导致加工精度与劳动生产率降低。

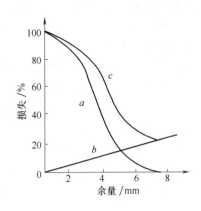

图 4-11　加工余量与木材损失之间的关系

　　因此，正确确定加工余量可以做到：合理利用和节约木材，节约加工时间，降低动力消耗；可以充分利用设备的生产能力，保证零部件的加工质量（加工精度，表面光洁度）；正确确定加工余量也有利于实现家具生产的连续化和自动化。

4.2.1.2　加工余量的类型

　　加工余量按照零件加工的工艺过程可分为工序余量和总余量两种。如果应用湿的成材来配料，然后再进行毛料干燥，则在配料时需考虑干缩余量。

　　（1）工序余量

　　工序余量是为了消除上道工序所遗留的形状和尺寸误差，或者上道工序无法完成的零件增工需要本道工序加工完成，从而从加工零件表面切去的那一部分木材。所以，工序余量应是相邻两工序的加工零件尺寸之差。例如，零件经平、压刨床刨削后，仍留有波纹，尚需经过光刨机或砂磨机进行刨削一层木材达到精度与光洁度要求，故应给予一定加工余量。每道切削工序都要给予合理的加工余量。

　　（2）总余量

　　总余量也称总加工余量，是为了获得形状、尺寸和表面质量都符合技术标准要求的零部件时，而从毛料表面切去的木材总量。因此，总余量等于各工序余量之和。

　　加工余量按零部件的加工阶段又可分为零件加工余量和部件加工余量两部分。

　　凡是以零件本身的形态进行切削加工时，所切去的那一部分木材就称为零件加工余量；凡是当零件组装成部件后，为了消除部件的形状和尺寸的不正确，还需再进行部件的切削加工时，所切去的那一部分木材就称为部件加工余量（如图 4-12）。在一般家具中，只包含零件加工余量而不包含部件加工余量的情况很少，除非家具本身对质量要求不高，较粗糙。一般情况下，家具在加工的过程中，既包括零件加工余量，也包括部件加工余量，即总加工余量等于各零件加工余量与部件加工余量之和。

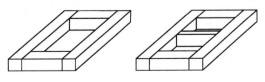

图 4-12　部件厚度上的加工

4.2.1.3 加工余量值的确定

（1）加工余量的确定方法

确定加工余量有两种方法：计算分析法和试验统计法。

用计算分析法来制定各加工余量时，应该充分考虑到各影响因素之间的相互作用，对组成加工余量的这些诸多要素进行分析研究。由此可见，用计算分析法来制定加工余量的方法是比较繁杂的，因此，在实际生产中一般很少采用计算分析法而多采用试验统计法来确定加工余量。

试验统计法是根据不同的加工工艺过程，在合理加工条件下，对各种树种、不同规格的毛料及部件进行多次加工试验，在保证产品质量前提下，将切下的材料层的厚度进行统计来确定各工序加工余量值的一种方法。试验统计法也称经验法，它是确定加工余量常用的有效方法。

（2）毛料的加工余量经验值

毛料的加工余量经验值见表4-1（供参考）。此经验值就是用试验统计的方法或者靠实践经验总结出来的。在实际的配料过程中，每人所选取的加工余量值的大小会因技术水平和经验的不同而有所差异。一般情况下，在宽度和厚度上的加工余量主要与毛料长度以及平直度有关。随着毛料长度的增加，其平直度随之降低。所以，较短毛料加工余量可小些，较长毛料可适当放大。

（3）毛料干缩余量的确定

若采用含水率较高的锯材配料，然后再进行毛料干燥，则加工余量还应包括毛料的干缩余量。在确定毛料的干缩余量时，可根据木材干缩时弦向收缩和径向收缩特性，以及积累的经验，按照以下数据进行粗略选取：一般径向材应增加材宽的 $3\%\sim8\%$；弦向材应增加材宽的 $6\%\sim12\%$。如果原锯材含水率较低时，可按接近于下限值选取；如果原锯材含水率较高时，可按接近于上限值选取。

表 4-1   加工余量经验值

尺寸方向	条件与规格/mm	加工余量/mm
宽度或厚度	毛料长度<500	3
	毛料长度 500~1000	3~4
	毛料长度 1000~1200	5
	毛料长度>1200	>5
宽度	平拼	5~10
	榫槽拼	15~20
长度	端头有榫头的工件	5~10
	端头无榫头的工件	10
长度或宽度	板材	5~20

4.2.2 影响加工余量的因素

4.2.2.1 尺寸误差

尺寸误差主要是指锯材配料时方材毛料的尺寸误差、部件装配时的装配精度、装配条件等造成的间隙加大的误差。这些尺寸误差产生的主要原因是受设备的精度、夹具、模具和刀具精度以及木材物理力学性质的影响。例如，当配料时所选用的成材规格和毛料尺寸不相符合以及锯解时锯口位置偏移时，就会产生尺寸误差，这部分误差应该在加工基准相对面时去掉，使零件获得正确的尺寸。另外，部件（拼板、木框、箱框）在胶拼和装配以后，由于零件本身的形状和尺寸误差以及接合部位加工不精确，将形成凹凸不平和尺寸上的误差，这部分误差也可称为部件装配误差，必须包含在基准相对面第二次加工余量中并予以消除。

4.2.2.2　形状误差

形状误差主要表现为：相对面不平行、相邻面不垂直和表面不成平面（凹面、凸面、扭曲面）。木材形状的最大误差主要是在锯材干燥和配料中产生。这是因为配料时木材锯弯和含水率的变化，以及板材或毛料干燥过程中由于干燥内应力而产生的翘曲变形等所引起的。

形状误差可以按毛料的翘曲度来计算，翘曲度大小取决于木材树种、毛料尺寸、最初与最终含水率、干燥方法（毛料或成材干燥）、干燥质量以及毛料在干燥窑内堆垛的方法等。当配好的方材毛料在进行加工时，除考虑各道工序的加工余量外，还应考虑到毛料翘曲度。一般当毛料长为1m时，针叶材大面上加1.5mm，小边上加1.4mm；阔叶材大面上加2.2mm，小边上加2.4mm。

4.2.2.3　表面粗糙度误差

表面粗糙度误差因加工方式不同而有所不同，它涉及工艺系统的刚度、刀具磨损等因素的影响。如：锯切时微观不平度平均为0.8mm，刨铣时微观不平度平均为0.3mm。在实际加工时，留多少用以消除毛料表面粗糙度的误差，应视生产设备、刀具、夹具和模具的精度而定。

4.2.2.4　安装误差

安装误差是工件在加工和定位时，工件相对于刀具位置发生偏移而产生的，同时定位基准和测量基准不相符合时也会产生人为的安装误差。

4.2.2.5　最小材料层

在工件的加工过程中，由于加工条件的限制和生产设备类型不同，必须多切去一层材料，这一层材料称为最小材料层。如锯片厚度、拨料量、锯片偏移等，也就是方材毛料的加工余量不能刚好等于锯路，而必须稍大一点。一般来说，锯切加工时除了锯路的宽度外还应加上1.5mm的余量，铣削加工时除了铣削的厚度还应加上0.6mm的余量，刨光加工时除了刨削厚度外还应加上0.1mm的余量，

综上所述，上述五种因素在有些情况下是可以相互抵消的，如我们考虑了尺寸误差可能就不需要考虑表面粗糙度误差等因素。

4.2.3　实际生产中加工余量的确定

在实际生产中，除了考虑到上述五个影响因素，还要注意容易翘曲的木材、干燥质量不太好的木材、对加工精度和表面光洁度要求较高的零部件，加工余量都要适当放大一点。

在企业的生产实践中，加工余量主要根据经验值来确定，如：

（1）宽、厚度的加工余量

单面刨床　1～2mm　　　　　　　　　　方材长度$L>1$m时　取3mm

双面刨床　2～3mm/单面　　　　　　　$L>2$m时　取4～6mm/单面

四面刨床　1～2mm/单面　　　　　　　$L>2$m时　取2～3mm/单面

（2）长度上加工余量（取5～16mm）

端头有单榫头时　　取 5～10mm

端头有双榫头时　　取 8～16mm

端头无榫头时　　　取 5～8mm

指接的毛料　　　　取 10～16mm（不包括榫）

4.3　毛料出材率

4.3.1　毛料出材率的计算方法

毛料出材率是毛料材积与锯成毛料所耗用的锯材材积之比。

锯材毛料出材率可按下列公式计算：

$$P = V_毛/V_锯 \times 100\%$$

式中　P——毛料出材率

$V_毛$——毛料材积

$V_锯$——锯材材积

4.3.2　提高毛料出材率的措施

影响毛料出材率的因素很多，如加工零件要求的尺寸和质量、配料方式与加工方法以及所用锯材的规格与等级、操作人员的技术水平、采用的设备和刀具等。如何提高毛料出材率，做到优材不劣用，大材不小用，是配料时必须重视的问题。为此，在生产实际中可考虑采取以下一些措施。

（1）尽量实行零部件尺寸规格化

产品设计时就要注意使零部件尺寸规格与锯材尺寸规格衔接起来，以充分利用板材幅面，锯出更多的毛料。

（2）尽量采用综合配料方式

配料时，截断锯的操作人员应根据板材质量，将各种长度规格的毛料搭配下锯，纵解时可以将不合适的边角材料集中管理，供配制小毛料时使用，根据试验也可节省木材10%左右。

（3）在选择成材配料方案时，应尽量采用划线套裁及粗刨加工

经试验，采用先划线或粗刨后划线，然后再锯开，毛料出材率可以分别提高 9% 和 12%，虽然增多了工序，但由于提高了后续工序的生产率及出材率，是完全可以得到补偿的。

（4）尽量修补缺陷

在配料时，操作人员必须熟悉各种产品零部件的技术要求，在不影响产品质量的前提下，对于凡属用料要求所能允许的缺陷，如钝棱、节子、裂纹、斜纹等，不要过分剔除，并在不影响美观的条件下，尽量修补缺陷。

（5）发挥倍数毛料的加工优势

一些短小零件，如线条、拉手等，为了便于以后加工和操作，在配料时可以配成倍

数毛料，先加工成型后再截断或锯开，既可提高生产率，又可减少每个毛料的加工余量。

（6）尽量采用短接长、长拼宽的生产工艺，以适合大规格毛料的需要

通常在计算出材率时，往往并不是以一批零件的出材率进行分别统计，而是在加工一批家具产品后，以一批家具的出材率进行综合统计；其中不仅包括经配料所获取的毛料的材积，也包括锯出毛料时，其剩余的材料再配制更小规格的毛料的材积。因此，它实质上属于综合性的毛料出材率，也是木材利用率的一种形式。

木材利用率在家具的加工过程中，是一个区段性的概念，因此，当描述一个家具产品的木材利用率时，必须同时说明是从哪个形态到哪个形态的木材利用率。例如，从板材到毛料的木材利用率、从板材到成品的木材利用率等。据统计，从板材到净料的木材利用率一般为50%左右，从板材到成品的木材利用率更低。

木材利用率因生产条件、技术水平以及综合利用程度的不同通常会有很大的差异。木材利用率的高低通常是以所使用的锯材等级的高低而发生变化，一般材料等级越低，木材利用率也将越低。因此，如何提高木材利用率、合理使用木材，一直是人们在不断追求和探索的一个十分重要的问题。

4.4　常用的配料设备

4.4.1　细木工带锯

4.4.1.1　细木工带锯概述

细木工带锯机（图4-13）是一种轻型的带锯机，主要用于锯材的曲线或直线纵剖下料。锯制曲线形零部件时，常常使用细木工带锯机加工出线形的毛料，在后续加工中采用铣床进行精加工。采用适当的模具，细木工带锯机可以加工一定的斜面。细木工带锯机由于加工灵活、操作方便，被广泛应用在各类实木家具生产企业。

4.4.1.2　细木工带锯加工工艺规程

（1）技术要求及标准

以模具划线为标准，弯形加工时锯线与划线距离控制在划线外3～5mm，但不得锯到划线以内。锯切端头余量保留5～15mm。

（2）设备、工艺参数

工作台规格580mm×710mm，锯条长度3400mm/3600mm/3800mm，工作台倾斜度0°～40°或0°～45°，最大锯割厚度140mm，锯条转速308m/min，锯轮直径500mm。

（3）操作规程

① 需要的刀具、刀模/夹具（活动夹具类）　模具、扳手、锯条、笔。

② 准备工作　根据加工要求将带锯条安装好，如是新锯条，使用前需先进行分齿（开锯路），再对上锯轮、锯卡高度（一般锯卡离工件表面8mm）、导尺与工作台角度进行调整。

划线曲线切割时，在核对工件与模具无误后，将工件按模具形状画好轮廓线条。用

模具划线时，每两件料之间的最小部位间距不得小于 8mm，且圆弧段的中间部位不得出现横纹。

开机前检查机械及电器设备是否正常，检查锯条有无裂痕，锯片按口是否平整，将各部位螺丝扭紧。开机检查锯条旋转正确后，盖好防护罩，并将待加工工件整齐堆放于机台左侧。

③ 主要操作　锯解小工件一般一人操作，只有在锯解大而长的工件时，才由上下机手两人操作。操作者面对锯条，站在工作台中心线偏左的位置。将来料平整放在机台操作台面，锯解时，通常是左手引导工件，右手压住并推动工件进给，注意进料速度应根据加工材料的不同而选择急缓，以免造成锯条断裂。

如需锯切为斜面，则需要调整工作台到所需的角度，再锯解。

图 4-13　细木工带锯机

如果锯解曲率半径较小，进给速度不得过大，如锯解工件只用一边（另一边为废余料），可先锯掉部分余料；或锯切离线稍远，再退离划线稍近锯解，或调转工件反向锯解。

如有特殊工件加工，必须使用专用工具或模具。

将加工好的零件整齐堆放于机台右侧的卡板上，并做标识。

加工完成拉下电闸断电，在机械各转动部位完全停止后，再进行木糠清理，卸下锯条，并给机械加油。

（4）主要控制点

所锯零件锯线应保持在到模具划线 5mm 左右，不得锯到划线以内。

（5）检测规则

① 形状　用划线专用模具检验。

② 首检　加工完毕，操作者自检无误后，再由指定人员检验，合格签字确认后方可批量生产。

③ 质检　加工完毕后由质检人员检测，合格签字确认后方可流入下一工序。

4.4.2　横截圆锯

4.4.2.1　横截圆锯概述

横截圆锯是垂直纹理方向截断锯材，以获得长度规格要求的方材毛料，主要用于各种规格的锯材、方材毛料和净料的横向截断。横截圆锯的类型较多，图 4-14 所示为常用的移动工作台横截圆锯机。

4.4.2.2　横截圆锯加工工艺规程

本规程以横截圆锯机为例来叙述。

（1）技术要求（标准）

① 表面质量严格按零件质量要求，剔除缺陷。

② 长度尺寸公差应控制在±5mm以内。

③ 零件端切面的垂直度公差应控制在 3mm 以内。

（2）设备、工艺参数

零件的高度尺寸大于 100mm 不得进行横切。

（3）操作规程

① 所需工具　外六角手柄、活动扳手、风枪、卷尺等。

② 准备工作　将锯片装好、锁紧螺母，确保锯片的牢固性，不得出现松动，装上外防护罩；升降主柱，将锯片调至所需加工的高度。

图 4-14　横截圆锯机

锯片升降的调整：将锯片升降杆上的卡闸松开，然后根据被加工件厚度下降或调高升降杆调整锯片的高低，然后再扭紧卡闸。

所有准备工作完成后，开启抽尘阀门。

③ 主要工作　将工作台来回推拉数次，以检查推拉滑动杆是否顺畅。确定所需位置正确后开启电源，启动电机，待锯片的转速到正常后再开始加工。在加工操作过程中，操作工不得正对着锯片操作。

操作时必须先把板材靠紧工作台前方靠山，然后双手压紧工件，并保持平稳向前推工作台。对于长的板材要有助手一起协助加工，保证加工的安全性。

锯片运转过程中不得用手直接清除机台上的杂物，只能使用吹尘枪进行清除，确保安全。

操作员副手将零件按长度分类堆放好。

（4）主要控制点

表面质量、长度（厚度）尺寸。

（5）检测规则

① 表面质量　目视。

② 长度(厚度)尺寸　卷尺测量。

4.4.3　纵剖圆锯

4.4.3.1　纵剖圆锯概述

纵剖圆锯是平行纹理方向剖解锯材，以获得宽度或厚度规格要求的方材毛料，常用于各种规格的锯材、方材倍数毛料的纵向剖解。在配料生产中，常用的纵剖锯有单锯片式纵剖圆锯和多锯片式纵剖圆锯。

单锯片式纵剖圆锯适合不同规格的锯材纵剖下料，其进料方式为手工或机械进料，现代生产中多以机械进料为主。锯轮转向与锯材的进料方向相反，进料采用锯台台面的履带式进给系统输送锯材，同时锯机上部的压料传送辊既是压紧机构又起到辅助输送锯材的作用。图 4-15 为单锯片式纵剖圆锯。

多锯片式纵剖圆锯外形与单锯片式纵剖圆锯基本一样，一般家具厂应用较少，主要适合于批量较大的同一规格窄料的纵剖下料，如细木工板或双包镶板的芯条加工。进给方式为自动机械进料，一般采用工作台台面的履带式进给系统，窄料的规格通过锯片之间的定位挡环来调节。

图 4-15　单锯片式纵剖圆锯

4.4.3.2　纵剖圆锯加工工艺规程

（1）技术要求

① 纵剖（规格）零件的宽度尺寸公差控制在 0.5mm 内。

② 需经拼板的零件，纵剖面的平整度控制在 0.2mm 内，且零件两端头宽度尺寸的最大差异不得超过 10mm。

③ 零件纵剖时其厚度尺寸公差控制在 1.5mm 内。

④ 纵剖面不得出现明显锯痕，其翘曲度不得超过 5mm。

（2）设备、工艺参数

所有需要经过下一工序加工宽度或厚度的规格零件，纵剖时要加大 3～4mm 的余量。零件纵剖时，最大高度（即厚度）不得超过 60mm，最小长度不得小于 200mm，最大宽度不得超过 630mm。

零件纵剖时，机台输送带的运转速度必须控制在 1600m/min 以内。

（3）操作规程

① 所需工具　套筒扳手。

② 锯片安装　关闭所有电源开关，先将主轴降至最低点，将套筒扳手紧套在外夹盘中心的螺杆上，用木块顺时针方向敲击套筒扳手，取下外夹盘，再取下锯片，将锯片箱内侧、内夹盘及内夹盘附近擦拭干净，将锯片两侧擦拭干净后装上锯片。

将外夹盘擦拭干净后对准其定位孔和定位螺杆再装入。

锁上锯片螺杆，先用手锁紧再用木块依逆时针方向敲击套筒扳手，然后用双手摇动锯片确定锯片是否锁紧。关上锯片箱门后将主轴升至适当高度。拆装锯片时不可用异物挡住锯片或夹盘，以免造成锯片损伤，导致锯片产生偏摆现象。

③ 机台调试

导尺调整：导尺安装在机台工作台上为加工零件（或板件）宽度时的定位标尺，它可以左右水平移动。调整时，打开导尺前端的卡闸，使得导尺可以移动，然后将导尺的边线对准刻度杆上的某一刻度，最后扭紧卡闸（不同型号的机台安装的卡闸可能不一致）。

机台进料高度调整：机台进料高度是根据所要加工的零件（或板件）的厚度来调整的，机台主轴上的手柄圈顺时针旋转时，即为调高；机台主轴上的手柄圈逆时针旋转时，即为调低。要求机台的压送带（输送带上面多排滚动式压轴）与输送带的高度基本上要同零件的厚度保持一致。

输送带速度调整：将机台开启后，可参照机台配电箱上端速度显示屏的速度数据来调整所需要的速度。调速按钮顺时针旋转，即调快；调速按钮逆时针旋转，即调慢。输送带速度必须保持在 1600mm/min 以内，可根据零件的厚度和质量要求做相应的调整，厚度大和质量要求高的应保持在 1200mm/min。

④ 加工操作程序　开启锯片运转开关，10s 后再开启输送链运转开关，运转速度均匀后方可进料。将零件（或板件）平整的一面紧靠导尺，左手稳压部件的边部，右手稳压部件的后端头，用推力往输送带送料。操作员副手将加工的零件堆放整齐，批量完成后，送入下一工序。

板材边部修边：以机台上端的红外线对准板材边部最大可利用面的最边线，可快速测出板材横向变形度的大小，根据板材横向的变形度大小调整导尺的定位刻度（原则是在保证板材修边面平直的情况下尽量减少修边余量），然后按正常操作进料，去除板材边部的毛坯。

去除板材缺陷：以机台上端的红外线对准板材表面的缺陷，取得最大良好面，然后将导尺靠紧板材的定位边，将板材缺陷去除掉。

返开零件宽度尺寸：根据零件的宽度尺寸，调整导尺刻度，将板件的定位边靠紧导尺，左手紧握板件的左边部，右手紧握板件的后端，用微力将板件往前推。

机台在作业期间，需定时对锯片两面的木碎和锯片箱内的木糠进行清理，否则对安全生产十分不利。机手应站立于定位导尺的右侧，以防锯片由于惯性作用将碎木屑倒回。

（4）主要控制点

表面质量、宽度（厚度）尺寸、加工面平整度。

（5）检测规则

① 表面质量　目视。

② 宽度（厚度）尺寸　卷尺测量。

③ 加工面平整度　导尺测量。

4.4.4　双　面　刨

4.4.4.1　双面刨概述

在锯材的配料工艺中，为了获取高质量的方材毛料，往往采用先将锯材表面粗刨后，将锯材的各种缺陷暴露在外，而后再实施锯材的配料工艺。锯材的粗刨依设备的形式不同而有多种多样，目前一些企业采用双面刨床来进行粗刨。如图 4-16 所示，双面刨床有上下两个刀轴，根据刨刀的前后、上下顺序分为先平后压式和先压后平式的工作系统，它可以同时对锯材的两个面进行刨光。目前生产的双面刨床主要是先平后压式形式，即第一步先通过下工作台的刨刀刨出基准面，而后通过上工作台的刨刀进行定厚加工，厚度的调整是通过下工作台的移动及下刨刀随工作台的移动调整。双面刨床的工作原理实质就是一个平刨床和一个压刨床的联合机。在配料时，由于锯材的厚度尺寸要求不高，双面刨床的进料速度可以大一些，因此使用双面刨床可以大大提高劳动生产率。

4.4.4.2 双面刨加工工艺规程

（1）技术要求及标准

① 实木零件加工后，表面跳刀痕及崩烂深度不得超过 5mm。

② 加工时，上刀与下刀的刨削量必须严格控制在 3mm/次以内，进料方向要与刀具刀轴垂直，整体刨削量不得超过 6mm/次。

（2）设备、工艺参数

① 零件（或板材）加工　长度尺寸必须控制在 250mm 以上、厚度尺寸必须控制在 15～180mm、宽度尺寸必须控制在 600mm 以内方可加工，任何一个规格尺寸达不到要求的，都不得加工。

图 4-16　双面刨床

② 进料速度　根据板件长度和质量要求的不同选择不同的进料速度。

③ 设备的维护与保养　作业时设备变速器和注油杯量保持在油刻度上，班后将机台清扫干净，并需对机台升降线位置调整链条，升降螺杆，加 30♯机油润滑。

（3）操作规程

① 所需工具　14♯～17♯扳手、活动扳手。

② 刀具安装　刀具安装前，必须关闭所有的电源开关。

底刀的安装：扭松刀轴外端头的固定螺头，将刀具安装夹打开，刀具安装夹的端口对准刀轴槽端口，两者成一条直线。将刀轴拉出并导入安装夹放置，然后取出刀具夹上的固定螺杆、压刀条、刨刀片，再将合格刀具放入刀轴槽，以刀轴槽水平线为基准，刀具口高出刀轴槽水平线 4mm 左右，使刀具口与刀轴上的安装夹水平线保持平行。紧固好压刀条螺杆，使刀具的刀刃在同一圆周上。刀具安装完毕后，将刀轴从安装夹导入机床内。移开安装夹，再紧固刀轴外端头的固定螺头。

面刀的安装：扭松抽尘罩两端的螺钉，移开抽尘罩，检查刀具的锋利状况，如不能继续使用，则应更换刀具。用扳手将刀轴槽的弹簧螺杆扭松，打开装刀夹，取出刀具，再将合格刀具放入刀轴槽，以刀轴槽水平线为基准，刀具口高出刀轴槽水平线 4mm 左右，使刀具口与刀轴上的装刀夹水平线保持平行，紧固好压刀条螺丝使四片刀具的刀刃在同一圆周上。

安装刀具的时候，所有的装刀夹必须全部安装刀具，不得少装，刀具一般规格为 610mm×36mm×6mm。

刀具安装完毕后，可用刀具安装检测模具来检测刀具是否安装水平，将所有刀具检测点的数据差异控制在 0.5mm 内。装上机台抽尘罩，将抽尘罩两端的螺杆扭紧，合上电源开关。

③ 机台调试

自动化调整：机台使用微机控制系统，将加工板件的厚度规格数据通过数字键盘输入微机控制系统，机器将根据输入的数据自动调整工作台的高度。

手动调整：根据加工板件的厚度规格，手动调整水平工作台的高度，机台控制工作台上有两个调整按钮，箭头向上的按钮为水平台升高，箭头向下的按钮为水平台降低，水平台左边的刻度指示针对准左边刻度牌中的某一刻度时，即表明水平台与面刀的距离。

手动微调：将其外部手轮顺时针旋转时，即水平工作台往上调，手轮逆时针旋转时，即水平工作台往下调。

输送带速度调整：机台顶部前端有一电动机专用来控制输送带的速度，电动机前端安装一个无段变速轮，按照不同速段标识进行调节。

④ 主要操作　打开机台电源开关，启动上、下刨刀的电动机，待30s后，再启动输送带的电动机。进料之前，检查板件面有无铁钉等坚硬物，如有，必须先去除，然后方可进料刨削。机台副手将零件（或板件）从工作台上取出并堆放整齐。

（4）主要控制点

部件加工后的厚度尺寸、表面平整度、表面加工质量。

（5）检测规则

① 部件加工后的厚度尺寸　卷尺测量。

② 表面平整度　直导尺测量。

③ 表面加工质量　目视。

思考与实训

1. 配料选材的基本原则有哪些？试分析配料选材有何技术要求？

2. 配料的设备有哪些？试分析每种设备的特点及适用范围。

3. 什么是加工余量？试分析影响加工余量的主要因素有哪些。

4. 分析加工余量对木材损失及加工精度有何影响。

5. 提高板材毛料出材率的主要措施有哪些？

6. 实木板材配料实训。

5　方材毛料的加工

本章学习目标

　　理论知识　了解基准面的选择原则；掌握毛料四个表面刨削加工和截端加工的方法；掌握毛料刨削加工的典型组合方案。

　　实践技能　掌握平刨、压刨、立式铣床、推台锯等设备的操作规程及操作要点；学会根据毛料具体情况选择刨削加工组合方案。

　　锯材经配料工艺制成了规格方材毛料，这只是一个粗加工阶段，此时方材毛料还存在尺寸误差、形状误差、表面粗糙不平、没有基准面等问题。为了获得准确的尺寸、形状和光洁的表面，必须进行再加工，即首先加工出准确的基准面，作为后续工序加工的基准，并逐步加工其他面，使之获得准确的尺寸、形状和表面光洁度。因此，方材毛料的加工通常是从基准面加工开始的。

5.1　基准面的加工

　　实木工件的基准面通常包括平面（大面）、侧面（小面）和端面三个面。不同的工件，根据加工要求的不同，不一定都需要三个基准面，有的只需将其中的一个或两个面精确加工成定位基准。有的零件加工精度要求不高，则可以在加工基准面的同时加工其他表面。直线形毛料是将平面加工成基准面，对于曲线形毛料可将平面或曲面作为基准面。

　　选取基准面的原则：

　　① 对于直线形的方材毛料要尽可能选择大面作为基准面，其次选择小面和端面作为基准面，这主要是为了增加方材毛料的稳定性。

　　② 对于曲线形的毛料要尽可能选择平直面（一般选侧面）作为基准面，其次选择凹面（加模具）作为基准面。

　　③ 基准面的选择要便于安装和夹紧方材毛料，同时也要便于加工。

　　平直面的平面（大面）和侧面（小面）以及小曲面的侧平直面加工基准面时，使用的设备主要是平刨床；曲面的大面（凹面）基准面或侧面（小面）基准面的加工可以使用铣床；端面加工基准面时，常用的设备主要是推台锯和万能圆锯机等。

5.1.1　平　　刨

　　平刨床是用来将粗糙不平的方材毛料表面加工成光滑平整的平面，使该平面作为后续加工的基准面。还可以利用平刨的靠尺将基准面的相邻面加工成与基准面成一定角度的平面，一般为 90°，通常该面称为辅助基准。图 5-1 所示为平刨，平刨的主要由床身、前工作台、后工作台、刀轴、靠尺和工作台调整等部分组成。

5.1.1.1 平刨概述

平刨前后工作台的高度差即为切削层的厚度。用平刨加工基准面和边时，首先使用的是粗基准，切削厚度一般为1～2mm，最后达到精基准。在加工时一般要经过1～2次刨削，当刨削厚度大于 2mm 时，为确保加工精度必须多次刨削。

图 5-1　平刨

利用平刨上的靠尺可以加工基准面的相邻面，靠尺与工作台垂直时，基准面与相邻面成直角，如果调整靠尺与基准面成一定的角度，相邻面与基准面也成同样的角度。如图 5-2 所示为用平刨加工基准面和相邻面。

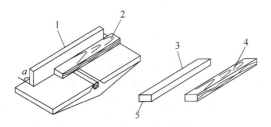

图 5-2　平刨加工基准面和相邻面
1—靠尺　2—工件　3—相邻面（基准边）
4—相对面　5—基准面

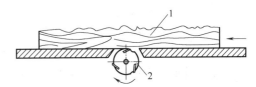

图 5-3　手工进料平刨加工原理
1—工件　2—刀轴

平刨的进料方式较多，在生产实际中，使用最多的是手工进料（如图5-3），手工进料可以获得较高的加工基准，但是劳动强度大，生产效率低，而且操作中存在不安全的因素。机械进料（如图5-4）虽然可以获得较高的生产率，大大减轻生产工人的劳动强度，同时又可以避免生产过程中的不安全因素，但是机械进料中，由于导向轮、滚筒或履带等既要压紧方材毛料，又要带动方材毛料进给，因此施加在方材毛料的压力大，导致方材毛料发生弹性变形；当加工后撤除外力时，方材毛料的弹性恢复，使加工的基准面不精确，影响加工质量。在企业中大都还是使用手动进料。

5.1.1.2 平刨加工工艺规程

（1）技术要求及标准

零件加工时，必须顺木纹理加工，且一次刨削量应控制在1mm 以内。相邻两个面的角度公差为±2°。

（2）设备、工艺参数

零件的宽度尺寸不得大于 410mm，厚度尺寸不得小于 5mm，长度尺寸不得小于180mm；长度在180～300mm、厚度在20mm 以内的必须使用安全模具（下有突齿可与板件一起推动）和辅助工具压紧板件，推进材料加工。

（3）操作规程

① 所需工具　14♯～17♯扳手、自制的安全模具。

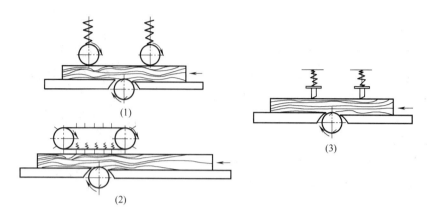

图 5-4　自动平刨的工作原理

（1）压轮进料装置　（2）履带进料装置　（3）尖刀进料装置

② 准备工作

后工作台的调整：后工作台必须调整至比刀轴（不包括刀片伸出量）高 1mm，并调整小滑板，紧固好三个方头紧固螺钉及小滑板螺钉，使工作台牢固稳定。

刨刀片的安装：关闭机台电源总闸和机台开关。检查刀具是否锋利，如不得正常继续使用，则必须重新更换刀具，然后移开防护罩在刀轴槽内装入调刀弹簧、压刀条、刨刀片。以后工作台为基准，将对刀器用手轻压放置在后工作台平面上，使刀片与其相切，并且把刀片侧面的刀刃调至略凸出后工作台左边的侧面（约 0.5mm），紧固好压刀条螺钉使几片刀片的刀刃在同一圆周上，刀头切削圆最高点与后工作台面相平。同一轴上安装的几片刨刀应尺寸一致，重量相等，位置对称，使整个刀轴在高速旋转运动时处于平衡状态。

更换刀具时，螺丝必须扭紧，以保证刀具安装牢固。刨削质量与刀片安装精度有直接关系，因而在装刨刀时要精确地调整刀刃的位置，各个刀片的伸出量都要相同。

刨刀的选择：一般刨刀有两种不同规格。长的规格为 410mm×35mm×3mm，短的规格为 310mm×30mm×3mm，两种刨刀可以自由更换。

前工作台的调整：也就是调整刨削厚度，松开三个方头螺钉及小滑板螺钉，根据切削量旋转前工作台下部的手轮，标尺所示的尺寸即为切削量，锁紧螺钉。调整时，首先调整刀头的最高度应与后工作台相平齐，然后再调整前工作台的高度至合适的位置。工作台的调整应使工件下表面从前台面推向后台面，通过主轴后，与台面接触无空隙为宜。如图 5-5 所示。

刨削厚度一般应控制在 0.5～1.5mm 为宜。对于家具毛料刨削厚度应控制在 0.5～1.0mm；对于表面粗糙度要求不是太严格的毛料，如门窗、箱板等刨削厚度应控制在 1.0～1.5mm；对于特别粗糙的情况，其刨削厚度可选

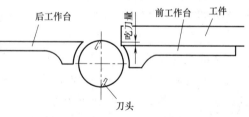

图 5-5　调整吃刀量

至 2.0mm。若超过 2.0mm，易使工件出现崩裂和引起振动，使工件刨削加工条件变差，影响工件表面质量。对于材质坚硬、密度大的毛料比材质松软、密度较小的毛料刨削厚度要小些，如硬木其刨削厚度可选 0.5mm 左右，软木可选 1.0mm 左右。一般情况，如果刨削厚度越小，其加工精度越高，表面粗糙度值越小。如果刨削厚度较大，进给速度可适当降低些。

导尺的调整：松开导尺移动杆上的锁紧手把，转动导板调节手轮，调整导板到所需的横向位置。刨规格部件时，加工前必须用直尺为导尺调整机台上端的直角挡板，使之与机台的水平台垂直。

工作台角度调整：松开导尺上右侧的角度锁手把，根据要求转动角度调节手轮到所要求的倾斜角度，锁紧手把。

基准面的选择：对应加工的材料首先确定第一次平刨面。选择原则是平刨加工弯曲或翘曲工作时，应取其表面是中凹面作为基准面；以较大面的较少缺陷面确定；以平面度较大面确定。加工第二平面时，必须将第一次加工面作为基准并紧靠导尺加工第二平面。

将待加工工件放置于机台左后方，以不妨碍工作为宜。

③ 主要操作　机台运转速度均匀后，方可进料加工，刨削前，应对被加工的工件进行检查，确定操作方法并将有严重材质缺陷或刨削余量很大的工件剔除另行处理。

一人刨削操作技术：一人操作时，操作人员应站在平刨床前工作台的前面，稍靠左侧，并且左右腿前后叉开。送料时，左手按住部件长度的前 1/3 处，右手按住部件长度的后 1/3 处，将工件向前推动。工件与台面平稳接触匀速向刨口推送。当右手距离刨口约 100mm 时，即应抬起右手，靠左手送料。

两人刨削操作技术：当工件较长，一般超过 1200mm 时则需二人操作。由一人在平刨床前工作台进行刨削送料，当工件前端超过刨口 200mm 时，另一人方可接料。在操作时应随着工件的移动，调换双手。刨完第一行程后，将工件离开台面退回，随后检查加工面是否达到质量要求。如果没达到质量要求，可继续进行刨削，直至达到质量要求为止。

相邻垂直平面刨削：刨削两个相邻的垂直平面是平刨上最常见的操作。应先刨削大面后刨削侧面，当刨削大面时应遵守上述操作要领。当刨削侧面时，左手既要按住工件，又要使刨光面（基准面）紧贴导轨，以保证刨削后工件平面与侧面之间的夹角垂直。

尽量采取顺纹刨削方式：为了提高刨削质量，一般都要顺纹刨削。刨削过程中遇有崩茬、节子、纹理不顺或材质坚硬的木料时，刨刀的切削阻力增大，刨刀受到冲击使木材产生振动，操作者要特别注意随时调整进给速度和吃刀量。一般情况下，进给速度应控制在 4～15m/min，吃刀量的大小按前面已经叙述的要求进行控制。

弯曲翘曲变形工件的刨削：这主要是指弯曲翘曲变形比较大的工件。在刨削时，对于弯曲工件应先刨削凹进的一面，先将凹进面的凸出的两端多刨几次，当弯曲程度接近于直线时再进行全程整体刨平。在刨凸出面时，应先刨凸出面的最高点，并应保持两端平稳，刨削时要均匀。对于翘曲工件（尤其指板材翘曲面）的刨削，要先将每一面的凸出部位多刨几次，在翘曲程度接近于平直时再进行全程整体刨平。

当工件刨削完毕后应对其进行检验，如果没达到质量要求，可继续进行刨削，直至达到质量要求为止。

（4）主要控制点

表面加工质量、角度、部件尺寸、刨削面的区分。

（5）检测规则

① 角度　平刨基准面加工后的检测可采用直角尺。用直角尺的一端垂直靠紧部件的直角面，另一端靠紧部件的另一面后的部件与直角尺之间的最大距离。

② 尺寸　用卷尺测量。

③ 质检　首件加工完毕，操作者自检无误后，再由指定人员检验，合格签字确认后方可批量生产。加工完毕后应由质检人员检测，合格签字确认后方可流入下一工序。

5.1.2　立 式 铣 床

铣床是一种多功能木材切削加工设备。在铣床上可以完成各种不同类型的加工，如直线形的平面、直线形的型面、曲线形的平面、曲线形的型面等铣削加工；此外，还可以进行开榫、裁口等加工。铣床的这些加工功能有些是属于方材毛料的加工，有些是属于方材净料的加工。

5.1.2.1　立式铣床概述

（1）单轴立铣

主要加工直线形的平面、直线形的型面、曲线形的平面、曲线形的型面等，此外，它还可以进行开榫、裁口等加工，如图 5-6 所示。

直线形的平面或型面是利用靠尺或直线形的模具靠在立铣上的挡环来加工完成的，图 5-7 所示为直线形的平面加工；曲线形的平面或型面是利用曲线形的模具靠在立铣上的挡环来加工完成的，图 5-8 所示为曲线形的型面加工。单轴立铣的进料有机械进料和手工进料两种，采用机械进料时，一般只需在单轴立铣的工作台上配备机械进料系统即可。

图 5-6　单轴立铣

（2）双轴立铣

如图 5-9 所示，加工的工件表面可以是平面，也可以是型面。曲线形的平面或型面是利用曲线形的模具靠在双轴立铣上的挡环来加工完成的。图 5-10 所示为双轴立铣加工示意图。

5.1.2.2　单轴立铣加工工艺规程

（1）技术要求及标准

在加工前必须检查加工零件是否与图纸尺寸相符，所用模具代码须与图纸一致，所

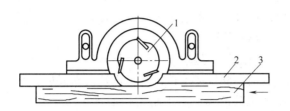

图 5-7 在铣床上加工基准边

1—刀具 2—导轨 3—工件

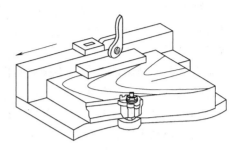

图 5-8 曲线形的型面加工

图 5-9 双轴立铣

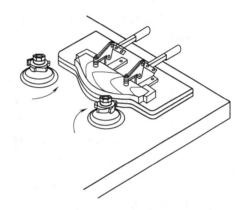

图 5-10 双轴立铣加工示意图

用刀具与加工要求相符。

（2）设备及工艺参数

一般设备最大切削高度为 180mm，最小切削半径 40mm，最大切削深度因刀具的不同而不同，主轴升降范围 185mm 左右。

（3）操作规程

① 所需工具 铁锤、卡尺、卷尺、吹尘枪、内六角扳手、活动扳手。

② 准备工作

安装刀具：根据加工工件的具体要求选好平刀、成形刀或锯片。先将主轴锁紧成固定状态，用扳手将螺母拆下，装好刀具，将螺母拧紧再取消锁紧装置。启用前应确定刀轴锁紧装置，查看刀片是否与其他部分相碰撞。

刀具的升降：根据加工工件的工艺要求，调好主轴上、下位置；调节挡板的前后位置，达到图纸的加工尺寸要求，将挡板用专用螺杆固定不得松动。

确定刀口是否光滑、平整、锋利，安装刀具时刀片的旋转方向必须与主轴一致。

检查来料的尺寸须符合图纸要求。

根据加工要求确认主轴转向是否正确，再将主轴锁紧销松开。

各项工作准备就绪后方可开启电动机，并待机器运转正常后才可以进行进料加工。

检测完毕后，在开始送料加工时应先启动抽尘装置。

③ 主要工作　取料至工作台在零件开始进料加工前需要区分加工的正反面。双手按住定位夹具将工件夹紧，匀速用力靠紧挡板推进料加工。工件较大的需要两个人协作加工，进料时主操作工右手握着工件夹具向前推进，左手按压工件外侧及上面，使工件顺着台面紧贴挡板前进，下手接料不得猛拉，也不能将手伸过刀位，以免发生意外，伤及操作人员。工件需用夹具夹紧，不可徒手送料进给，且进给方向应与刀具转向方向相反。工件加工过程中只能前进不允许退回，否则容易打坏工件，甚至伤及操作人员；如果必须退出加工时，应先做好准备，左手压紧工件前端，右手将工件沿台面移开刀头。在加工过程中需要保持台面的清洁，防止因为木屑或杂物将工件表面刮花，根据加工的情况应经常用吹尘枪清理干净机台上的木屑。

（4）主要控制点

工件的加工尺寸需达到图纸的要求，且控制公差在允许范围内。刀形的加工要符合图纸和各项技术要求。

（5）检测规则

① 刀形的检验须按图纸的刀形大样进行检测。

② 所有加工不允许出现跳刀和崩烂。

③ 所有零件加工出第一件后需要首检合格后才能开始批量的加工。

5.1.2.3　双轴立铣加工工艺规程

（1）技术要求及标准

所有刀形、饰线应符合刀具图，不允许有跳刀、凹凸不平等现象，榫槽类的加工按图纸尺寸，公差要求按相关的质量标准。

（2）设备及工艺参数

一般设备最大切削高度为 180mm，最小切削半径 40mm，最大切削深度因刀具的不同而不同，主轴升降范围 185mm 左右。

（3）操作规程

① 所需工具　活动夹具、铁锤、扳手、卷尺、卡尺、铁钉、定位套、锁紧螺杆。

② 准备工作

安装刀具：根据加工工件的具体要求选好平刀或成形刀，先将主轴锁紧成固定状态，用专用扳手将螺母拆下，装好刀具后将螺母拧紧再取消锁紧装置。启用前应确定各刀轴的锁紧装置已被取消，查看刀具的刀片是否与其他部分相碰撞。刀具的安装需要注意刀片的旋转方向与主柱的方向，不得将方向装反，两个刀头上的刀要用专用的对称刀（正反刀），不可以换装。

刀具的升降：根据加工工件的工艺要求，先松开升降装置，调好刀轴的上下位置，然后固定升降装置。刀形的进刀量根据模具的定位来调节，确保所需的位置符合加工图纸尺寸的要求。

确定刀具及定位标准后，启动电源，测试设备的运行是否正常。所有的测试正常后开启抽尘装置。

③ 主要操作　将加工工件放置在模具上，用夹具把工件夹牢，不可徒手进料，进给方向与刀具旋转方向相反。大件工件应两人操作，小件工件或逆纹理加工时要减慢进

给速度，或采用正反刀加工。主机手站在机台的侧前方进行送料，副手在后面拉动夹具模，注意副手在拉动时切不可以将速度拉快，要根据主机手的进刀速度来拉。在反刀加工时主机手与副手的位置互换。

弧形加工时，需要注意当板件的加工余量大、弧形位小时，应控制好进刀的速度和夹具的牢固性，确保加工安全。工件加工过程中只能进刀，不允许往后退刀。加工完成后将工件整齐地堆放到地台板上，做好产品的保护工作。拆下刀具并将工作台清理干净。

（4）主要控制点

工件的加工尺寸需达到图纸的要求，且控制公差在允许范围内。刀形的加工要符合图纸和各项技术要求。

（5）检测规则

① 刀形的检验须按图纸的刀形大样进行检测。

② 所有加工不允许出现跳刀和崩烂。

③ 所有零件加工出第一件后需要首检合格后才能开始批量加工。

5.2 相对面的加工

为满足零件规格尺寸和形状上的要求，毛料在获得正确的基准面后还需要对其他面进行加工，使之平整光洁，在宽度上和厚度上得到规定的几何尺寸和形状，这种加工称为基准面的相对面加工。相对面加工也称为毛料宽度和厚度上的加工。相对面加工可以在单面压刨、三面刨、四面刨和铣床上进行加工，有时也可使用平刨和手工刨加工。

5.2.1 压　　刨

5.2.1.1 压刨概述

压刨用于刨削平刨床已加工表面的相对面，并将工件刨成一定的厚度和光洁的平行表面。压刨的刀轴安装在工作台的上面，工件沿着工作台面向前进给时，通过刀轴上的刀片将工件刨成一定的厚度。压刨上加工相对面是最为普遍应用的一种加工方法，这不仅能获得较精确的厚度与宽度尺寸，而且生产效率高，工作原理见图 5-11 所示。压刨机床如图 5-12 所示。

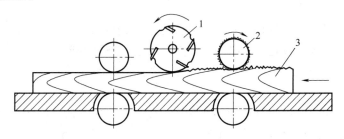

图 5-11　压刨机加工相对面
1—刀具　2—进料辊　3—工件

5.2.1.2 压刨加工工艺规程

（1）技术要求

零件加工时，必须顺木纹纹理加工，且一次刨削量必须控制在 2mm 内。

（2）设备、工艺参数

实木零件长度小于 250mm 的必须借助模具加工。设备（压刨）宽度加工限度为 20～600mm，高度加工限度为 5～200mm。加工所有标准规格零件时设备（压刨）的转速必须调至慢速档位。

（3）操作规程

① 所需工具　14♯～17♯扳手、自制模具、卷尺或卡尺。

② 刀具安装　关闭电源开关，打开机台上端的抽尘罩，用 14♯～17♯扳手将刀轴槽

图 5-12　压刨

的弹簧螺杆扭松，打开装刀夹，取出刀具，并清理刀轴槽内的木屑。再将合格刀具放入刀轴槽，以刀轴槽水平线为基准，刀具口高出刀轴槽水平线 2～3mm，使刀具口与刀轴上的装刀夹水平线保持平行，紧固好压刀条螺杆使四片刀具的刀刃在同一圆周上。

刀具安装是否水平的检测方法：将刀具安装检测模具垂直放置刀轴上，将模具中心的轴针对准刀刃口，检测其之间的距离是否在同一水平线上，每一把刀必须检测三个点。

安装刀具的时候，所有的装刀夹必须全部安装刀具，不得少装，且刀具的宽度及厚度必须统一，刀具可选择规格为 610mm×40mm×4mm 等。

装上机台抽尘罩，将抽尘罩两端的螺丝拧紧，合上电源开关。

③ 机台调试　根据零件的规格尺寸，调整机台下水平台的高度。机台左边有两个调整按钮，箭头向上的按钮为水平台升高，箭头向下的按钮为水平台降低，水平台左边的刻度指示针对准左边刻度牌中的某一刻度时，即表明水平台与刀刃间的最大距离。

上进料滚筒调至以能压紧工件为原则，不能过高或过低。一般低于刀刃切削圆周 1～2mm，以压痕能被刀片刨光即可；上出料滚筒及压紧装置调至低于工件 0.5～1mm 即可。

最后调整吃刀量，一次吃刀量不宜过大，一般在 0.5～1mm，最多不超过 2mm，过大刨削质量会变差。因此，过厚的工件应挑出来，进行多次刨削。

启动机台电源开关，开机 30s 后，机台无异常情况后方可进料加工。

④ 主要操作

压刨床的起动顺序：工作台清理好以后，即可先开动主轴，后开动出料滚筒。停机时，则相反，先停出料滚筒，后停主轴。

压刨床的操作人数：压刨床由两人操作，一人送料，一人接料，两人均应站在机床的侧面，切勿站在机床的正面，以防工件弹回伤人。对于一次性进料数量较少的，只需

紧握零件的尾端，进行进料即可。对于一次性进料数量三件以上的，且加工的是长料（1200mm以上），需用左手紧握零件底边部的前1/3处，右手紧握零件上边部的后1/3处。

工件加工面向上，基准面应朝下，紧贴台面，顺花纹进给。送料时手指不要放在工件下面，接料时应等工件离开出料滚筒时（不要太靠近出料滚筒）方可接料，不得硬拉。

刨削过程中，要随时检查工件的规格尺寸和刨削质量，发现问题要及时调整机床，予以纠正。

毛料厚度很大时，应分次刨削，不可强行一次刨完。当毛料厚度小于10mm时，可垫木板，使木料达到所需的刨削厚度，但吃刀量不得大于1mm。当刨削相对面为斜面的工件时，可利用夹具进行刨削，如图5-13所示。

当工件的长度小于前后滚筒间距（即长度小于250mm的工件）时，由于出料滚筒压不住工件，木料不能被传送出去，故禁止在压刨上刨削。

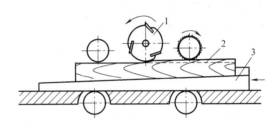

图5-13　压刨机加工斜面
1—刀具　2—工件　3—夹具

在刨削过程中，如有木屑、节疤等杂物堵塞下进料辊与台面间的缝隙时，应立即停车或下降台面，用推棒或金属钩排除故障，切忌在机器运转中直接伸手去推拿或伸头探望。

刨削松木时，常有树脂等杂物黏附在台面或滚筒上阻碍工件进给，应经常在台面上揩拭煤油润滑，以减少摩擦。

刨削薄而宽的工件时，为了提高效率和避免单个零件加工时出现倾斜和偏移，可将数个工件摞起放在夹具里进行刨削，如图5-14所示。放置于模具上的零件之间必须紧密排放，否则很容易导致跳刀和产生安全生产隐患。

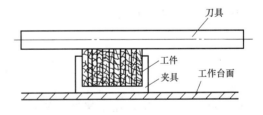

图5-14　在压刨床上加工薄而宽的工件

机台副手将部件从工作台取下，堆放整齐，并且看清零件的加工流程。叠放零件时，将加工面放在同一方向，以免影响加工速度和质量。

（4）主要控制点

零件表面质量、部件尺寸、角度、变形度。

（5）检测规则

① 零件表面质量　目视。

② 零件的尺寸　用卷尺或卡尺测量。

③ 角度　用直角尺测量。

④ 变形度　用直尺测量。

5.2.2 立式铣床

在基准面加工之后，可以在铣床上利用带模板的夹具来加工相对面，如图 5-15 所示。应根据零件的尺寸调整样模和导尺之间的距离或采用夹具加工。此方法安放稳固，很适合于宽毛料侧面的加工，尺寸精度与表面光洁度都较高，但生产效率远远低于单面压刨，面且生产安全性也较低。有关立式铣床前面已经介绍较多，在此就不再赘述。

5.2.3 其他机床

其他相对面的加工设备主要有双面刨床、四面刨床等。

双面刨详见前文 4.4.4 双面刨部分，四面刨在实木家具制造中主要用于加工精度要求不太高的零件。在基准面加工以后，直接通过四面刨加工其他表面，这样能达到较高的生产率。对于某些次要的和精度要求不高的零件，还可以不经过平刨加工基准面，而直接通过四面刨一次加工出来，图 5-16 所示为四面刨床。

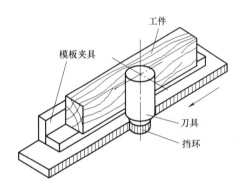

图 5-15　在铣床上加工相对面

图 5-16　四面刨床

5.3　端面的加工

在配料时，因为锯割加工精度一般较低，端面不能获得要求较高的加工精度。另外，由于毛料在刨削加工后，端面与平面及侧面之间的角度与加工前往往发生变化。因此，毛料经过刨削以后，一般还需要再精截端头，也就是进行端基准面的加工，使它和其他表面具有规定的相对位置与角度，使零件具有精确的角度。此项加工通常是在精密推台锯、万能圆锯机等机床上进行的。

5.3.1　精密推台锯

5.3.1.1　精密推台锯概述

在实木家具制作中用于精密截端的主要是精密推台锯，在板式家具制作中也叫精裁机，如图 5-17 所示。精密推台锯是一种主要用于人造板裁板的精密设备，但由于其生产灵活和精度高，也被一些实木家具企业广泛采用于进行木材的精密截端。该生产设备主要用于方材毛料和方材净料纵、横向和斜角的锯切。

图 5-17　精密推台锯

5.3.1.2　精密推台锯加工工艺规程

（1）技术要求及标准

工件的长、宽尺寸公差为±0.5mm；工件四边平直、无崩烂等缺陷；锯切面大小锯无明显的锯切痕迹。

（2）设备及工艺参数

工件进给速度 0.2～0.5m/s。

（3）操作规程

① 所需工具　铁锤、角尺、卷尺、贴面板画线定位模、铅笔。

② 准备工作

大锯片的安装：将活动工作台向前推到尽头，旋出锯片防护罩的螺丝，打开锯片的防护罩，将锯卡盘慢慢旋转到扳杆锁定卡盘为止。用专用扳手旋松螺母，并且移动夹紧锯片的法兰盘，按照防护装置上标注的旋转方向对准锯齿方向安装锯片。

小锯片的安装及调整：用随机器提供的成套工具中的内六角扳手插到小锯片的固定孔的底端，同时按防护装置上标注的旋转方向安装小锯片。小锯片是由控制面板上的两个旋钮进行上下及前后方向进行调整的，调整前用内六角扳手在小锯片上方工作台面位置将锁紧装置打开，将小锯片的切割宽度调整到与大锯片的切割宽度保持一致，调整完成后再锁紧。

分离器的安装及调整：每隔一定的时间必须按照工件切口的变化调整分离器和大锯片的距离，用内六角扳手旋松螺丝然后调整法兰盘，允许分离器在横向和垂直方向调整。

辅台导尺的调整：辅台上的导尺可以纵向或横向前后移动，其位置取决于待加工工件宽度及长度。若锯切面与工件平面成角度，根据设计图纸的角度调节角度，调节手轮控制锯片倾斜，倾斜角度显示表上直接显出角度，调节后可收回手轮的把手，锯片角度的上下限位可调节机座箱体内丝杆定位螺母的位置。加工槽位、齿口时，需根据其深度调节大锯片升降，控制盘上的升降开关可调节大锯片的高低。

小锯片升降调节：控制盘上的小锯片升降调节旋钮可调节小锯片的高低，锯片高出工作台面 1～2mm。

检查：检查锯片是否锋利、锯口是否平整光滑；检查锯切方向和旋转方向是否正确、锯片垫和螺帽以及各部位螺钉是否紧固；检查来料是否与图纸一致，清理机台、待加工工件，保持干净，无木屑或残渣，取放料时注意避免碰撞或硬物刮伤待加工工件。

③ 主要操作　加工前要确认待加工工件上是否有铁钉、砂石等杂物，将待加工工件放置在机台左后方，方便拿取，又不影响作业，并戴好防护罩准备开始作业。主机台手站在主工作台旁，将活动工作台拉到小锯片之后，取加工工件到工作台开始加工，副机台手站在辅台前方，准备接料。将加工工件较直的一边靠稳推台锯导尺，如是实木拼板，则以拼料最短料对正锯片锯齐横木纹的一边进行锯切。将切齐的一边靠紧推台锯导尺，留够加工余量，锯切较长的边作为第一基准边。将第一基准边的对应边靠紧推台导尺及游尺，锯切第二基准边的对应边。

若需切角度，在推台上装可调节角度的导尺，并根据需锯切角度边到基准边的距离调节游尺，将工件靠紧导尺和游尺，锯切工件。

若需按模加工，应装好模具后按上述方法操作。

将锯好的工件放好保护纸，并整齐放置在指定的卡板上。

（4）主要控制点

① 外形尺寸、对角线的公差。

② 工件的大小头、锯口无崩烂、大小锯片锯口平齐。

③ 加工面的正反。

（5）检测规则

① 首件加工完毕，操作者自检无误后，再由指定人员检验，合格签字确认后方可批量生产。

② 加工过程中每加工 10～20 件左右需检测一次，如偏离标准需做调整。

③ 加工完毕由质检人员检测，合格签字确认后方可流入下一工序。

5.3.2　万能圆锯机

5.3.2.1　万能圆锯机概述

万能圆锯机是一种多功能的锯机，既可以对工件进行纵向、横向锯解，还可以对工件进行一定角度的锯解和开槽等加工。在现代家具生产中，常用的万能圆锯机主要有摇臂式万能圆锯机（见图 5-18）和台式万能圆锯机（见图 5-19）。

圆锯机仅作旋转切削运动，零件的基准面放在锯机的工作台上，并使基准边跟台面上的靠山完全接触。靠山跟锯片呈一定的夹角，其角度可以通过调整靠山跟锯片的位置来调整，一般零件多为 90°或 45°。工作台在两条平行轨道上，由人工推动作往复直线运动，进行锯切加工。图 5-20 为其加工示意图。

5.3.2.2　万能圆锯机加工工艺规程

本规程以摇臂式万能圆锯机（拉锯）为例来叙述。

（1）技术要求及标准

工件加工后无起毛、崩烂现象，加工面平滑顺畅。

（2）设备及工艺参数

加工最高度不得超过 120mm，最大加工宽度为 500mm。

（3）操作规程

图 5-18　摇臂式万能圆锯机

图 5-19　台式万能圆锯机

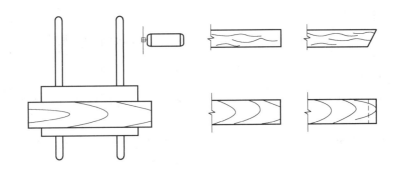

图 5-20　圆锯机截端示意图

① 所需工具　外六角手柄、活动扳手、风枪、卷尺、直尺、活动夹具等。

② 准备工作

调机：将锯片装好，锁紧螺母，确保锯片的牢固性，不得出现松动，装上外防护罩；升降主柱，将锯片调至所需加工的高度。

机台升降的调整：将机台升降杆上的卡闸松开，然后下降或调高升降杆，使锯片齿刚好接触工作台面（锯片的高低是根据工作台的高低进行调整），然后再扭紧卡闸。

锯片角度的调整：根据加工的要求确定定位板的定位为直线或所需的角度，确保所调至的位置符合图纸加工要求，且注意定位板必须固定，不得出现松动。防止因定位的松动而引起的质量问题。

所有准备工作完成后，开启抽尘阀门。

③ 主要工作　确定所需位置正确后开启电源，启动电机，待锯片的转速到正常后再开始加工。将工件取放到工作台上，先精切一端的直角或是角度。

根据已加工好的一端作为基准定位，切另一端，二次精切时需要保证所加工的零件满足图纸尺寸的要求，不得出现与图纸不一致的现象。

对于精切弧形位的角度时先在机台上确定第一点为基准，根据已确定的第一点进行弧形定位加工，此定位需要保证定位基准的弧形是标准、统一的，以已加工好的第一点进行第二点的加工。需要注意，在加工第二点时须确保弧形的内空尺寸及加工的角度要满足图纸的要求。在确定加工可以满足要求后，根据工件的外形画线，并用固定块做好定位，以保证所加工的整批工件弧形一致。

切槽口时需要先确定槽口的深度和宽度。根据已知的深度和宽度，将机台的锯片和定位点进行相应的调整，使加工出来的零件尺寸与图纸尺寸一致。

对于非标准的角度，在加工时必须先确定定位的挡板角度是否正确，先用余料进行角度调试，在确定角度正确后才可以进行批量性的加工。

在拉锯加工操作过程中，操作工需要站在锯片的左侧面，不得正对着锯片操作。

操作时操作工必须用左手压紧工件，右手控制锯片的进刀。对于大的工件不能靠手压紧的需要做专用模具定位，保证加工的安全性。

锯片运转过程中不得用手直接清除机台上的杂物，只能使用吹尘枪进行清除，确保安全。

（4）主要控制点

精切的弧度、精切长度、槽宽、槽长、槽深、加工面的正反、跳动度、角度加工必须按图纸尺寸加工角度。

（5）检测规则

① 首件加工完毕，操作者自检无误后，然后由指定人员检验，合格签字确认后方可批量生产。

② 加工过程中每加工 20 件左右需检测一次，如偏离标准尺寸则需作调整。

③ 加工完毕须有质检人员检测，合格签字确认后方可流入下一工序。

5.4 毛料刨削加工的组合方案

（1）平刨床加工基准面和边，压刨床加工相对面和边

这种加工方式加工的零部件质量好，但工人的劳动强度较大，生产效率低，适合于方材毛料不规则及一些规模较小企业的生产。

方材毛料──→选料──→基准面和边──→相对面和边──→精截

（2）平刨床加工基准面，四面刨床加工其他面（三个面）

这种加工方式加工的零部件质量好，工人的劳动强度较大，劳动生产率较高，设备利用率较低，它只适合于方材毛料不规则及一些中、小型企业的生产。

方材毛料──→选料──→基准面──→相对面和边──→精截

（3）四面刨床一次加工四个面

这种加工方式加工的零部件质量好，工人的劳动强度小，劳动生产率高，设备利用率高，木材出材率高，它适合于方材毛料规则及连续化生产的企业。

方材毛料──→选料──→两个面和两个边──→精截

以上三种刨削加工应根据零件的刨削质量要求与企业对生产效率的要求合理选取一种或两种配合进行加工。

思考与实训

1. 在切削加工中，如何选择零件的基准面？试分析有哪些设备可进行基准面的加工。

2. 手工进料平刨与自动进料平刨在加工毛料基准边时各有何优、缺点？

3. 毛料刨削加工有哪些组合方案？并分析各组合方案的特点。

4. 毛料加工实训。

6 方材净料的加工

本章学习目标

理论知识 掌握净料的榫头、榫眼、圆孔、槽榫、榫槽、型面等的加工方法；熟悉零部件表面修整的方法。

实践技能 掌握开榫机、立式铣床、镂铣机、榫眼机、木工钻床等设备的操作规程及操作要点；学会根据净料具体形状与加工要求选择表面修整的砂磨设备；掌握砂磨设备的操作规程及操作要点。

方材毛料经过加工后，其形状、尺寸及表面光洁度都达到了规定的要求，制成了方材净料。按照设计的要求，还需要进一步加工出各种接合用的榫头、榫眼或铣出各种型面和曲面以及进行表面修整加工，这些就是方材净料加工的任务。

6.1 榫头的加工

榫接合是框架式实木家具结构中的一种基本接合方式，凡是采用这种接合方式的部位，相应的零件就必须开榫或开榫眼，在工件的端部加工榫头的工序即为开榫。

在木制品榫接合时，要考虑到零件的配合形式。榫接合是采用基孔制，要根据榫眼的公称尺寸来确定榫头的尺寸精度，并要根据木材材质硬度来确定榫头的尺寸公差。如对于直角榫接合在加工榫头时，其榫头的厚度和宽度应采用不同的配合形式：榫头的厚度应小于榫眼宽度 $0.1\sim0.2$mm；榫头宽度应大于榫眼长度 $0.5\sim1$mm；榫头长度应小于榫眼深度 $2\sim3$mm（不贯通榫）；榫肩跟榫颊的夹角最好略小于 $90°$（$89°$最好），决不能大于 $90°$，以确保榫肩跟榫眼所在零件紧密结合。

开榫工序是零件加工的主要工序，加工精度及加工质量的好坏将直接影响制品的接合强度和使用质量。一般榫头制成后，在零件上就形成了新的定位基准和装配基准。因此，开榫工序对于后续加工和装配的精度有直接的影响。

影响加工精度的因素很多，如加工机床本身的状态及调整精度、开榫工件在机床或托架上定基准的情况等。在生产实际中，要提高精度，就得合理控制各因素的状态。如工件两端需开榫头时，就应该用相同表面作基准面；在机床上安装工件时，工件之间及工件与基准面之间不能有刨花、锯末杂物，加工操作也应平稳，进给速度需均匀。总之，榫头应严格按照零件技术要求进行加工，以保证零件的加工精度及加工质量。

6.1.1 开 榫 机

6.1.1.1 开榫机概述

开榫机是在家具零件上加工各种榫头的多工位机床，家具行业应用比较多的有直角榫开榫机（见图 6-1）、椭圆榫开榫机（见图 6-2）和燕尾榫开榫机（见图 6-3）等。

直角榫开榫机工作原理如图 6-4 所示。
直角榫的加工是对工件的端头加工出榫
头，榫头加工时组合铣刀（锯片）对工件
通过横纵锯切铣出榫头的形状，然后再对
榫头的端部进行精截，最后完成工件端头
的榫头加工。做好模具也可以对斜榫进行
加工，如图 6-5 所示。

椭圆榫加工容易，而且榫眼的加工比
直角榫眼方便，因此椭圆榫被广泛应用在
现代实木家具生产中。其加工工艺方法

图 6-1　直角榫开榫机

是：首先将工件在工作台上安装压紧，然后操作铣刀轴按其预定的轨迹沿工作台作相对
移动一周，即可加工出相应的断面形状的长圆形榫和圆形榫，椭圆榫开榫机的工作原理
如图 6-6 所示。

图 6-2　椭圆榫开榫机

图 6-3　燕尾榫开榫机

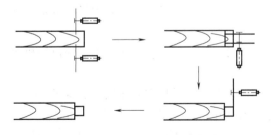

图 6-4　直角榫开榫机工作原理

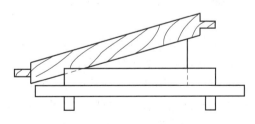

图 6-5　在开榫机上加工斜角榫

6.1.1.2　开榫机加工工艺规程

本规程以椭圆榫开榫机为例来叙述。

（1）技术要求及标准

① 零件加工时贯通榫榫头长度公差控制在＋1mm 以内，不贯通榫榫头长度公差控

127

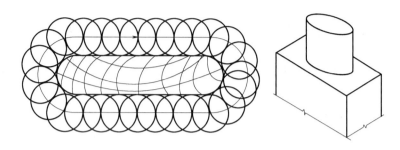

图 6-6　椭圆榫开榫机工作原理

制在 -0.5mm 以内，榫头厚度公差控制在 ±0.5mm 以内。

②　加工两端有榫的必须将已加工好一端的榫肩作为基准，再加工另一端榫，榫头内空尺寸应控制在 ±0.5mm 内。

③　工件加工后应控制表面端头无崩烂现象。

（2）操作规程

①　所需工具　卷尺、卡尺、铁锤、铁钉、气管、吹尘枪、活动夹具、专用调机工具一套（随机）。

②　准备工作　检查电源开关、主机马达、各控制键按钮和气压系统等是否正常。

设备的调整：选择合适的专用刀具，用六角匙（专用工具）将刀具装于立轴上，拧紧螺丝，且刀具必须锋利无损坏。根据工件的加工要求，按照物料长度、榫厚、榫宽、榫长的加工要求，对工作台面高度、斜位（角度）以及夹紧装置进行适当调整。

清理工作台，装好气管，检查气压是否够大，刀具是否装牢，各设置键是否正确，安全防护装置是否完好。

将待加工工件放在机台右边，操作者侧身伸手即可取到工件，并不妨碍作业。检查来料是否与图纸尺寸一致，然后启动机器开关，取料进行试机，确认加工后是否与图纸相符。

③　主要操作　在设备工作台面上，以左右工作台上的挡板为定位基准，在加工好一端后再加工另一端时应以已加工好的一端来定位，保证内空尺寸符合图纸要求，分别固定一块靠（定）位板与机台主轴成垂直线。

操作者站于机台右侧，取料确认加工面，加工大件时应两人操作，副机手位于机台左边，将加工好的工件取下堆放好。

将各控制键开关启动并设置于自动状态，启动总开关，操作者将物料放置于工作台面上，与靠位板和定位块紧密接触，主轴将自动运作完成加工。

当主机手取料于右工作台面上主轴完成第一基准面榫头加工后，应立即将工件转给副机手，放置于左工作台面上加工另一端榫头。

在加工过程中，机台主轴转动速度要调节均匀，与操作者操作速度要配合协调。

加工弧形料时还需在工作台面上固定模具进行加工。

将加工好的工件整齐堆放好，堆放高度在 1.5m 以内，清点好数据，填写好产品流程卡，并做好标识。

④ 注意事项 加工前应对滑动部位进行清洁，清除木屑等杂物，确认设备完好，铣刀锋利，刀口完好，即可加工；加工时手不得放于气压板下面，台面左、右移动时不得阻挠，严禁戴手套操作；两人工作要协调，有条有序地加工。

（3）主要控制点

榫头的长、宽、厚及两榫间的距离。加工面的正反面，榫肩口无崩烂，四面榫肩成90°。

（4）检测规则

① 榫头的长度、宽度、厚度需用游标卡尺测量，内空尺寸需用卷尺测量。

② 首件加工完毕，操作者自检无误后，再由指定人员检验，合格签字确认后方可批量生产。

③ 加工过程中每加工10～20件需检测一次，如偏离标准应做调整，保证加工精度，防止质量事故。

④ 加工完毕由质检人员检测，合格签字确认后方可流入下一工序。

6.1.2 立 式 铣 床

6.1.2.1 立式铣床加工原理概述

立式铣床在工厂经常被称作万能铣床，不但能加工一些毛料的基准面、相对面（参考5.1.2部分内容），还可以加工各种各样的榫头，如直角榫、燕尾榫、指形榫等。

（1）直角榫的加工

图6-7和图6-8所示分别为加工直角单榫和直角多榫的示意图，在立式铣床上可以通过安装两把或多把"S"形铣刀，零件放在移动台面上，沿轨道往反运动进行加工，将直角榫加工出来。立铣由于转速比较高，若刀刃质量好，则榫颊的表面光洁度特别高。

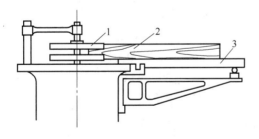

图 6-7 直角单榫的加工
1—"S"形铣刀 2—工件 3—开榫架推车

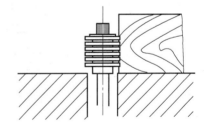

图 6-8 直角多榫的加工

（2）斜榫的加工

图6-9所示为加工斜榫的示意图。可以先做好垫块与模具，然后用铣刀在立式铣床上把斜榫加工出来。

（3）燕尾榫的加工

图6-10所示为加工燕尾单榫的示意图。可以先做好垫块与模具，然后用锥形铣刀在立式铣床上把燕尾单榫加工出来。

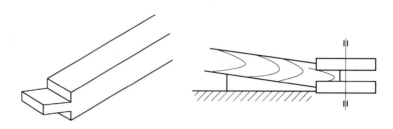

图 6-9　斜榫的加工

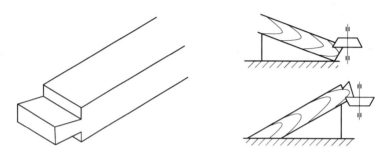

图 6-10　燕尾单榫的加工

图 6-11 所示为加工燕尾多榫的示意图。燕尾形多榫可以在铣床上采用不同直径的组合切槽铣刀进行加工。工件的每一端榫头的加工均需要两次定位两次铣削的加工过程，第一次定位时，先以工件的基准边为基准，定位后进行第一次铣削加工；当第二次定位时，要将工件翻转 180°，然后仍以原来基准边为基准，定位后再次进行铣削加工，即可形成燕尾形多榫。

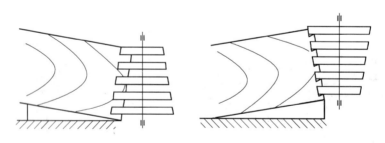

图 6-11　燕尾多榫的加工

（4）指形榫的加工

指形榫多用于方材接长，特别是短方料胶接成长方料，再将接长的方料拼成宽板。故指形榫在实木接长与拼板中有广泛使用前景，应用日益增多。图 6-12 所示为加工指形榫的示意图，指形榫可以借助指形榫组合铣刀在立式铣床上加工而成。

6.1.2.2　立式铣床加工榫、槽等工艺规程

本规程适用于在立铣机上进行实木等材料的铣榫、铣槽加工工艺。

（1）技术要求及标准

工件加工时榫的厚度、宽度公差允许在 -0.5mm 内。铣槽加工时槽的宽度、深度

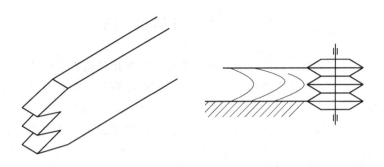

图 6-12 指形榫的加工

公差允许在＋0.5mm 内。

（2）操作规程

① 所需工具　铁锤、铁钉、扳手、定位套、定位板、锁紧螺杆等。

② 准备工作　在明确所需加工工件的铣槽宽度及深度后，选用符合要求所需刀具，安装时注意机台主轴转动方向必须与刀口方向相符；装防护罩，钉好导板反压条；清理机台，将多余物件拿开，并清理加工场地，以防在加工过程中因地面障碍而影响安全操作。

③ 主要操作　打开电源开关启动机械，将工件平整放在机器操作平台，右手托住工件边沿，左手推动工件紧贴导板慢慢进给即可完成，用卷尺检查测量所铣槽的宽度、深度是否标准，铣槽位置是否存在偏差，如果有偏差则应当适当调整机械各部位。在检查所铣槽工件完全符合工艺要求后方可批量生产。

进料时主机手右手握着工件后部向前推进，左手按压工件外侧及上面，使工件顺着台面紧贴导板滑动，副手接料不得猛拉，也不得将手超过刀位，以免被刀口刨伤。加工完成后将工件整齐堆放于卡板上，并做好标识，拉闸断电，待机台各转动部位完全停止后方可卸下刀具，清理机台并给各转动部位加油。

④ 注意事项　加工大件工件时应两人操作，在操作过程中工件中途不得退回，否则容易打坏工件，甚至存在安全隐患。如果非要退出时，应先做好准备，左手压住工件前端，右手将工件沿台面掀离刀具。如需要更换刀具，必须在加工第一件产品时再次确认符合工艺要求后才能加工。

（3）主要控制点

榫宽、榫厚、槽宽、槽深、加工面的正反面、崩烂、跳刀等。

（4）检测规则

① 榫宽、槽宽、榫厚、槽深用游标卡尺测量。

② 首件加工完毕，操作者自检无误后，由指定人员检验，签字确认合格后方可批量生产。

③ 加工过程中要一般每加工 20 件左右应检测一次，如偏离标准需做调整。

④ 加工完毕由质检人员检测，合格签字确认后才能流入下一工序。

6.2 榫槽和榫簧的加工

家具零部件在端部用配件或榫头、榫眼连接，有些还需在零部件沿宽度方向开出一些榫槽实行横向接合，也用于拼板接合与方材十字搭接槽、锁槽和燕尾槽等，这时就需要进行榫槽加工。榫簧与榫槽的加工可简称为榫槽加工，在这里，榫槽加工中的"榫"指的就是零件中的榫簧，也就是零件的凸起部位；而榫槽加工中的"槽"指的就是零件中的槽口，也就是零件的凹陷部位。在加工榫槽和榫簧时要正确选择基准面，保证靠尺、刀具及工作台之间的相对位置准确，确保加工精度。

常见的榫槽形式及加工工艺示意图如图 6-13 所示。榫槽和榫簧加工的主要生产设备有：刨床类、铣床类和锯类。

6.2.1 刨 床 类

6.2.1.1 刨床概述

刨床类中一般是利用四面刨床（见前文图 5-16）加工榫槽和榫簧，其加工方法是根据工件的榫槽和榫簧的位置，将四面刨床所在位置的平铣刀更换为成型铣刀进行加工。也有利用平刨（见前文图 5-1）或压刨（见前文图 5-12）把刀磨成需要的形状来进行加工，但由于磨刀、装刀难度大，加工精度也不高而应用较少。

6.2.1.2 刨床加工工艺规程

本规程以四面刨为例来叙述。

（1）技术要求及标准

直线形的榫槽位加工按图纸要求加工，台面类的玻璃槽可以按图纸要求加深 0.5～0.75mm，对成型的刀形加工需要保证加工后的刀形与刀样一致，不得出现刀形偏差。

（2）设备及工艺参数

加工宽度 25～180mm；加工厚度 10～120mm；加工最小长度 250mm。

（3）操作规程

① 所需工具　铁锤、卡尺、卷尺、吹尘枪、扳手。

② 准备工作　在明确所需加工工件的铣槽宽度及深度后，按具体要求选好平刀或成型刀，安装时注意机台主轴转动方向必须与刀口方向相符，启用前应确定各刀轴的锁紧装置锁紧，查看刀片是否与其他部分相碰撞；根据加工工件的工艺要求，调好四个主轴上、下、前、后的位置，确定后锁紧各轴；根据木材加工厚度、宽度调整好各送料辊的高度、各压板前后位置及各压料轮的位置。

③ 主要操作　启动所需的主轴并在其全速运行后启动送料电机，并在开始送料加工时先启动抽尘装置，注意要先手动试机再使用自动操作方式。进料方向为主操作员，将零件开始进料时需要区分加工的正反面，副手对加工出来的零件质量进行监控及反馈给主操作员，并将零件堆放好。在加工过程中应经常对机台上的木屑用吹尘枪进行清理，保持工作台的清洁可以使机台的定位不移动，有助于加工精度的提高。加工完成后拆下所有的刀具及模具。

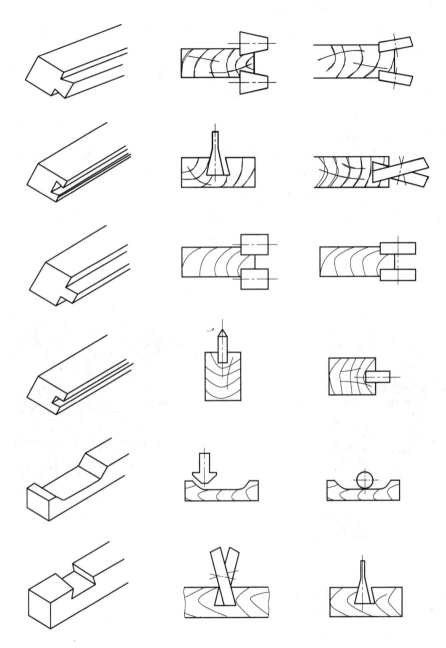

图 6-13　常见的榫槽与榫簧形式及其加工方法

（4）主要控制点

① 榫槽的加工尺寸应达到图纸的要求。

② 特殊的槽位按特殊的工艺要求进行控制。

（5）检测规则

① 槽深、槽宽等需要用游标卡尺进行检测，对特殊的经过精加工后再开槽的需要用卷尺测量槽长。

② 所有加工不允许出现跳刀和崩烂现象。

③ 所有零件加工出第一件需要首检合格后方可开始批量加工，加工过程中每加工20 件左右后需要进行复检。

④ 加工完成后需要经过质检人员检验合格后方可流入下一工序。

6.2.2 铣 床 类

6.2.2.1 铣床概述

立铣、镂铣、数控镂铣和地锣机等都可以加工榫槽和榫簧，但是由于榫槽和榫簧的宽度、深度等不同，所使用的设备也不尽相同。加工榫槽时，榫槽宽度较大时应使用带水平刀具的设备，如立铣（见前文图 5-6）等，榫槽宽度较小时应使用带立式刀具的设备，如镂铣机（又叫吊锣机，如图 6-14）、地锣机（见图 6-15）等。随着现代设备的发展，一些铣刀轴在加工中可按需要自动调整铣削深度。随着计算机的广泛应用，开发出了数控镂铣机，数控镂铣机通过计算机编程来进行加工，取消了模具，而且可以完成自动更换刀具。

图 6-14　镂铣机

图 6-15　地锣机

6.2.2.2 铣床加工工艺规程

本规程以镂铣机为例来叙述，立铣的加工工艺规程参见 6.1.2.1 部分内容。

（1）技术要求及标准

工件加工时，定位外形尺寸误差控制在 ±0.5mm 以内。

锣槽的宽度公差控制在 0～0.5mm，深度公差控制在 0.5～1mm。

锣工艺线公差控制在 ±0.3mm 以内。

工件加工后无起毛、无波浪形、无崩烂现象，所加工的槽底平滑，工艺线顺畅。

（2）设备及工艺参数

工作台倾斜角度 45°；加工工件回旋半径 140～710mm；最大切削量不得超过 10mm。

（3）操作规程

① 所需工具 铁锤、卡尺、卷尺、吹尘枪、铁钉、扳手、活动夹具。

② 准备工作 在明确所需加工工件的铣槽宽度及深度后，选用符合要求的刀具，安装时注意机台主轴转动方向必须与刀口方向相符；更换适当尺寸的导销，将导柱凸出工作台5～6mm，并对正锣刀中心，并将其锁紧装防护罩，钉好导板反压条；将工作台高低、倾斜角调整好，并清理机台与加工场地，以防在加工过程中因地面障碍而影响安全操作。

③ 主要操作 操作者站于机台前方，取料确认加工面（大件需两人操作），先进行试机，确认加工好工件与图纸要求相符。采用顺时针方向加工，应从左方进料，若反之为右边进料，若刀具直径大于48mm，采用低速加工，不得采用高速加工。

镂铣时，需要使用模具先将工件装在模具上，双手紧握模具，将底模槽前端靠近导柱（直线镂铣就需要将工件的基准面紧靠导尺），启动脚动开关，待锣刀进入既定深度后，双手推动物料用力均匀沿导柱（导尺）进行加工，若逆木纹或工件有节疤应减慢进料速度。

将加工好的工件按左右分开，整齐堆放在待加工工件的另一侧的物料板上，堆放高度不得超过1.5m，并做好标识。

（4）主要控制点

外形、定位形状尺寸、槽长、槽宽、槽深、榫长、榫宽、榫厚、孔径、孔深、光洁度等。

（5）检测规则

① 控制尺寸用游标卡尺与卷尺测量。

② 首件加工完毕，操作者自检无误后，再由指定人员进行检验，合格签字确认后方可批量生产。

③ 加工过程中，每加工10～20件应检测一次，如偏离标准则应及时调整。

④ 加工完毕应由质检人员检测，合格签字确认后才能流入下一工序。

6.2.3 锯 类

万能圆锯机（见前文图5-18和图5-19）等锯类可以加工榫槽，这种加工主要是采用万能圆锯机锯片的锯切锯路来完成，使榫槽的宽度不能超过锯路的宽度，否则就需要通过别的方法来加工榫槽。也可在悬臂式万能圆锯机上，采用铣刀头或多锯片叠在一起或在两锯片中间夹切槽铣刀等多种方式进行加工，但要注意的是多锯片叠在一起使用安全性会降低。

相关设备的加工工艺规程参见5.3.2.2部分内容。

6.3 榫眼与圆孔的加工

各种榫眼和圆孔大多用于木制品中零部件的接合部位。常见的榫眼和圆孔，按其形状可分为长方形榫眼、椭圆形榫眼、圆孔和沉孔等，按照零件的配合理论，各种榫眼可称为广义的孔，因此，榫眼和圆孔可统称为孔。孔的位置精度及其尺寸精度对于整个制品的接合强度及质量都有很大的影响，因而其加工也是整个加工工艺过程中一个很重要的工序。

6.3.1 加工原理

（1）长方形榫眼的加工

长方形榫眼应用最为广泛，加工方法如图 6-16 所示。榫眼一般是在专门的榫眼机上，采用方壳空心钻套和螺旋形钻芯的组合钻加工而成，工件在钻削加工时需利用三个定位基准（基准面、边、端）及控制榫眼长度的定位螺栓。

（2）长圆形榫眼的加工

长圆形榫眼是与长圆形榫头相配合的，可在各种钻床及上轴铣床上用钻头和端铣刀进行加工，如图 6-17 所示。

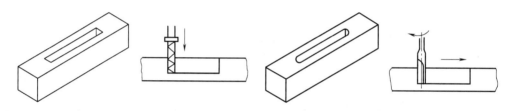

图 6-16　长方形榫眼的加工　　　　　图 6-17　长圆形榫眼的加工

（3）圆孔的加工

加工方法如图 6-18 所示，加工时应根据孔径的大小、孔的深度、零件的厚度、零件材料的性质来选择不同的刀具和机床。直径小的圆孔可在钻床上加工，当工件上需要加工圆孔的数目较多时，宜采用多轴钻床，以保证孔间的尺寸精度，并提高生产率；大径圆孔的加工，要在主轴上装一个刀梁，刀梁上安有一把或两把切刀，主轴旋转时，切刀就在工件上切出圆孔。这种钻头的柄部直径一般应小于 13mm，以便钻轴上钻夹头夹住，两边的钻削刀应与钻柄中心线完全对称。

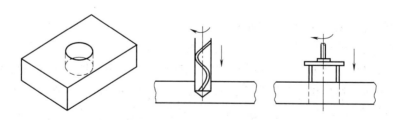

图 6-18　圆孔的加工

（4）沉孔的加工

也称螺钉沉孔，如图 6-19 所示，它一般在立式或卧式钻床上采用沉头钻进行加工，使加工出来的孔呈圆锥形或阶梯圆柱形。

6.3.2 加工机械

6.3.2.1 加工机械概述

榫眼与圆孔的加工机械主要有木工钻床（见图 6-20）与榫眼机（见图 6-21）。

木工钻床按照钻头方向有立式和卧式之分，按钻头数目又可以分为单头钻

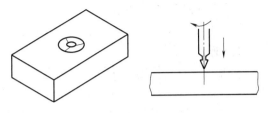

图 6-19 沉孔的加工

与多头钻。多头钻的钻座是由电机通过皮带或由电机直接带动，每个钻座可以安装多个钻头，也可以安装单个钻头，钻孔间距可以通过钻头的安装位置调整，也可以通过工件在工作台的位置调整。对于一些较宽的实木拼板或实木集成材的零部件正面钻孔时，如生产餐桌的桌面时，可以采用垂直多头钻；对于一些较长零部件的侧面钻孔时，如生产柜门的立梃时，可以采用水平多头钻。

榫眼机又称榫槽机、打眼机，用于对方材、木框的矩形榫槽的加工。这类机床的特点是使用了钻头与方凿组合而成的复合刀具。加工时在钻头转动的同时空心方凿也做往复直线进给运动，工件同时根据需要做左右横向移动，从而加工出所需要的方形或矩形榫槽。

图 6-20 木工钻床

图 6-21 榫眼机

6.3.2.2 孔加工工艺规程

本规程以台式钻床为例来叙述。

（1）技术要求及标准

① 定位边必须以工艺图纸标示尺寸边为基准定位。

② 孔深度公差控制在 +1mm 以内，孔径公差控制在 +1mm 以内，孔位偏差在 ±0.5

以内，垂直度偏差在 0.2°以内。

③ 孔位表面注意应无崩烂、毛刺等现象产生。

（2）操作规程

① 所需工具　铁锤、铁钉、六角匙、卡尺、卷尺、吹尘枪、孔位画线模、定位板、定位块等。

② 准备工作　对设备的安全性、可靠性进行全面检查，线路、电源开关、主机马达、机台转向等是否正常。根据来料的加工要求，选择好合适的钻头，并根据需要调整好机台主轴转速，将选好的钻头安装于机台主转动轴上并锁紧。按加工料的厚度、孔位深浅度要求，对机台做升降调整。

③ 主要操作　按加工工件的工艺要求采取适当的定位方式，对于直料加工均采用定位式加工。加工弧形、曲线料时应采用模具，找出孔位再对准孔位点加工。加工时按照工艺图纸标示尺寸为基准定好位，加工多个孔位时，可采取加减定位块，但必须以加工工件的同一边为基准，保证孔间距离标准。取料于机台，紧靠定位靠板和基准定位边，左手护住工件，右手握住机台工作手柄，均匀往下用力进行操作。加工工件孔位过深时，不得一次压到位，以免超出机台的承受范围造成卡死钻头，需上下匀速移动手柄，让木屑排出再匀速向下用力压。

加工过程中应时常用吹尘枪将工作台面上的木屑吹净，以免影响物料以定位边的紧贴性，造成加工精度的误差。

（3）主要控制点

孔径、孔深、孔位偏差、孔位垂直度、孔间距离尺寸、孔位表面无崩烂与毛刺。

（4）检测规则

① 孔距用卷尺测量，孔位、孔深用游标卡尺进行测量。

② 首件加工完后，进行自检无误后，由专人进行检验签字确认合格后才能批量生产。

③ 加工过程中要经常进行检测，一般 20 件左右应检测一次，以防定位点移位。

④ 加工完毕由质检人员检测，合格签字确认后才能流入下一工序。

6.4　型面和曲面的加工

锯材经配料后制成直线形方材毛料，有一些需制成曲线形的毛料，将直线形或曲线形的毛料进一步加工成型面是净料加工的过程。由于使用功能或造型上的需要，家具的有些零部件需加工成各种型面或曲面，图 6-22 所示为零部件常见的几种型面和曲面的类型。

6.4.1　立式铣床

立式铣床是加工各种型面与曲面的最普遍的一种设备（见前文图 5-6），可以用夹具把工件装在做好的样模上，沿着导尺进行移动来加工直线形的型面，如图 6-23 所示。曲面一般可在铣床上使用样模夹具进行加工，如图 6-24 所示。加工时先把样模的边缘做成零件所需要的形状,当样模边缘沿挡环移动时,刀具在工件上加工出所需要的曲线形表面。挡环的半径必须小于零件加工曲线中所要求的最小的曲率半径,以保证挡环与样模夹具的曲线边缘充分接触,从而得到所要求的曲线形状。此外,还应该尽可能地顺纹理切削,以保证加工质量。当曲率半径较小或逆纹理切削时,应适当减慢进料速度,防止该切削部位产生劈裂。立式铣床的加工工艺规程详见 5.1.2.2 部分内容。

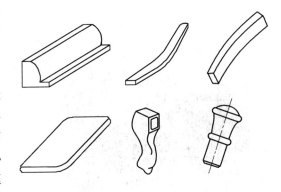

图 6-22　各种零部件的型面和曲面

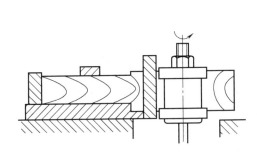

图 6-23　立铣加工直线形型面

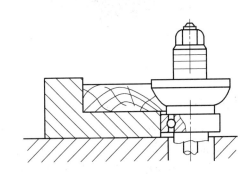

图 6-24　立铣用样模夹具加工曲面零件

6.4.2　圆盘式仿形铣床

6.4.2.1　圆盘式仿形铣床概述

对于整体台面的边部等铣形时,须采用圆盘式仿形铣床,如图 6-25 所示。这种铣床属于上轴铣床,加工原理是利用工件做圆周运动,通过铣刀轴上的挡环靠紧工件下的模具完成的。圆盘式仿形铣床的铣刀轴数由一个铣刀或两个铣刀构成,图 6-26 所示为圆盘式仿形铣床的加工示意图。当工件台与样模回转一次,能一次性将零部件上的型面加工好,生产率高,安全可靠,但需专用的样模,制造成本较高。

6.4.2.2　圆盘式仿形铣床加工工艺规程

(1)技术要求及标准

要保证加工模具的准确性,为了防止压板将模具压变形而造成工件的加工变形,模具的厚度应大于120mm,成型面加工的外形尺寸与图纸尺寸允许±1mm 的公差。

(2)设备及工艺参数

该设备一般加工最大直径为 2500mm,加工最小宽度为 500mm。

(3)操作规程

① 所需工具　铁锤、仿形模、定位套、卡尺、卷尺、吹尘枪、扳手。

② 准备工作　先确定圆盘仿形机的加工模具按要求固定在工作台面上,再将工件

图 6-25　圆盘式仿形铣床

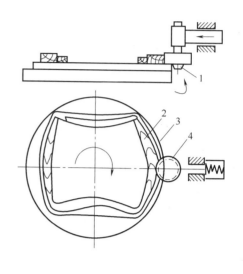

图 6-26　圆盘式仿形铣床的加工示意图
1—挡环　2—工件　3—样模　4—铣刀头

固定在模具上，启动夹紧装置固定工件。按要求安装好刀具，调整好主轴进刀速度，并做好刀具位置及方向的检查。在启动所需的主轴并使其全速运行正常后方可启动圆盘的进给加工。检测完毕后，在开始送料加工时应先打开抽尘装置阀门进行抽空。

③ 主要操作　将零部件放置于机台转盘上的模具上并定好位，并根据刀具的刀形确定正反面。手动调节变速键加工零件，速度为慢→中→快→退刀，调整完成后再进行自动进刀。加工时需要保持台面的清洁，经常用吹尘枪吹干净表面的加工木屑，以保证加工工件表面的质量及加工精度。加工完成的零件要整齐地摆放到地台板上，防止出现刮花现象。

（4）主要控制点

① 刀形的加工要符合图纸和各项技术要求。

② 对于成型台面的加工需要保证刀形的配合良好，不得出现刀形接口错位的现象。

③ 加工时不允许有崩烂及跳刀的现象。

（5）检测规则

① 加工尺寸按图纸要求进行检验。

② 所有加工工件不允许出现跳刀和崩烂。

③ 所有零件加工出的第一件需要进行首检，合格后方可开始批量加工。

④ 加工完成后需要经过质检人员的检验，合格签字确认后方可流入下一工序。

6.4.3　回转体仿形车床

6.4.3.1　回转体仿形车床概述

加工基准为中心线的零部件，其基本特征是零部件的断面呈圆形或圆形开槽形式，中心线为直线，如圆柱体、圆锥体、各种圆弧面的组合体等，都需要在回转体仿形车床

上加工完成。在车床上，工件做高速旋
转，切削刀具做纵向和横向的联合移动
制成回转体型面。刀具的移动有手动和
靠模自动移动两种形式，如图 6-27 所
示为手动式车床的形式。该类设备刀架
的形式分为单刀架和多刀架，单刀架的
车床每次加工的工件是靠刀具的各种动
作来完成的，加工完成后需更换工件，
方可再加工。而多刀架车床在加工中，
每次虽然也仅加工一个工件，但是由不
同的刀具同时加工，因此采用多刀架的

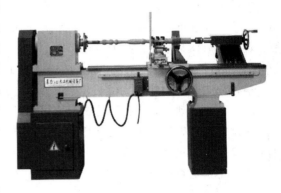

图 6-27   回转体仿形车床

车床加工时，生产效率会大大提高。现代生产设备的发展使车床性能发生了较大的变
化，即工件的加工和更换可以同时进行，而且是在不同的工作位置上完成。如图 6-28
所示为车削加工选用车刀的方法。

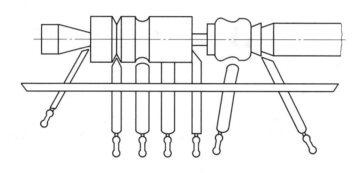

图 6-28   车削加工选用车刀的方法

6.4.3.2   回转体仿形车床加工工艺规程

（1）技术要求及标准

车形后，形体直径、工艺线、深度等公差统一控制在±0.5mm 内。

（2）设备及工艺参数

加工工件最大长度为 1500mm，最大车削直径为 320mm。

（3）操作规程

① 所需工具及夹模具   卷尺、卡尺、扳手、模具、气管、吹尘枪、活动夹具等。

② 准备工作   根据工艺图纸要求，检查来料是否与图纸一致，是否有开裂、端头
不平、节疤等缺陷，以免加工时断裂，引起安全事故，同时对设备进行可靠性、安全性
等的检查。根据物料的加工长度与直径大小，对机床进行适当调整，按照加工要求安装
好刀具，并调整好转速，安装好模具。待加工工件放置在操作者的左后方，方便拿取，
又不影响作业，右后方位置用于放置加工好的工件，戴好防护面罩准备开始作业。

③ 主要操作   操作者站于机床前方刀架中心线偏右的位置，先在工件两端画好十
字定位中心线。取料至机台，将工件两端中心点分别对准车轴顶头中心与尾架手把顶

针、夹紧物料锁紧保险栓。启动机器正转开关，运转正常后开始车削，左手紧握刀架手柄均匀用力向前进给并保持平衡，右手握住拖箱手柄均匀转动，从粗到细均匀车削直到加工尺寸、形体与模具一致为止。

加工工件直径大于 50mm 以上的需先铣斜位，以减小零件在机床上转速的冲力，在车削过程中左右手配合要均衡，用力得当。测量工件尺寸或其他辅助工作必须在停机后进行，工件转动时，不得用手去摸或用工具强行刹车。

车削完后将刀架复至原位，启动反转开关，进行砂磨。车削的工件形体尺寸应符合工艺图纸要求，表面无毛刺、无刀痕、应光滑，工艺线大小一致、顺畅。

将加工好的物件整齐堆放于机台右侧的物料板上，要做到轻拿轻放，不要刮花。

（4）主要控制点

车削、形体、直径、工艺线大小、深浅，表面粗糙度、崩烂、整体尺寸统一。

（5）检验规则

① 形体、直径、工艺线用卷尺、卡尺进行测量。

② 表面粗糙度等缺陷可用手感和目测来进行衡量。

③ 加工过程中，每加工 10～20 件需检测一次，如偏离标准需做调整。

④ 加工完毕后由质检人员检测，合格签字确认后才能流入下一工序。

6.4.4　弯脚仿形车床

6.4.4.1　弯脚仿形车床概述

家具零件除了由简单的曲线和曲面构成各种形状外，还有由平面与曲面或曲面与曲面构成的复杂形体。实木家具的一些仿形腿就属于复杂形体的零件，这类零件通常可在弯脚仿型铣床上进行加工，如图 6-29 所示。其工作原理是按零件形状和尺寸要求先做一个铸铝样模，将仿型辊紧靠样模，样模和工件做同步回转运动，仿型铣刀就将工件加工成相应的形状。零件的加工精度主要取决于样模的制造精度和刀具与工件之间的复合相对运动是否协调。

6.4.4.2　弯脚仿形车床加工工艺规程

（1）技术要求及标准

工件加工时，应顺木纹（备料）加工，且铣刀量须控制在 10mm 以内。形体公差控制在 ±2mm 以内，左右对称控制在 ±1mm 内。

（2）操作规程

① 所需工具及夹模　卡尺、卷尺、角尺、十字划线模、仿形工件形体模、随机专用工具。

② 准备工作　参照工艺图纸，检查来料是否与图纸一致，并检查设备控

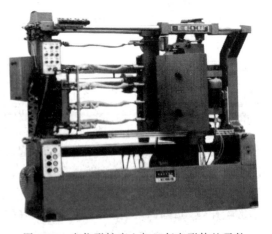

图 6-29　在仿形铣床上加工复杂形体的零件

制开关等各工作系统是否正常。按照工艺要求调整电机使皮带松紧适中，并固定好电机。安装好刀具与模具，调整进料工作架等设备系统，然后清理机床，检查刀具是否安装正确、仿形靠模是否安装牢固、各压力系统与控制按钮的安全性等。将待加工工件放在机台旁，操作者易拿易放，不妨碍作业的地方。

③ 主要操作　调整好靠模及工件之间相互回转位置并固定好，将加工工件分别水平放置于送料架上，打开安全防护门，将送料架送入机床内，启动物料气压工作顶头将物料顶紧，退出物料架，关好安全防护门，启动机器开关，机器将自动仿形完成整个加工过程。仿形完毕，仿形架将自动复位，在各转动件未完全停止时，不许打开安全防护门。打开防护门松开夹头，取下工件并摆放整齐，严禁乱扔、乱放。

（3）主要控制点

外形、尺寸、表面加工质量、左右弧度对称、形体统一。

（4）质量要求

① 注意进料速度和切削量，定位点是否准确。

② 所加工工件毛料周边余量不得大于 10mm，大于 10mm 就要用模划线，用细木工带锯把多余部分去掉再仿形加工。

③ 发现不良品应及时做好标示并分开堆放。

（5）检测规则

① 首件加工完毕，操作者自检无误后，再由指定人员检验，合格签字确认后方可批量生产。

② 加工过程中每加工 20 件左右应检测一次，如偏离标准需做调整，减小加工误差和批量事故发生。

③ 要求加工出来的工件应符合质量要求，不得有崩烂、缺角等缺陷，保证与工艺首检样板一致。

④ 加工完毕应由质检人员检测，合格签字确认后才能流人下一工序。

6.5　表面修整

6.5.1　表面修整的目的和方法

实木零部件方材毛料和净料加工过程中，由于受设备的加工精度、加工方式、刀具的锋利程度、工艺系统的弹性变形以及工件表面的残留物、加工搬运过程的污染等因素的影响，使被加工工件表面出现了凹凸不平、撕裂、毛刺、压痕、木屑、灰尘和油渍等缺陷，这些只有通过表面修整加工来解决，这也是零部件涂饰前所必须进行的加工。表面修整加工的方法主要是采用各种类型的砂光机进行砂光处理。

砂光是利用砂光机对工件表面进行修整的一种加工方法，属木材切削加工，利用各种砂带将零部件表面砂磨平整光滑。砂光机上的刀具是砂带，砂带的粗细是由砂带的粒度号决定的，实木砂光机使用的粒度号主要有 800♯，400♯，200♯，120♯，100♯，80♯，60♯和 40♯等。在实木家具的生产中，零部件的形状差别较大，因此就要使用不同结构和类型的砂光机，以满足各种类型零部件的加工，主要有盘式砂光机、辊式砂光机和带式砂光机等，图 6-30 所示为各类砂光机外形简图。

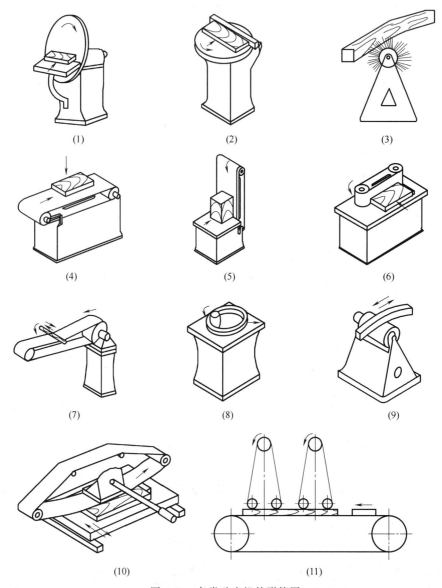

图 6-30　各类砂光机外形简图

（1）垂直盘式砂光机　（2）水平盘式砂光机　（3）鬃刷式砂光机　（4）下带式砂光机
（5），（6）垂直带式砂光机　（7）自由带式砂光机　（8）垂直圆筒式砂光机
（9）水平圆筒式砂光机　（10）上带式砂光机　（11）宽带式砂光机

6.5.2　砂磨光洁度的影响因素

6.5.2.1　砂削速度与进料速度

砂光机的砂削速度决定了工件表面的砂削质量和光洁度。砂光机的砂削速度高，砂

光质量就高，零部件的表面光洁度高；砂光机的砂削速度低，砂光质量就差，零部件的表面光洁度低，生产效率低。

有些类型的砂光机砂光时，是通过零部件的移动完成砂光的。工件的进料有人工进料和机械进料之分，其进料速度越高，砂磨质量越低，表面越粗糙，反之表面光洁度高，但是进料速度过低，生产效率也会随之降低。因此可以通过提高砂带速度来提高砂带与工件的相对速度，改善砂磨面的光洁度，但砂带的速度不能过快，过快对砂光机的刚度、精度及砂带强度要求更高，一般砂带速度为 20～30m/s，进料速度一般控制在 25～35m/s。

6.5.2.2　砂削量

实木砂光机砂削量的控制多半是手工通过压垫或直接推压砂带来完成的，当砂削量一定时，砂带对工件的压紧力越大，砂光机的每次砂削量就会越大，工件的砂光质量就会降低；砂光机的每次砂削量越小，达到同等砂削量时，就必须采用多次砂光，虽然砂光质量提高了，但是生产率却大大降低了。因此适当确定每次的砂削量，不仅可以使工件的表面具有较高的光洁度，同时可以提高生产的效率。

6.5.2.3　砂粒粒度

砂带的砂粒粒度大（砂带号小），生产效率高，但是砂削工件的表面粗糙度高；砂带的砂粒粒度小（砂带号大），生产效率低，但砂削的工件表面光洁度高。一般在砂光实木工件时，砂带的粒度号应在 40♯～200♯。基材表面涂饰底漆或面漆时，应取粒度号为 200♯～800♯ 的砂带。

砂纸上的砂粒是优质玻璃砂，而砂带上的为棕刚玉 A 砂，多由动物胶或合成树脂粘接在纸或布带上的。砂粒越细，砂磨痕迹越细，则磨面的光洁度就越高，但砂带损耗快，砂磨速度慢，生产成本高。一般先粗砂（用 80♯ 左右的砂带），后细砂（120♯～180♯ 砂带），这样既提高生产效率，又有利于光洁度的提高。

6.5.2.4　砂削方向

砂光机的砂带平行于木材的纤维方向砂光时，砂削量较低，特别是在砂光宽幅面的工件时，砂光表面不易砂平。但砂光机的砂带垂直木材纤维方向砂光时，砂带的砂粒会把木材中的纤维割断，使工件的表面出现横向条纹，降低工件表面的光洁度。因此对于较宽大的工件砂光时，如表面粗糙、硬度高的零件可先横纹砂磨去掉较大的不平度，然后再顺纹精砂，以提高生产效率，一般工件是不允许横纹砂磨的。

6.5.2.5　砂带给砂磨面的垂直压力

砂带给砂磨面的垂直压力小、磨削量小则光洁度高，即砂痕细又浅；压力大、磨削量大则光洁度低，即砂痕粗又深。一般压力不超过 100kPa（0.01～0.05kg/cm²），硬材比软材可稍大一点，表面粗糙的也应适当增大一点。

6.5.3　砂光机的加工工艺规程

在此仅以宽带砂光机（如图 6-31 所示）和立式砂光机（如图 6-32 所示）为例来介绍砂光机的加工工艺规程。

图 6-31　宽带砂光机　　　　　　　　　　图 6-32　立式砂光机

6.5.3.1　宽带砂光机加工工艺规程

（1）技术要求及标准

① 零件加工时，必须顺木纹纹理进料；在使用 40♯～60♯ 砂带时，一次性砂削量必须控制在 0.5mm 以内，在使用 80♯～120♯ 砂带时，一次性砂削量必须控制在 0.3mm 以内。

② 零件表面砂光后，确保无明显跳砂痕，公差控制在 0.3mm 以内，表面平整度控制在 0.5mm 以内。

（2）操作规程

① 所需工具　砂带、专用工具等。

② 准备工作　按照方向安装好砂带，不同型号的机台可选择不同型号的砂带，砂带表面颗粒要均匀分布，表面要平整、黏合力强，砂带接口保证平整、牢固。根据按钮标示进行砂光带定位厚度的调整，并检查机械设备是否正常，将待砂光料整齐堆放于机台左侧。

③ 主要操作　在送料进机时，核对砂带砂粒型号按物料正反面要求，保证顺纹方向砂磨。砂光小板件一般送料与接料各一人操作，只有砂光大而长板件两侧才各两人共同操作。操作者要面对机台，站在输送台中心线偏左（右）位置。将加工好的物件整齐堆放于机台右侧的地台板上，并做好标识。加工完成后关上按钮，拉下电闸断电，在机械各转动位完全停止后再进行木屑清理。

（3）主要控制点

不能横砂，工件无变形，表面无跳刀痕、锯痕等。

（4）检测规则

① 按砂光标准进行检验。

② 首件加工完毕，操作者自检无误后，由指定人员检验，合格签字确认后才能批量生产。

③ 加工完毕后由质检人员检测，合格签字确认后才能流入下一工序。

6.5.3.2　立式砂光机加工工艺规程

（1）技术要求及标准

加工后要控制工件四边平直、大小头在 0.5mm 以内，砂削后允许公差在 −0.5mm 以内。

（2）操作规程

① 所需工具　砂带、专用工具等。

② 准备工作　安装砂带时将活动主杆松开，安装砂带，然后调整砂带，并保证砂带方向正确。启动电源，测试设备是否运转正常及砂带的接口牢固性。

③ 主要操作　将工件放置于工作台面上，双手紧握工件，紧贴砂带进行砂削，手保持与砂带一定距离，要保证工件与砂带垂直，保证加工的工件不出现变形及角度砂斜。操作时要均匀用力将工件平行匀速推进，防止在操作时出现工件的两端不平行。加工完成后的产品需整齐堆放在地台板上，并做好产品的保护工作，防止出现人为的产品损坏，并对设备进行清理，保持机台的清洁。

（3）主要控制点

工件无变形，表面无跳刀痕、锯痕等。

（4）检测规则

① 外形尺寸需要用卷尺测量，达到图纸所要求的尺寸，允许公差 −0.5mm。

② 首检加工完后操作者自检无误后，由指定人员检验，合格签字确认后才能批量加工。

③ 加工完毕后由质检人员检验，合格后才能流入下一工序。

思考与实训

1．比较说明直角榫、圆弧榫、燕尾榫、指形榫加工的方法与设备有何异同。

2．分别说明成型件、弯曲件、回转体的加工方法。

3．影响工件表面砂磨光洁度的主要因素有哪些？

4．某椅子的前脚上部跟前脚档接合处为方体，同时要加工直角闭口榫，方体下面为圆锥体。请设计出零件的外形图与具体尺寸，并列表编写其切削加工的工艺流程。

5．思考为何要将立式铣床称为万能铣床？它能进行哪些类型的铣削加工？试说明每种类型加工的方法。

6．净料加工实训。

7 方材胶合与弯曲

本章学习目标

理论知识 了解方材胶合的种类与方法；熟悉影响胶合的主要因素；掌握方材弯曲的基本方法与加工工艺。

实践技能 掌握实木拼板、接长设备的操作规程及操作要点；懂得方材弯曲的加工工艺流程；学会方材弯曲的操作规程及操作要点。

7.1 方材胶合

在现代实木家具生产中，方材零件通常是把锯材经过锯解后，再经过毛料和净料机械加工制成所需要的规格尺寸和形状零件。这对于长度、宽度及厚度不太大的零件是可以满足要求的，但对于尺寸较大的构件，用整块材料往往因木材的干缩和湿胀特性，会使零件产生翘曲变形和开裂等问题。零件尺寸越大这种现象就越严重，一般宽度尺寸为600～700mm的零件，尺寸上的变化可达10～20mm。

为了使零件在形状和尺寸上获得稳定，以减少变形和保证质量，对于尺寸较大的零件，就可以采用窄板用小料胶拼、短料接长的方式拼接而成，该生产工艺过程称为方材胶合。这样，不仅能提高木材利用率，节约大块材料，同时也可以改善产品的质量和使用性能。

7.1.1 方材胶合的种类

方材胶合主要分为长度方向上的接长、宽度方向上的拼宽和厚度方向上的胶合三种方式，如图7-1所示。被胶合的小料方材应是同一树种或材性相似，小料方材纹理应尽可能一致，被胶合的小料方材木材含水率一致或基本一致（其相邻胶合材料的含水率偏差应小于1%）。

7.1.2 胶合设备

现代实木家具生产中常用的胶合设备主要有指接机与拼板机。指接机的规格一般为4600mm和6000mm，企业可根据指接的形式选择指接机的接长范围。接长机是采用进料辊直接压紧的加压形式，同时指接机上也配有专用截锯，用户可根据需要的长度进行截断。图7-2所示为木材接长机。

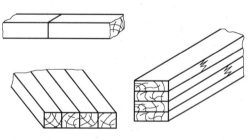

图 7-1 方材胶合

拼板机有连续式气压拼板机、风车式气压拼板机和旋转式液压拼板机等。图7-3所示为风车式气压拼板机，属于多层的拼板设备，当指接材或窄料方材在工作面上被胶拼时，利用工作台的气压旋具夹紧丝杠螺母，完成拼板。当工作台面转动一个角度，另一层工作台面开始装、拼板，以此类推。

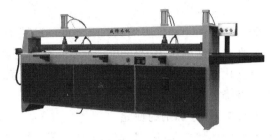

图 7-2 木材接长机

7.1.3 影响胶合质量的因素

方材胶合过程是一个复杂的过程，它是在一定压力下使胶合面紧密接触，并排除其中空气，在添加硬化剂或加热条件下使胶液迅速固化的过程。

影响胶合强度的因素有很多，主要与被胶合木材的特性、表面光洁度、含水率、胶黏剂的种类、胶黏剂的性能以及胶合时的温度、压力、时间等因素有关。

7.1.3.1 被胶合木材的特性

（1）木材的密度

实木家具生产中的主要材料是木材，其树种、物理力学性质的不同，

图 7-3 风车式气压拼板机

造成其胶合强度也不同。木材胶合强度与其密度有着直接的关系。木材密度低，自身的强度也低，无法形成超过其自身强度的胶合力，一般来说胶合强度与木材的密度成正比。木材的导管或管孔的分布均匀，胶黏剂和木材的胶合面积增加，胶合强度提高；相反导管或管孔粗大的木材，涂胶后胶液易被导管或管孔吸收，而产生缺胶现象，使胶合强度降低。

（2）木材的纤维方向

木材是各向异性的材料，胶合表面的木材纤维方向不同，胶合强度也不同。一般来说胶合面与木材的纤维夹角越小，胶合强度越高。因此，木材在端面进行胶合时，胶合强度最低；在平行于纤维方向上胶合时，胶合强度最高。

（3）木材的含水率

木材含水率过高，涂胶后胶黏剂在陈放过程中，不能有效地释放胶液中的水分，胶黏剂无法达到胶合时所需的固体含量，实质是降低了胶黏剂的黏度。黏度低的胶液又极易渗透到木材中，使胶合界面形成缺胶，降低胶合强度；在胶压过程中还容易产生鼓泡，胶合后容易使木材产生收缩、翘曲和开裂等现象。木材含水率过低，木材表面的极性物质减少以及木材吸收胶黏剂中的水分，使胶黏剂的湿润性降低，降低了胶合层的胶着力。一般木材的含水率控制在 5％～10％时，胶合强度最大。

（4）木材的表面粗糙度

胶合表面的粗糙度影响到胶合界面的胶层形成和胶合强度，一般被胶合木材的表面光洁度高，在适当压力的作用下，可以得到较高的胶合强度。如被胶合木材的表面粗糙，就会比光滑表面增大涂胶量，而且因胶合面粗糙还导致无法形成有效"胶钉"致使胶合强度降低。

7.1.3.2 胶黏剂的性能

胶黏剂的性能包括胶黏剂的固体含量、黏度、聚合度、极性及 pH 等，但是胶黏剂的固体含量和黏度对胶合强度影响较大。

胶黏剂的固体含量高、黏度大，涂胶时胶层容易过厚，此时胶液中相对的残留空气多，降低了胶层的内聚力；同时胶层固化时的收缩，使胶层内产生内应力及龟裂，降低了胶层的内聚力，最后导致胶合强度降低。

胶黏剂的固体含量低、黏度小，其流平性能好，有利于浸润和黏附。但是胶黏剂的黏度过低，在加压时胶黏剂容易被挤出，造成缺胶。

7.1.3.3 胶合工艺条件

（1）涂胶量

涂胶量与胶黏剂种类、固体含量、黏度、胶合表面粗糙度以及胶合形式等有关。若涂胶量过大，胶层产生的内应力降低了胶层的内聚力，导致胶合强度降低；反之，涂胶量过少，则不能形成连续胶层，使胶接面局部产生缺胶，降低了胶合强度。

（2）陈放时间

一般情况下，涂胶后必须进行陈放，可使胶液充分湿润胶接表面，有利于胶液的扩散与渗透和排除胶液中的空气，提高胶层的内聚力，也可以使胶黏剂中的溶剂挥发，确保胶层浓缩到胶压时所需的黏度。若陈放时间过长，超出了胶液的活性期，此时胶黏剂局部开始出现固化，丧失胶黏剂的胶合性能；陈放时间过短，胶黏剂来不及渗透到被胶合材料中，胶黏剂无法和胶合材料形成较好的胶接层，而且在加压胶合时易使胶黏剂外溢，导致涂胶量不足，形成缺胶，降低胶合强度。

（3）胶层固化条件

胶黏剂在浸润了被胶合材料表面后，由液态变成固态的过程称为固化。方材胶合时，控制好压力、温度和时间是保证胶合质量的重要条件。

① 胶合压力　胶合时所加的压力是影响胶合强度的重要因素之一，它能保证胶合表面之间必要的紧密接触，形成薄而均匀的胶层。压力大小应随胶合木材的树种、表面加工质量、胶液的浓度和黏度、涂胶量等条件而变化。压力过小，由于胶合表面不能互相紧密接触，而使胶着力低，压力太大，也容易使木材压溃而降低胶合强度。

② 胶合温度　提高胶合时的温度，可以加速胶层固化，缩短胶合时间。但是温度过高，有可能使胶发生分解，胶层变脆。若温度太低往往因胶液未充分固化，而使胶合强度极低或不能胶合。

③ 加压时间　加压时间是指胶液凝固前开始加压到胶液固化为止的一段延续时间，加压时间的长短决定于胶液的固化速度。冷压时由于温度低、胶液固化慢等，加压时间就需要长一些，一般为 4～8h，冬季气温低时，加压时间需延长到 8～12h，甚至一昼

夜。热压则可大大缩短加压时间，在一定范围内，胶着力随加压时间增长而提高，但热压时间过长，反而使胶合强度降低。

7.2 方材弯曲

曲木家具具有线条流畅、形态美观等优点，曲线或曲面零部件的生产方法主要是锯制加工和加压弯曲成型两大类。

锯制加工就是直接在锯材上锯出曲线形零件，或经方材胶合后制成较宽的实木拼板或集成材，然后再锯出曲线形部件。采用锯制加工生产曲线形零部件的特点是：生产工艺简单，不需要专门的生产设备；木材利用率低，木材的纤维被切断，制成的零部件强度降低；纤维端头暴露在外面，铣削质量和装饰质量差。

方材的加压弯曲是用加压的方法把直线形的方材压制成各种曲线形的零部件，它可以克服锯制加工的缺点，其特点是：可以提高生产效率，节约木材，并能直接压制成复杂形状，简化制品结构，但需采用专门的弯曲成型加工设备。这种加工工艺目前被国内一些生产企业广泛地采用。

7.2.1 方材弯曲加工

方材弯曲又称实木加压弯曲，工艺过程是将配制好的直线形方材毛料软化处理后，利用模具加压弯曲成要求的曲线形状的过程。主要包括下列工序：毛料加工、软化处理、加压弯曲、干燥定型、弯曲零件加工等，如图7-4所示。

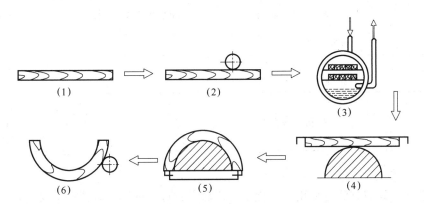

图7-4 方材弯曲成型与加工的工艺流程图
(1) 直木料 (2) 切削加工 (3) 软化处理
(4) 弯曲作业 (5) 弯曲成型毛料的干燥定型 (6) 弯曲部件后加工

7.2.1.1 毛料选择和准备

毛料弯曲前的准备工作与弯曲零件质量有很密切的关系。

首先，不同树种木材的弯曲性能差异很大，要根据方材毛料的厚度、弯曲的曲率半径以及方材软化方式、软化程度来选定合适的树种。一般来说，弯曲性能就树种而言，阔叶材比针叶材好、硬阔叶材比软阔叶材好。弯曲性能较好的树种有：榆木、水曲柳、柞木、山毛榉、桦木等，针叶材以松木与云杉较好。从材质的选择上看，幼材比老年树材好、边材比心材好、顺纹材比斜纹材好、弯曲部件不得有腐朽、裂缝、乱纹理、节疤等缺陷。

毛料含水率对弯曲质量和加工成本都有影响，含水率过低，容易产生破坏；含水率过高，弯曲时因水分过多形成静压力，也易造成废品，并且延长弯曲零件的定型干燥时间。一般不进行软化处理而直接弯曲的方材毛料含水率以 10%～15% 为宜；软化处理的弯曲毛料含水率应为 20%～30%。

一般配好的毛料在弯曲前，需要进行必要的刨光和截断，一是便于弯曲时紧贴金属夹板和模具，二是把在配料时未能发现的缺陷剔除掉，加工成要求的断面和长度。对于弯曲形状不对称的零件，弯曲前在弯曲部位中心位置划线，以便对准样模中心。

7.2.1.2　软化处理

软化处理的目的是使木材具有暂时的可塑性，以使木材在较小力的作用下能按要求变形，并在变形状态下重新恢复木材原有的刚性、强度。因此，为了改进木材的弯曲性能，需要在弯曲前进行软化处理。软化处理的方法可分为物理方法和化学方法两类。

（1）物理方法

物理软化方法又称水热处理法，以水作为软化剂，同时加热达到木材软化的效果。由于物理方法处理容易，生产成本低，被广泛地应用于方材弯曲的软化处理。表 7-1 所示为木材物理软化处理方法。

表 7-1　　　　　　　　　　　　　木材物理软化处理方法

方法 项目	蒸汽蒸煮软化处理	水煮软化处理	微波加热处理
加热条件	饱和蒸汽	热水	微波
软化处理工艺条件	蒸汽压力：0.02～0.05MPa 蒸汽温度：100～140℃	热水温度：90～95℃	2450±50MHz
软化处理设备和设施	蒸煮罐	水煮池	微波发生器
软化处理的特点	软化效果好，软化速度快，软化均匀性差	软化效果好，软化速度慢，软化均匀	软化效果好，软化速度快，软化均匀，是未来的发展方向

（2）化学方法

化学软化处理方法是采用各种化学药剂对方材进行处理，以提高方材的塑性。常用的化学药剂有液态氨、气态氨、尿素等，化学软化处理一般是在密闭的罐内进行的，此方法适合对化学药剂渗透良好的阔叶材，而针叶材软化则很少使用。

① 液态氨处理法　将气干或绝干的木材放入 33～78℃ 的液态氨中浸泡 0.5～4h 之后取出，此时木材已软化，进行弯曲成型加工后，放置一定的时间使氨全部蒸发，即可固定其变形，恢复木材的刚度。该方法与蒸煮法相比，木材的弯曲半径更小，几乎能适用于所有树种的木材；弯曲所需的力矩较小，木材破损率低；弯曲成型件在水分作用下，几乎没有回弹。

② 气态氨处理法　将含水率 10%～20% 的气干材放入处理罐中，导入饱和气态氨

处理 2～4h，具体时间根据木材厚度决定，弯曲性能约为 1/4。用该方法软化处理成型的弯曲木，其定型性能不如液氨处理的弯曲木。

③ 氨水处理法 将木材在常温常压下浸泡在 25％的氨水中，10 余天后即具有一定的可塑性，便可进行弯曲、定型。

④ 尿素处理法 将木材浸泡在 50％的尿素水溶液中，厚 25mm 木材浸泡 10 天，在一定温度下干燥到含水率为 20％～30％，然后再加热到 100℃左右，进行弯曲，干燥定型。

以上介绍的几种用化学药品处理弯曲加工木材的方法，木材软化充分，不受树种限制，但会产生木材变色和塌陷。

7.2.1.3 加压弯曲

方材毛料经软化处理后应立即进行弯曲，利用模具、钢带等手工及机械的方法将已软化好的木材加压弯曲成要求的形状。方材加压弯曲的方法主要采用手工和机械两种形式。

（1）手工弯曲

手工弯曲即用手工木夹具来进行加压弯曲。夹具由用金属或木材制成的样模、金属夹板（要稍大于被弯曲的工件，厚 0.2～2.5mm）、端面挡块、楔子和拉杆等组成（见图 7-5）。

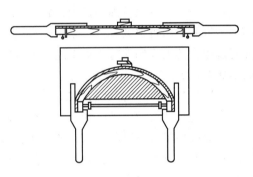

图 7-5 手工弯曲示意图

弯曲前，认真观察毛料表面，选比较光洁的表面贴合金属夹板。弯曲时，先将工件放在样模与金属夹板之间，两端用端面挡块顶住，对准工件上的记号与样模中心线定位；搬动杠杆把手，使工件全部贴住样模为止，然后用金属拉杆锁紧，连金属夹板和端面挡块一起取下，送往干燥定型。

（2）机械弯曲

成批弯曲形状对称的不封闭形零件，常采用 U 型曲木机（见图 7-6）。在曲木机中，将软化处理的直线形方材毛料放入指定位置后，将金属夹板放在加压杠杆上，升起压块，定位后，开动电机，使两侧加压杠杆升起，使直线形方材毛料绕样模弯曲，一直到全部贴紧样模后，用拉杆固定，连同金属夹板、端面挡块一起取下，送往干燥室。该设备适合于大批量的直线形方材毛料的弯曲。

7.2.1.4 干燥定型

直线形方材毛料弯曲后具有较大的残余应力，特别是方材毛料在水热处理后，含有较高的水分，如果不进行干燥和定型，弯曲的毛料在残余应力和水分的作用下极易发生回弹。因此必须对弯曲的方材毛料进行干燥处理，以降低木材的含水率，保持弯曲零件尺寸的稳定性。弯曲毛料的干燥一般可以在热空气干燥机中进行，只是干燥温度不宜太高，干燥过程以采用软基准为好。在干燥过程中，弯曲毛料必须固定在干燥定型架中，以确保弯曲毛料的尺寸稳定。

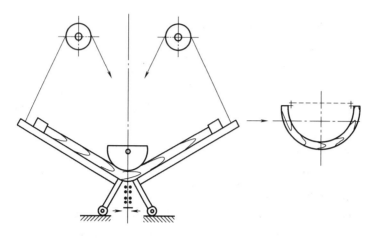

图 7-6　机械弯曲示意图

目前有一种在微波加热窑内放置弯曲木加工用的加压装置，使木材的软化、弯曲加工、干燥和定型可连续进行，采用光纤温度传感器测定微波加热时的木材温度，让微波照射过程自动地控制在适于加工的温度范围内。这种曲木机的设备生产率很高，但设备成本比较高。

7.2.1.5　弯曲零部件的加工

方材毛料在弯曲前虽已加工了两个面，但是当直线形方材毛料弯曲后，其弯曲件的加工表面或加工基准已不准确，若要达到高质量的要求，还必须重新加工。因此，弯曲零件的加工实质同方材毛料的加工类似，只是需重新确定基准和型面加工，再根据要求进行铣榫头或开榫眼加工，再进行砂磨修整即可。

7.2.2　影响实木弯曲质量的因素

（1）含水率

木材塑性将随木材含水率增大而提高（纤维饱和点以内），含水率大则木材弯曲性能好。木材含水率在 $25\%\sim30\%$ 时，压缩阻力最小。木材密度小，弯曲速度慢时，弯曲过程中水分较易排出，在这种情况下，允许较高的含水率。但注意含水率过大，在弯曲过程中，容易造成纤维破裂，并延长干燥时间。

（2）软化处理温度

温度是影响方材弯曲质量的一个重要因素，木材的弯曲性能随着木材温度的提高而提高，但是木材温度过高时，所需的热能加大，增加生产成本，同时也会使木材发生降解，降低木材的强度。控制好方材弯曲的蒸煮温度，对提高弯曲质量、降低废品具有重要意义。

（3）弯曲速度

经过软化处理后，直线形方材毛料必须马上进行弯曲，若弯曲速度过慢，木材的温度降低，塑性减弱，会影响木材的弯曲效果。若木材的弯曲速度过快，木材内部结构来不及适应变形所产生的应力集中，会导致木材损坏，造成废品，一般弯曲速度以

$30°/s\sim60°/s$为宜。

（4）年轮层与弯曲面的关系

年轮方向也与弯曲质量有关，年轮方向与弯曲面平行时，弯曲应力由几个年轮共同承受，稳定性好，不易破坏，但不利于横向压缩。当年轮与弯曲面垂直时，产生的拉伸应力和压缩应力分别由少数几个年轮层承担，处于中性层的年轮在剪应力作用下，容易产生滑移离层，降低木材的弯曲性能。年轮与弯曲面呈一角度，则对弯曲和横向压缩都有利。

（5）毛料的断面尺寸

若直线形方材毛料的厚度与宽度比较大时，木材弯曲时易失去稳定性，因此在实际生产中可以采用方材毛料的宽度制成倍数毛料的方式，在直线形方材毛料弯曲后再进行剖分加工。薄而宽的毛料，弯曲过程中稳定性好，弯曲方便，因此，可以将厚而窄的毛料几个同时排在一起进行弯曲，就会如同薄而宽的毛料那样便于弯曲。

（6）木材缺陷

少量缺陷都可能使弯曲件强度有很大的降低，甚至使工件报废，因此，弯曲方材对木材缺陷限制严格，不得有腐朽、节子、裂缝、乱纹理、节疤等缺陷。

7.2.3 方材弯曲的特点

7.2.3.1 方材弯曲的优点

方材弯曲后的曲线形零件基本上保持了直线形方材原有的力学性质，在实际使用当中，曲线形的零件强度还有所提高。弯曲后的曲线零件与直线形零件的加工基本相同，而且零件的表面保持了木材原有的纹理，容易装饰处理。

7.2.3.2 方材弯曲的缺点

① 生产工艺比较复杂，工艺条件难以控制，必须配备专门的设施和生产设备。

② 常由于选材或工艺条件控制不当造成弯曲毛料的破坏。

③ 木材弯曲的曲率半径受到限制，很难构成多向弯曲。

④ 零件在使用过程中，常常受外界温度、湿度等变化的影响，会产生回弹现象，使原有的弯曲形状发生改变。

思考与实训

1. 方材胶合有何意义？方材胶合的类型有哪几种？

2. 列举家具中弯曲的零部件名称，说明其可以采用哪种弯曲零部件生产工艺生产，有何特点。

3. 试述如何保证弯曲零部件生产的产品质量。

4. 完成一例手工拼板实训。

5. 完成一种弯曲零部件生产工艺实训。

8 木工雕刻

本章学习目标

理论知识 了解雕刻的种类；熟悉常见的雕刻工具和辅助工具；掌握木工雕刻的工艺流程。

实践技能 根据产品的要求确定雕刻工艺。

木工雕刻是雕塑的一种，是以各种木材及树根为材料进行雕琢加工的一种工艺形式，是传统雕刻艺术中的重要门类，在我们国家常常被称为"民间工艺"。木工雕刻可以分为阴雕、浮雕、透雕、圆雕、根雕五大类。木工雕刻是从木工中分离出来的一个工种，在我们国家的工种分类中为"精细木工"。木雕一般选用质地细密坚韧，不易变形的树种，如楠木、紫檀、樟木、柏木、银杏、沉香、红木等材料。采用自然形态的树根雕刻艺术品则为"树根雕刻"。木雕有圆雕、浮雕、镂雕或几种技法并用。有的还涂色施彩用以保护木质和美化。

8.1 木雕历史概论

木工雕刻艺术起源于新石器时期的中国，七千多年前的浙江余姚河姆渡文化，已出现木雕鱼，是目前中国历史上最早的木雕艺术品。秦汉两代木工雕刻工艺趋于成熟，绘画、雕刻技术精致完美（见图 8-1）。施彩木雕的出现，标志着古代木工雕刻工艺和漆器艺术已达到相当高的水平。

唐代是中国工艺技术大放光彩的时期，木工雕刻工艺也日趋完美。许多保存至今的木雕佛像，是中国古代艺术品中的杰作，具有造型凝练、刀法熟练流畅、线条清晰明快的工艺特点，成为当今海内外艺术市场上的"宠儿"。明清时代的木雕品题材，多见为生活风俗、神话故事，诸如吉庆有余、五谷丰登、龙凤呈祥、平安如意、松鹤延年等木雕作品，深受当时社会欢迎。家具装饰木雕（见图 8-2）到明清时期也达到了艺术巅峰，这是中国木雕史上最为辉煌的时代，名家辈出，流派纷呈，作品数量之多，题材品种之全超越了历朝历代。新中国成立以来，木雕工艺获得了新的生命力，在木雕家具方面，家具艺人在发挥传统艺术特长的同时，还创作了一批富有传统文化意蕴的家具作品。

木工雕刻种类纷繁复杂，归纳起来有四大流派：东阳木雕、乐清黄杨木雕、福建龙眼木雕和广东金漆木雕。这四大流派经过数百年的发展，形成各自独特的工艺风格，享誉全国，东阳木雕于宋代诞生于浙江东阳，擅长雕刻，图案优美、结构精巧。清代乾隆年间，被称为雕花之乡的东阳地区，竟有十多名工艺师被召进京城，修缮宫殿；乐清黄杨木雕从清代中期起就成为中国民间木雕工艺品之一，以雕小型黄杨木陈设品而闻名中外；明初有长乐人孔氏，利用天然疤痕树根进行雕刻，是福建龙眼木雕特有的传统工艺，被世人所重视；广东金漆木雕起源于唐代，它用樟木雕刻，再上漆贴金，金碧辉煌，具有强烈的艺术效果。

图 8-1 立马 东汉

图 8-2 明清家具

8.2 木工雕刻的种类

（1）阴雕

阴雕（见图 8-3），又称沉雕，是将雕刻材质表面刻入形成凹陷，使文字或图案凹于钩边下比材质平面要低的一种雕刻手法，依赖熟练和准确的技法，使线条有起讫和顿挫、深浅的效果。阴雕常被用于家具装饰、木板水印和木板刻字等。

（2）浮雕

浮雕（见图 8-4）是雕刻的一种，雕刻者在一块平板上将要塑造的形象雕刻出来，使它脱离原来材料的平面。浮雕是雕塑与绘画结合的产物，用压缩的办法来处理对象，靠透视等因素来表现三维空间，并只供一面或两面观看。浮雕一般是附属在另一平面上的，因此常用于家具装饰、建筑环境装饰、用具器物上。

浮雕为图像造型浮凸于材料表面，是半立体型雕刻品。根据图像造型深浅程度的不同，又可分为浅浮雕和高浮雕两种。浅浮雕是单层次雕像，内容比较单一；高浮雕则是多层次造像，内容较为繁复。

图 8-3 阴雕

（3）透雕

透雕（见图 8-5），又称镂空雕，是介于圆雕和浮雕之间的一种雕塑。是将图案或背景完全镂空而形成的一种装饰雕刻形式。透雕多用于家具中的板状构件。

（4）圆雕

圆雕（见图 8-6）又称立体雕刻，是指非压缩的，可以多方位、多角度欣赏的三维

157

立体雕塑。圆雕是艺术在雕件上的整体表现，观赏者可以从不同角度看到物体的各个侧面。它要求雕刻者从前、后、左、右、上、中、下全方位进行雕刻。圆雕的手法与形式也多种多样，有写实性的与装饰性的，也有具体的与抽象的，着色的与非着色的等；雕刻内容与题材也是丰富多彩，可以是人物，也可以是动物、植物等。圆雕常用在雕像、装饰物、欧式家具桌腿上。

（5）根雕

根雕（见图 8-7），汉族传统雕刻艺术之一，是以树根（包括树身、树瘤、竹根等）的自生形态及畸变形态为艺术创作对象，通过构思立意、艺术加工及工艺处理，创作出人物、动物、器物等艺术形象作品。根雕艺术是发现自然美而又显示创造性加工的造型艺术，根雕工艺讲究"三分人工，七分天成"，意为在根雕创作中，应主要利用根材的天然形态来表现艺术形象，辅助性进行人工处理修饰，因此，根雕又被称为"根的艺术"或"根艺"。根雕常用在装饰摆件、佛像、茶盘上。

图 8-4　浮雕

图 8-5　透雕

图 8-6　圆雕

图 8-7　根雕

8.3　雕刻刀具

8.3.1　手工雕刻常用刀具

我国的手工雕刻刀的种类有很多，按照使用区域主要分为闽南刀、东阳刀、北方刀，如图 8-8 所示；按照刀柄可以分为木柄刀和铁炳刀；按照功能基本分为两大类：打坯刀和修光刀，如图 8-9 所示。打坯刀是"翁管形"的坯刀，俗称"砍大荒"；修光刀是"钻条形"的，主要用于掘细坯和修光。不同的功能刀头也不同，所谓刀头，就是实际使用的那段刀面。刀头越薄越锋利，但牢度也越差。根据这种情况，开粗时用的刀头可适当厚些，以经受锤子的敲击和用力掘挠，故用打坯刀；处理细节时用的刀则薄些，所谓薄刀密片，方可将木料刻得光洁不隙，故要用修光刀。

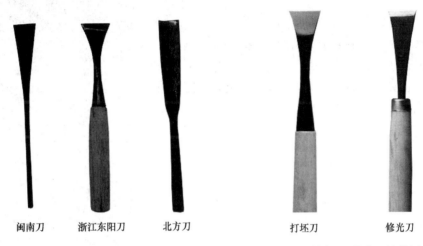

| 闽南刀 | 浙江东阳刀 | 北方刀 | 打坯刀 | 修光刀 |

图 8-8　雕刻刀具分类（按使用区域）　　　　图 8-9　雕刻刀具分类（按使用功能）

　　常用的手工雕刻刀除了按其功能分为两大类外，还可以按其刀口的形状分为平口凿、斜口凿、圆口凿和 V 形凿。

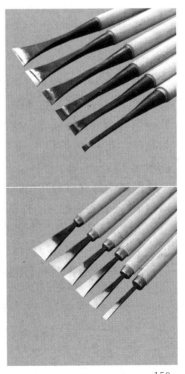

平口凿

　　平口凿的刃口是完全平直的，没有任何的斜度和弧度，但有不同的宽度，非常适合雕刻平直的刻痕。主要用于劈削铲平木料表面的凹凸，使其平滑无痕。型号大的也能用来凿大型，有块面感，运用得法，如绘画的笔触效果，显得刚劲有力，生动自然。平口凿的锐角能刻线，两刃相交时能剔除刀脚或印刻图案。瑞典和苏联的木雕人物就多用平口凿。

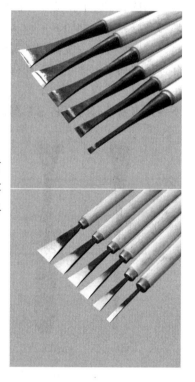

斜口凿

斜口凿刃口是倾斜的，刃口呈 45°左右的斜角，可以向左倾斜也可以向右倾斜，主要用于作品的关节角落和镂空狭缝处作剔角修光。如雕刻人物毛发丝缕，用斜口凿刻出的效果更为生动自然。

圆口凿

圆口凿是刃口有一定弧度的雕刻工具。不同尺寸的圆口凿，刃口的弧度也不同。刃口的弧度越大，刃口部分可切下的材料就越多。常用于雕刻圆形和圆凹痕处，如花叶、花瓣及花枝干的圆面都需要用圆口凿适形处理。

圆口凿具有多种功能。圆口凿有三种基本刻痕：凹形刻痕；凸形刻痕，这时是将凿反过来使用；弧面刻痕，这时是将凿刻入材料的深处。因为每一个圆口凿的刃口都是圆的一部分，所以每个圆口凿都可以刻出完整的圆形，凿口的弧度和宽度决定了圆的半径。

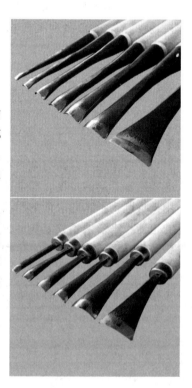

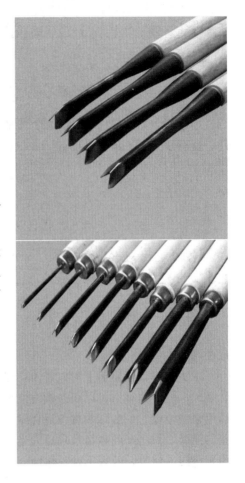

V 形凿

V 形凿又称三角凿，刃口呈三角形，因其锋面在左右两侧，锋利集点就在中角上。V 形凿凿口的角度有 30°，35°，45°，55°，60°，75°，90°，100°，120°，其中 60° 的 V 形凿最为常用。凿口角度大，刻出的线条就粗，反之就细。V 形凿主要用于雕刻装饰线纹，如树叶的纹路。

8.3.2 机器雕刻常用刀具

平底尖刀

平底尖刀的刀尖顶部是平的，刀刃呈"V"字形，角度有 15°，20°，25°，30°，45°，60°，90°。这种刀常用于浮雕上，做小面积的浮雕时，应选择平底直径小一些的，浮雕的效果会更为精细。做大面积的浮雕时，应选择平底直径大的，加工的速度更快，时间更短。平底尖刀还可以用于阴雕和圆雕上，是最为常用的木工雕刻机刀具。

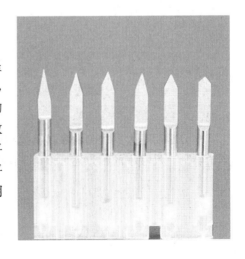

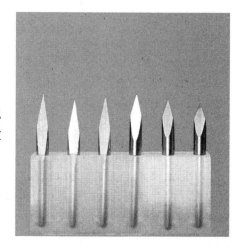

中心尖刀

中心尖刀是"V"型刀，刀尖顶部是尖锐的，这种刀适合雕刻 3D 字体，不适合做浮雕。

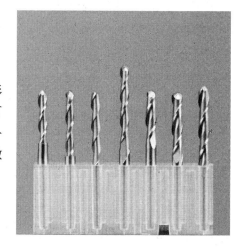

球头铣刀

球头铣刀，从字面上可以看出，刀头的形状是球形的。这种刀可以用来做波浪板，也可以用来做浮雕，一般球头铣刀适合做比较大一些的浮雕，做出来的表面效果更为光滑。但做面积小的浮雕时，效果不是很精细。

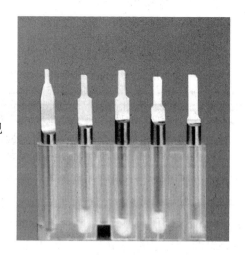

柱刀

柱刀常用于大字雕刻和家具小模型的外观形状切割，尺寸小的柱刀还可以用于阴雕上。

8.4　雕刻辅助工具

8.4.1　手动工具

雕刻锤

　　在雕刻打坯或者雕刻硬木时，雕刻锤起到很大作用。用雕刻锤或轻或重地敲打工具的手柄时，能获得极大的控制感。雕刻锤的种类主要有木的、铜的和聚氨酯的三种。不同的材料、不同的尺寸，其重量也不同，在选择时应注意其重量、大小是否适合自己。

手锯

　　雕刻开始前，用手锯可以在短时间内去除大量的多余木料，将大块的木料锯成适合于雕刻作品的形状尺寸。

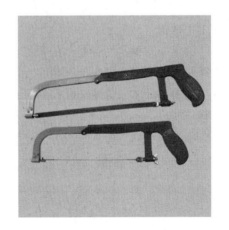

刮刀

　　木雕作品经过磨光机打磨后，部分小细节或缝隙磨光机不能深入，这时可以用刮刀加以修饰。

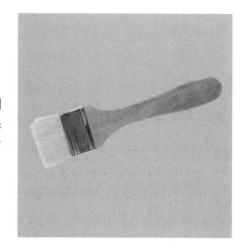

刷子

　　雕刻过程中会产生很多木屑，为了防止割伤手指，我们可以选用刷子来清理木屑，选择硬度适中的刷子，既可以进入不宜够到的细节部位，而又不至于损坏雕刻的作品。

8.4.2　电动工具

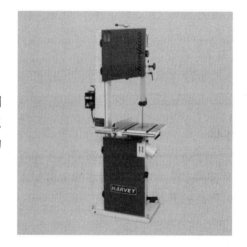

细木工带锯

　　细木工带锯是一种轻型的带锯机，主要用于锯材的曲线或直线纵剖下料。在雕刻前可以利用细木工带锯较快地把材料切至适合雕刻的形状尺寸。

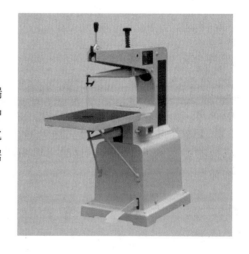

线锯

　　线锯的锯条要比带锯细很多，锯条的顶端可以被轻易拆下并穿过木料上已有的孔。这种特点使得线锯机利于在木板内部进行切割，比如镂空。常用于透雕上。较细的锯条使得线锯机还可以切出紧凑、复杂的曲线。

立卧式磨光机

　　木工作品中常常用到立卧式磨光机来进行零件表面打磨，雕刻作品也不例外。立卧式磨光机常用于打磨雕刻作品的外轮廓面。

电钻

　　电钻在雕刻过程中的主要功能是去除某一区域的木料以便进行镂空，或者钻各种孔位，常用于透雕上。

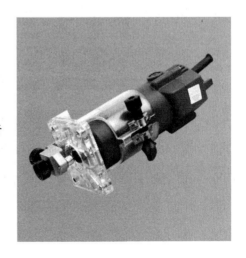

电木铣

　　电木铣极其适合为雕刻作品制作边框或者在浮雕中去除不同深度的材料。

手提式磨光机

  手工雕刻作品往往需要通过打磨来去掉零件表面的毛刺、划痕、砂眼等缺陷。而手提式磨光机因为其使用方便，常常用于雕刻过程中的浮雕表面较大面积平、弧面的打磨。

8.4.3　固定工具

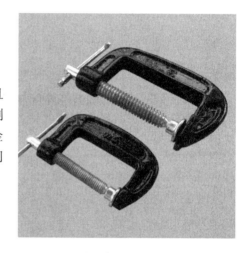

夹钳

  C形夹、杆夹、快速夹和木夹都是好用且安全的固定工具。在雕刻中常用于固定被雕刻的作品。值得注意的是，如果采用的夹钳是金属做的，使用时应在待雕刻的材料和钳口之间垫上软质材料，这样不会损伤雕刻作品。

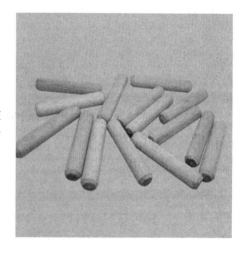

木钉

  在工作台上钻上若干个洞并插入木钉，做成多功能的固定工具，这样既简单又有效地防止待雕刻的作品在雕刻过程中移动。

8.5 案 例 说 明

8.5.1 手工雕刻椅子前望板

(1) 雕刻前准备

准备好待雕刻的木料和画好图案的牛皮纸,其中,图纸的图案轮廓部分要沿轮廓掏空。

(2) 画线

用胶带将牛皮纸粘贴在待雕刻木料的合适位置上,然后用铅笔在掏空处沿图案轮廓画线。

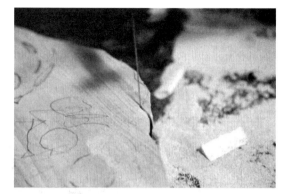

（3）切出坯料

用线锯机将木料沿画线切出作品的轮廓。

（4）固定坯料

利用 C 口夹具把木材坯料固定在工作台上。

（5）雕刻装饰部分形状的止切刻痕

用 V 形凿在木材坯料上沿画线雕刻装饰部分形状的止切刻痕。雕刻时倾斜 V 形凿的手柄，使凿的刃口倾斜刻入木料中。

（6）雕刻中心部分形状的止切刻痕

继续用 V 形凿沿画线雕刻中心部分形状的止切刻痕。

（7）雕刻花朵形状等细部的止切
刻痕

　　继续用 V 形凿沿画线在木材
坯料上雕刻花朵形状的止切刻痕。

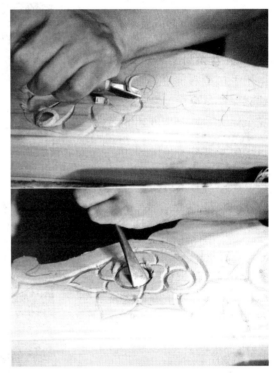

（8）修整花心轮廓

　　将圆口凿的刃口置于花心的圆
圈处。向圆圈外侧倾斜手柄，然后
将圆口凿插入木料，加深止切
刻痕。

（9）移除花心周围的木料

　　利用花心的止切刻痕，从离止
切刻痕大约 1cm 处用圆口凿倾斜
向止切刻痕方向移除木料，将止切
刻痕周围一圈的木料都移除掉。

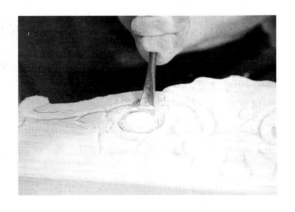

（10）修整花瓣轮廓

继续用圆口凿修整花瓣轮廓，加深止切刻痕。

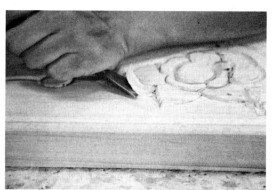

（11）移除花朵周围的木料

用平口凿移除花朵周边木料，应注意保持刻痕深度一致，这样整个花朵浮出木料的高度才能一致。

（12）调整叶子和花瓣的关系

使用圆口凿来移除叶子上多余的木料，使每片叶子看起来位于对应花瓣的下方。

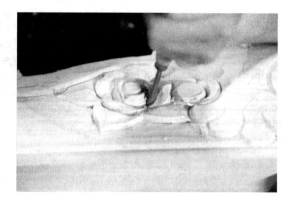

（13）对花心初步塑形

使用圆口凿，从花心的中心到花瓣修整出花心的形状。使花心具有浮动的感觉，使其看起来栩栩如生。

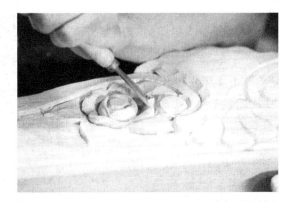

（14）对花瓣初步塑形

继续用圆口凿对花瓣初步塑形。

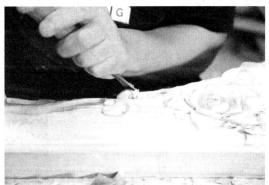

（15）对装饰部分进行塑形

将圆口凿的凹面朝下，置于装饰部分凸起的一侧，将凿推入木料，将装饰部分表面修圆。

（16）移除中心部分（下）周围的木料

使用较大型号的圆口凿移除中心部分（下）的多余木料，注意保持刻痕深度协调。

（17）移除中心部分（上）周围的木料

使用较大型号圆口凿移除中心部分（上）的多余木料，注意保持刻痕深度协调。

（18）对中心部分（上）初步塑形
　　用圆口凿对中心部分（上）初步塑形。

（19）对中心部分（下）初步塑形
　　用圆口凿对中心部分（下）初步塑形。

（20）完成整个作品打坯过程

（21）打磨
　　使用手持式磨光机进行打磨。

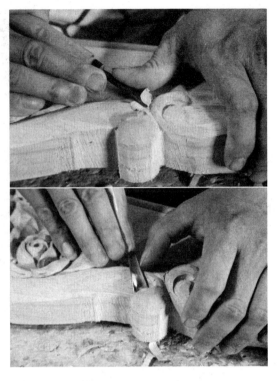

（22）对吐珠部分深度塑形

　　倾斜圆口凿使刀刃和木料呈一定角度，然后切除吐珠部分周围的木料，修整出吐珠的形状。

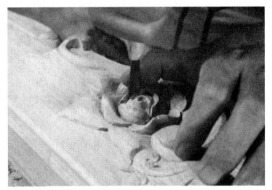

（23）对花心深度塑形

　　使用圆口凿，对花心进行深度塑形。

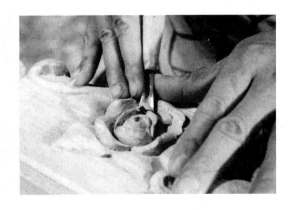

（24）对花瓣深度塑形

　　使用圆口凿，对花瓣进行深度塑形。

（25）对叶子深度塑形

使用圆口凿，从叶子尖部到花瓣构造出每片叶子的形状。

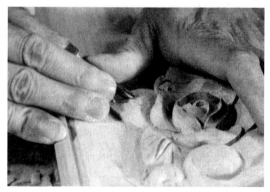

（26）雕刻叶子的叶脉

使用 V 形凿，在各叶片的中间添加叶脉。

（27）对中心部分（上）深度塑形

使用圆口凿切除多余木料，加深特征深度。

（28）加强中心部分（上）的立体感

　　使用 V 形凿对其进行勾勒，加强立体感。

（29）理顺中心部分（上）的轮廓

　　使用圆口凿修理曲线轮廓，使其平滑流畅。

（30）对中心部分（下）深度塑形

　　使用圆口凿切除多余木料。

（31）对中心部分（下）外轮廓深度塑形

　　翻转圆口凿，使刃口朝下，将轮廓线修圆。

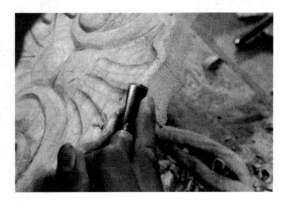

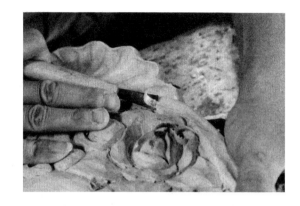

（32）理顺装饰部分的轮廓

　　使用圆口凿修理曲线轮廓，使其平滑流畅。

（33）完成整个作品的修光过程

（34）粗磨

　　使用立式或卧式磨光机对作品外轮廓及浮雕外凸处进行打磨。

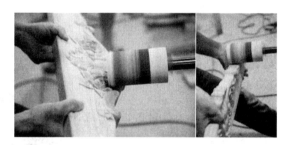

（35）深度打磨

　　使用八角砂磨对浮雕各部分进行深度打磨。

（36）清根

　　使用刮刀处理狭小区域，使其更加平滑清晰。

（37）作品完成

8.5.2　手工雕刻沙发装饰

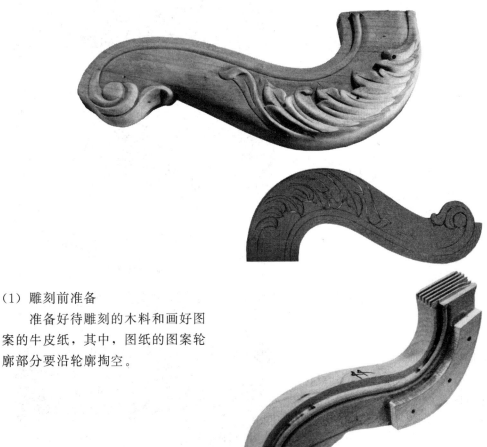

（1）雕刻前准备

　　准备好待雕刻的木料和画好图案的牛皮纸，其中，图纸的图案轮廓部分要沿轮廓掏空。

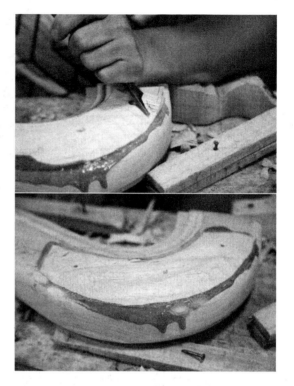

（2）切出坯料

用平口凿在木料上将多余的木料去除。

（3）画线

用胶带将牛皮纸粘贴在待雕刻木料的合适位置上，然后用铅笔在掏空处沿图案轮廓画线。

（4）固定坯料

利用绑带或其他紧固工具对作品进行固定。

（5）雕刻叶子形状的止切刻痕

　　用 V 形凿沿画线雕刻叶子形状的止切刻痕，雕刻时倾斜 V 形凿的手柄，使凿的刃口倾斜刻入木料中。

（6）雕刻吐珠形状的止切刻痕

　　继续用 V 形凿雕刻吐珠形状的止切刻痕。

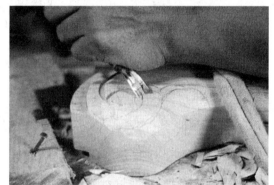

（7）修整叶子轮廓

　　将圆口凿的刃口置于叶子的外轮廓处，向叶子外侧，倾斜手柄，然后将凿插入木料，加深止切刻痕。

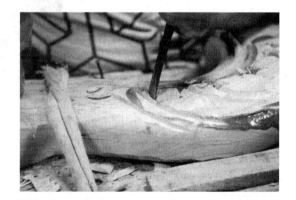

（8）移除叶子周边的木料

　　利用叶子的止切刻痕，从离止切刻痕大约 1cm 的位置用平口凿倾斜向止切刻痕移除木料。

（9）对叶子初步塑形

使用圆口凿对叶子等细部进行塑形。

（10）完成正面叶子的塑形

（11）雕刻反面叶子形状的止切
刻痕

　　换成反面，用 V 形凿雕刻反
面叶子形状的止切刻痕。

（12）修整反面叶子轮廓

　　使用圆口凿修整反面的叶子轮
廓，加深止切刻痕。

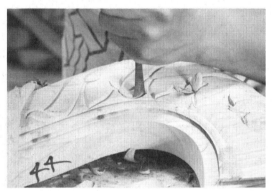

（13）对反面的叶子进行初步塑形

　　使用圆口凿雕出反面叶子的立
体形状，移除多余材料。

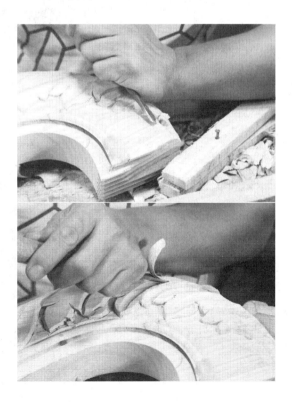

（14）调整反面叶子形状的关系

使用 V 形凿，加深叶子的深度，形成高度差，增加其层次感。

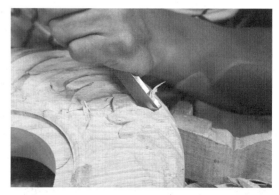

（15）雕刻反面吐珠形状的止切刻痕

使用 V 形凿，沿画线雕刻出反面"吐珠"形状的止切刻痕。

（16）加深吐珠的止切刻痕

将圆口凿的刃口置于吐珠的圆圈处，向圆圈外侧，倾斜手柄，然后将凿插入木料，移除多余木材，加深止切刻痕。

（17）对吐珠初步塑形

倾斜圆口凿使刀刃和木料呈一定角度，然后削除吐珠部分周围的木料，修整出吐珠的形状。

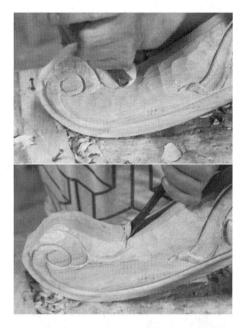

（18）对头部初步塑形

　　使用圆口凿对头部初步塑形。

（19）雕刻头部形状的止切刻痕

　　使用圆口凿，雕刻头部形状的
止切刻痕。

（20）塑造头部的形状

　　使用圆口凿打出止切刻痕，然
后从顶端处往止切刻痕线方向移除
多余的材料。

（21）完成整个作品的打坯过程

（22）打磨
　　使用手持式磨光机进行打磨。

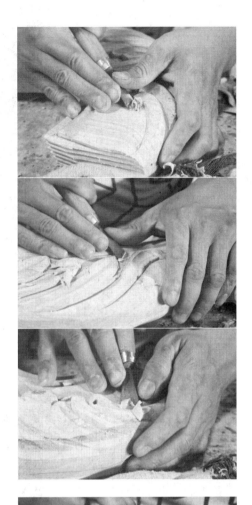

（23）修整叶子形状

使用各种型号的平口凿、圆口凿清理叶子周围多余的木料。清理叶子根部木料，凸显叶子的立体感。

（24）对叶子深度塑形

翻转圆口凿，使刃口朝下，将叶子的立体轮廓塑造出来。

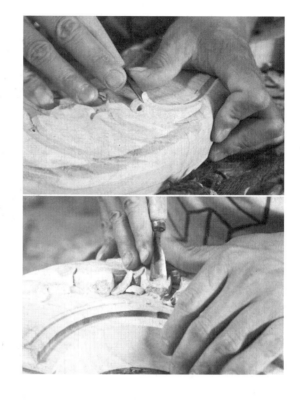

（25）增加叶子的层次感

　　使用圆口凿对叶子进行细致雕刻，增加其层次感。

（26）雕刻叶子的叶脉

　　使用 V 形凿，在各叶片的中间添加叶脉。

（27）修整吐珠形状

　　使用平口凿，清理吐珠周围的木料，修整出吐珠形状。

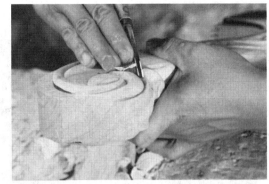

（28）对吐珠轮廓进行加深

　　使用 V 形凿，加深吐珠轮廓，增强其立体效果。

（29）对头部深度塑形

　　使用圆口凿对头部进行深度塑形。

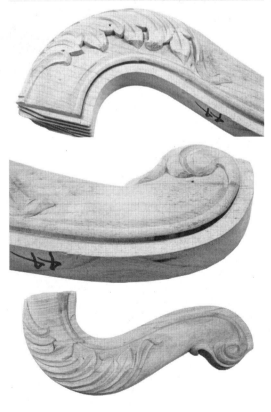

（30）完成整个作品的修光过程

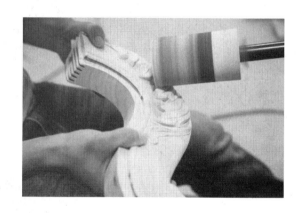

（31）打磨

使用立卧式磨光机对作品外轮廓及浮雕外凸处进行打磨。

（32）深度打磨

使用八角砂磨对浮雕各部分进行深度打磨。

（33）作品完成

8.5.3 机 器 雕 刻

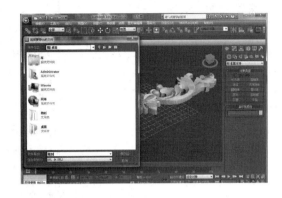

（1）绘图，导出 stl 文件

　　用绘图软件 3Dmax 绘出雕刻图形，输出 stl 数据格式。

（2）选择材料

　　根据雕刻的材料要求选定雕刻所需木料。

（3）开料

　　用推台锯将材料锯至雕刻所需尺寸。

（4）编程

用 ArtCam 软件打开步骤（1）中输出的 stl 数据格式进行雕刻编程。

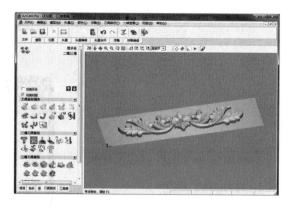

（5）设定刀路

设定雕刻机雕刻该图形的加工轨迹和对刀点。

（6）选定刀具，设定加工三要素

选取直径为 6mm，半角为 15°，平底半径为 0.2 的平底尖刀作为此次雕刻的雕刻刀，设定雕刻刀的加工三要素（进刀量、主轴转速、进给速度）。

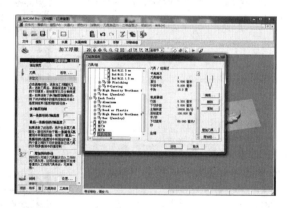

（7）输出刀路文件

输出刀具路径，得到"雕刻.nc"文件。

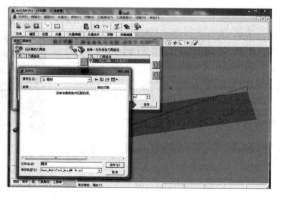

（8）工件定位

启动机器，将待雕刻木料平整放置于工作台面上，打开机器的吸盘开关。

（9）对刀

分别调节手轮的 X、Y、Z 轴至步骤（5）中已设定的对刀点，将机器的 X、Y、Z 轴的数值设为零。

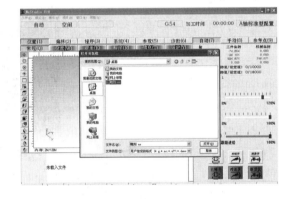

（10）加载 nc 文件

加载步骤（7）中输出的"雕刻.nc"文件。

（11）开始加工

点击加工软件上的开始按钮，机器开始自动雕刻。

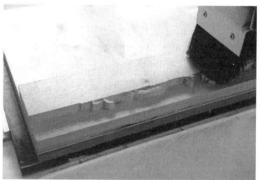

（12）雕刻过程

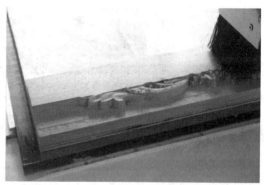

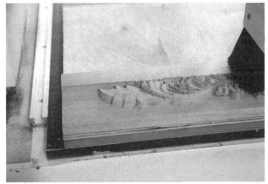

（13）雕刻完成

（14）清根

　　用修光圆刀清理根部多余的
材料。

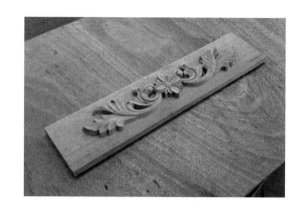

（15）完成整个作品的雕刻

思考与实训

1. 雕刻的种类有哪些？各有什么特点？

2. 列举木材雕刻主要工具和辅助工具。

3. 木工雕刻的工艺流程有哪些？

9 装配工艺

本章学习目标

理论知识　了解装配前的准备工作；懂得装配的工艺流程与技术要求。

实践技能　掌握手工组装的操作规程及操作要点；掌握拼框机组装的操作规程及操作要点。

9.1 装配工艺概述

任何家具都是由零件和部件接合而成的，按照设计图样和相关的技术要求，使用一定的工具或机械设备，将零件接合成部件或将零部件接合成为成品的过程，称为装配。前者称为部件装配，后者称为总装配。装配是家具木工生产的最后一道工序，必须保证质量。否则，将会前功尽弃，也会严重影响后续的油漆涂饰工艺。

由于家具生产企业的生产规模不一，产品结构、技术水平、生产工艺以及劳动组织等各有不同，所以木制品装配方式也不相同。在小型的家具生产企业中，装配过程通常都在同一个工作位置上进行，全部操作由一个或几个工人完成，直到装配过程全部结束。而在大型的现代化企业中，装配工作多是按流水线的方式进行的。工作对象顺序地通过各个工作位置，装配工人只需熟练地掌握某一工序的操作，这样，装配时间就可大为缩短，效率大为提高。

目前，实木家具的装配方法有手工装配、机械装配和半手工半机械装配三种。传统手工装配费工费时，劳动量大，产量低，但能适应各种复杂结构的家具装配。机械装配省时省力，劳动强度低，产量高，效率好，但对家具结构变化的适应性较差。半手工半机械装配综合了上述两者的优点，对于各种制品都通用的部件（例如木框）采用机械装配。

在一些批量生产的企业中，也会采取以下方式来组织拆装式实木家具的生产：由工厂生产出可互换的或带有连接件的零部件，直接包装销售给用户，用户按装配说明书自行装配。这种方式不仅可以使生产厂家省掉在工厂内的装配工作，而且还可以节约生产和仓储面积，降低加工成本和运输费用，提高劳动和运输效率，如宜家家居在这方面是走在前列的。

9.1.1 装配的准备工作

为了提高效率，高质量地完成装配家具的任务，在进行装配前，应做好以下的准备工作。

① 首先要看懂产品的结构装配图，领会设计意图，弄清产品的全部结构、所有部件的形状和相互间关系等有关技术要求，以便确定产品的装配工艺过程。

② 批量较大的新产品，应先试组装一个模型，以便及时发现零件加工误差和设计上的问题，从而采取技术措施予以解决。

③ 做好零部件的选配，对不符合质量要求的需挑出进行修整或更换，同一制品上相对称的零部件要求木材树种、纹理、颜色应一致或近似。

④ 检查木料表面是否还留有各种痕迹与污迹，应清除干净再组装。把所有榫头机械倒棱，以保证装配时能顺利打入榫眼内。

⑤ 准备好夹具、辅助材料、配件等，调好胶料。

9.1.2 装配的工艺流程

家具的类型较多，结构的复杂程度差异较大，其装配工艺也不尽相同。对于结构简单的家具，可由零件直接装配成制品；结构复杂的家具则需先把零件装配成部件，部件经过修整加工后再装配成产品。因此，一般家具的装配工艺可大致归为如下过程：

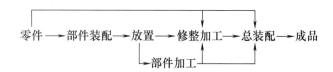

9.1.3 装配的技术要求

装配对家具的使用功能有很大影响，如装配时，榫眼涂胶不均或用胶过少，就会导致脱榫、开裂或变形等现象，从而降低了产品的使用寿命。因此，零部件装配时，一定要严格遵守技术操作要求，装配后的成品必须符合图纸规定的规格尺寸及质量标准。

① 涂胶时应将胶液涂在榫孔内（必须榫头和榫眼两面同时涂胶），涂胶要均匀适量，过少就造成接合不严，易发生脱榫、开裂或变形；过多造成榫孔底和榫头端部之间的孔隙充满胶液，挤到端部，也会降低产品的使用寿命。

② 装配过程中，胶液沾在零件表面或接合部留有被挤出来的多余胶液时，应及时用温湿布清除干净，以免在涂饰时涂不上色影响涂饰质量。

③ 榫头与榫眼接合时，要轻轻用橡胶锤敲入，不可一次压到底，以免造成零件劈裂。装配时要注意整个框架是否平行，如有倾斜、歪曲现象应及时校正。

④ 框架等部件装配后，应按图样要求进行检查，如发现窜角、翘曲和接合不严等缺陷应及时校正。若对角线误差很大，可将长角用锤敲或用压力校正，装配好待胶干后，再根据设计要求进行精光、倒棱、圆角等修整加工。

⑤ 木材含水率应符合产品使用地的年平均含水率，特殊要求的可根据情况确定。

⑥ 配件与装饰件应满足设计要求，安装应对称、严密、美观、端正、牢固，无损制品表面质量；接合处应无崩裂或松动；不得有少件、漏钉、透钉；启闭配件应使用灵活。

⑦ 部件表面加工形状方圆分明、平整光洁、棱角清晰，眼观手摸时十分舒畅，无缺陷。

9.2 框架家具的装配

框架产品是各种零件利用各种形式的榫接合组装而成，多为不可拆结构，见于椅、凳、桌等产品。以小长桌为例，了解一下桌类家具的装配过程，如图9-1所示。

（1）装单片

首先分别将两脚与一望板装成两个部件，如图9-1中（1）所示。

（2）组装脚架

将两个单片再敲入两块望板，组成完整的脚架，然后再装上角码。如图9-1中（2）所示。

（3）总装配

将备好的桌面板底面朝上放在工作台面上，用木螺钉连接脚架，组成完整的方桌，如图9-1中（3）所示。

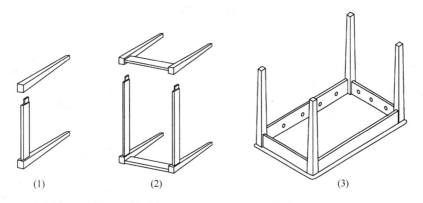

图 9-1　长桌的装配

（1）装单片　（2）组装脚架　（3）长桌总装配

9.2.1 装配的定位与加压

家具的装配过程中，定位与加压对产品的装配质量、工作效率等起着重要的作用。

（1）装配的定位

定位的作用是确定待装配的零部件在机械上的相对位置，使装配后所得到的产品尺寸、形状符合设计要求，以便准确进行装配。它的结构比较简单，一般是采用导轨、挡板、挡块等，这些部件可以是固定的，也可以是活动的，能调整相对位置。

（2）装配的加压

加压的作用在于对零部件施加足够的压力，在零部件之间取得正确的相对位置之后，使其紧密牢固地接合。加压机构按压力方向分类，有单向、双向、多向等，如图9-2所示。按动力来源分类，有人力、电力、气压、液压等几种；按机械结构分类，有丝杆、杠杆、飞轮、偏心轮、凸轮和活塞机构等。

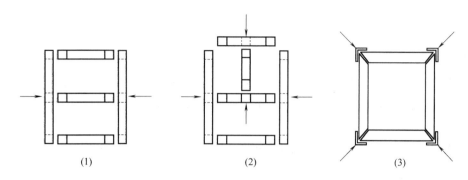

图 9-2　木框的基本类型及其装配加压方向
（1）单向加压　（2）双向加压　（3）多向加压

9.2.2　部件的装配

框架结构可分为两种基本类型，一种是框架内仅有若干横撑（称为简单木框），其装配方法如图 9-3 所示；另一种是框架内既有横撑又有立撑，称为复杂木框，其装配方法如图 9-4 所示。

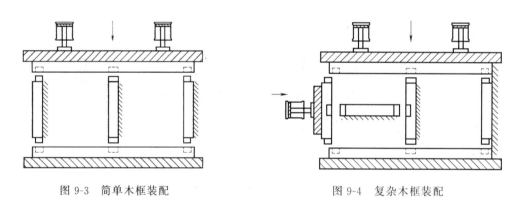

图 9-3　简单木框装配　　　　　　　　图 9-4　复杂木框装配

9.2.3　部件的修整加工

经过组装的部件在胶层干燥后就可以进行修整加工了，可分为厚度上的修整加工和周边的修整加工两部分。

（1）厚度上的修整加工

一般是在平刨床或压刨床上进行，与零件的加工相同，先加工出一个光洁的基准面，然后再加工另一面，也可以在压刨上往返通过两次。为防止横纤维切削所引起的毛刺和崩裂，进料时，木框应与主轴呈一定的角度，一般为 15°左右。

（2）周边修整

木框周边的修整加工可在精截圆锯机或铣床上完成，为防止崩裂等缺陷产生，进给速度要慢。也可以根据情况用手工短光刨进行刨削或利用砂光机进行砂磨。对于刨削不到的结构细部，可用木工挫与砂纸手工修整光滑。

9.2.4　总　装　配

9.2.4.1　总装配的形式

经过修整加工的零件和部件，在配套之后就可以进行总装配，组成完整的家具产品。结构不同的各种家具，其总装配过程的复杂程度和顺序也不相同。总的来说，实木家具总装配过程的顺序大体上分顺序装配和平行装配两种类型。

（1）顺序装配

顺序装配就是将家具中各个零部件有顺序依次进行安装，这种类型的装配是根据技术要求规定的装配基准进行的。

（2）平行装配

平行装配是将家具中部分零件分别装配成部件，然后再将零件、部件装配成产品。

在家具设计时就应绘制家具的安（拆）装顺序图，依据安（拆）装顺序图的顺序进行家具的总装配。

9.2.4.2　总装配的过程

总装配过程的顺序完全是由木制品本身的结构及其复杂程度所决定的。一般说来，总装配过程可以划分为：

① 采用榫等固定式结构连接形式或连接件连接形式组成家具的主骨架。

② 在骨架上安装加强结构的固定接合的零部件。

③ 在相应的位置上安装导向装置或铰链连接的活动零部件。

④ 安装次要的或装饰性的零部件或配件。

在企业实际生产中，总装配的上述几个阶段的顺序要根据实际情况进行调整。

9.3　装配的相关工艺规程

9.3.1　手工组装加工工艺规程

（1）技术要求及标准

部件组装时外部可见零件材质颜色要尽量接近，榫连接位需施足胶水，榫头、榫眼要双面施胶；打钉时注意留加工刀形位置，不能露钉；组装时保证框对角线偏差在1.5mm以内。

（2）操作规程

① 所需工具　铁锤、风批、直钉枪、气管、卷尺、三角板、手工夹具、木胶粉（胶水）、模具。

② 准备工作　备好需装配的零件、工具、五金，调配好胶黏剂，接好气管等。并检查零件是否符合图纸要求。

③ 主要操作　组装时按图纸要求尺寸，将定位台面模比图纸尺寸框要求加大150～200mm，比较好定位，易装手工夹具。边条连接位施足胶水，保证框装后周边缝控制在0.3mm以内。保证尺寸大1～2mm，留有加工余量。装芯板或玻璃类，需用模具安

装，保证框内空尺寸，芯板或玻璃比框边条低 0.3～0.5mm。顶框底框类连接位需用波浪钉加固，连接刀形需平齐一致。连接位胶水需清理干净，所有框的对角线偏差控制在 1mm 以内，连接缝控制在 0.3mm 以内。

（3）主要控制点

框的平面度、整体尺寸、对角线的偏差及框内空尺寸。

（4）检验规则

① 按工艺图纸要求检验。

② 加工完毕后由质检人员检验合格后才能流入下一工序。

9.3.2 拼框机加工工艺规程

（1）技术要求及标准

组框边条时颜色配套安装，木质颜色相同或尽量相近；组框保证对角线偏差在 1mm 以内，拼缝线控制在 0.3mm 以内。

（2）操作规程

① 所需工具 直钉枪、气管、铁锤、卷尺、三角板、活动夹具。

② 准备工作 备好需装配的零件、工具、五金，调配好胶黏剂，接好气管等。检查零件是否符合图纸要求。活动挡板移开一定的距离，将零件边条摆放在工作台面上。各零件安装好后启动进压开关，保持一定的压力使接合位受压力挤压。

③ 主要操作 对零部件的连接位进行均匀涂胶，使接合位有足够的胶水。将所需的零件放置在拼框机上，拼框时两端需装平后用直钉加固，每个拼接位尽量少打钉，控制在 2～3 个即可。组装需直钉加固后松开挡板开关，取下后用活动夹具加压，加压时需严格控制工作的平面度。在组框过程中需离机台保持一定的距离，防止物料断裂现象。组框 20 件左右时应检验是否符合图纸要求。加压待胶干后才能松开活动夹具，且将工件堆放整齐。加工完毕后切断电源，清理机台周边卫生，机械加油保养。

（3）主要控制点

框架平面度、整体尺寸、对角线偏差及接口位拼缝线。

（4）检验规则

① 按工艺图纸要求检验。

② 首检加工完成后操作者必须自检无误后，由指定人员检验，合格后才能批量加工。

③ 加工完毕后由质检人员检测，合格签字确认后才能流入下一工序。

思考与实训

1. 家具装配的工艺流程是什么样的？试分析各道工序的工艺技术要求是什么。

2. 家具装配的准备工作主要包括哪些内容？

3. 手工组装实训。

4. 拼框机组装实训。

10　实木家具涂装

本章学习目标

理论知识　了解家具涂装的作用及目的、木用涂料底面漆配套原理；懂得使用常用涂装工具；掌握常用的实木家具涂装工艺方法；能对实木涂装进行工艺设计。

实践技能　熟悉常见实木家具工艺过程；掌握常用实木家具涂装制作工艺；能根据样品或效果图合理地设计出相应的涂装工序。

10.1　涂装工艺概述

通常我们使用的实木家具白坯都是需要进行必要的涂饰，然后才可以作为使用品供我们使用。涂装目的是起到保护和美观作用的，在其家具表面涂布一层具有一定硬度、耐水、耐气候变化、耐划、耐酸碱等性能的漆膜保护层，同时它也赋予了木质家具一定的色泽、质感、纹理、图案肌理等赏心悦目的外观，使其形、色、质、意完美结合，给人以美、舒畅、舒适的感受。

由于实木或各种板材表面的多孔特性、纤维特性及对木质家具表面涂饰以能清晰地显现木材表面花纹肌理为主的透明涂饰工艺的要求，所以才决定了木质家具的表面涂装不同于塑料制品和金属制品表面的涂装。但在木家具实色工艺涂装时，出于木材底层表面处理的目的也有所不同，因此，木家具的表面涂饰有着其特定的工艺要求。

10.2　涂装工艺的基本过程与方法

在家具涂装工艺的过程中基本包括：基材表面处理——填孔（显孔涂装工艺中不含）——着色及染色——涂饰底漆——面漆、罩光等工序。值得注意的是，每道涂装工序后，需有涂层固化干燥过程及砂磨处理过程。上涂料作业前，还要按施工前要求进行油漆调配，而且注意调配的技术要求。具体涂装程序要求可根据涂装作业的要求不同而有所区别。

以下将详细说明家具涂装工艺基本过程中的要求和方法，这里我们还要求在操作过程中，应多观察各工序的效果对比，并逐渐掌握相应的技能。

10.2.1　基材表面处理

基材表面处理是家具涂装的首要环节，要获得所需的涂装效果，就必须进行基材的处理。就目前多数的生产工艺来说，要求是以使基材表面平整、光洁、无油无污、无加工缺陷、工件间拼接自然、缝隙小等为标准。但在一些做旧和仿古的涂装工艺中，是要对基材白坯进行相应的破坏、做旧处理，为此加已区别。

而基材表面处理根据作用具体可概括有：家具白坯缺陷处理、木材白坯打磨砂光、去油脂油污、漂白（脱色）、破坏做旧处理（在美式涂装中）、去木材的木毛，这也就是基材表面处理的方法。

（1）家具白坯缺陷处理

虽然我们的家具在制作过程中，每个部件白坯都经过一定的物料筛选，但多数常会伴有一定的裂缝、死节、虫眼、碰伤、拼接组合缝等缺陷。为此，应根据实际情况进行相应的填补或修复，以获得较为理想的涂装白坯表面。

对于大块缺陷的，一般采取挖开切除，然后再选取与基材木纤维方向一致且同种木块或木片加上胶进行填塞和修补；对于中型缺陷的常采取同种木材的细木灰或调配各色的体质颜料加上胶水，如快干胶水502、树脂胶、虫胶、各种清漆光油、白乳胶或木工胶水等调制的混合黏状物，进行相应的嵌补；而对于细小的缺陷部位，可通过一些透明腻子或木色的水灰进行刮补；另外，在搬运过程中，对于压伤凹陷处，可用热水烫敷，使它因受热膨胀后就能恢复平整；值得注意的是，进行此项操作的时候，需相应的考虑其对后继工序的影响，并在制定工序和工艺的时候应考虑处理的方式。

（2）木材白坯打磨砂光

家具白坯表面通常采用精刨或者砂光进行修整，消除基材表面的不平、污迹和木毛，从而获得平整光滑的涂装表面，这也是白坯砂光的操作所要达到的标准效果。基材的质量和白坯砂光处理对家具的最终涂装效果起着非常关键的作用。

（3）去油脂油污

因多数的针叶树材（如落叶松、红松、马尾松）、节子及晚材等部分都会含有大量的松脂（松脂主要成分为松节油和松香），它会影响漆膜在基材表面的附着力和颜色分布均匀性。所以在涂装前一定要清除松脂。现比较常用的方法有：高温干燥木材；用5％～6％碳酸钠溶液或4％～5％氢氧化钠溶液涂擦木材表面再用热水清洗干净即可；用汽油、甲苯、甲醇或四氯化碳等有机溶剂擦涂在比较多松脂的部位上等干即可；用封闭底漆（底得宝）涂在松脂较多的部位上，封闭底材并阻止松脂从漆膜中渗出来；直接清除松脂较多的松脂囊、节子等部分，再按照家具白坯缺陷处理方式进行处理，即补上相应的木块等。

（4）漂白

树木在自然生长的过程中会产生单宁等发色物质，因此，在同一块木材表面常会出现不同的色斑。所以特别是在针对做浅色或者本色家具涂装工艺时，首先应在开料及组装实木家具时，选择颜色较为一致或无明显色差的材料组合或拼在一起，以防止影响涂装颜色的均匀性。当已无法避免时，可在产品组装前后对深色部分木材进行漂白（也叫脱色），即采用化学药剂减轻木材原本的颜色，使白坯基材颜色一致或去除因污染而变色等的操作过程。

（5）破坏做旧处理

破坏做旧处理是美式涂装工艺中经常用的处理方式，是在一些相对新的基材白坯中，做出具有仿古、有历史使用过的怀旧效果（如风蚀、风化、虫孔、磨损以及人为破坏的痕迹）。一般可通过两种途径来实现：一是利用铁钉、木锉、链条等工具在砂光后的基材表面按照一定要求制作出虫孔、锉刀痕、蚯蚓痕、铁锤痕、牛尾痕、边缘磨损等破损、旧坏效果；二是在涂饰过程中人为制作一些蝇点、布印、牛尾、明暗对比等局部颜色对比效果。

（6）去木材的木毛

木毛通常是指木材表面的超细木纤维，在湿润膨胀时会竖起，从而使木材表面粗糙不平，在涂装上色时会使油漆涂料积集，造成颜色分布不均，在后继的砂光后，会使木毛折断导致漆膜出现一些小白点。

白坯打磨砂光过程中，可以去除一部分木毛。但后继还需进行其他的工艺进行去除。一是可以先用水湿润，等待其干燥后再顺纤维方向砂磨；二是用酒精湿润后用火燎；三是先喷或刷上低浓度的虫胶清漆或树脂清漆（油漆产品名称：底得宝或封闭底漆），待木纤维干燥变硬后再顺纤维方向砂磨。

10.2.2　填孔处理

对于粗孔材质的如：水曲柳、黑胡桃、栎木、柞木、椿木等质地材料表面需做平整而又连续的漆膜，此时首先用填孔漆、填孔料调制而成的黏稠物质加于填充在木材导管槽内。它能有效地减少后继涂在基材表面的涂料用量，而能够获得较为理想的平面。填孔物质在生产中多为自行调配，其组成与嵌补用的腻子类似，其操作使用方法也类似。它是由体质颜料（填料）、着色颜料、黏结物和稀释剂组成。它也分为水性、油性、胶性和各种合成树脂等。

10.2.3　着色及染色

着色和染色的目的与作用在于使我们的家具产品外观呈现某种色调（色彩），或者是木材的天然颜色更加鲜明，或者是一些普通的木材质地具有珍贵树种的颜色，或者人们常喜爱的颜色，而且此时它也能掩盖木材表面的缺陷，如色斑、青变、色彩不均匀等。

根据着色或染色的工序时段不同，可分为：涂底色（基材着色）、涂面色（涂层间染色）和拼色（色差调整）

涂底色（基材着色）主要是用着色物质直接擦涂木材白坯，即白坯直接上色，为白坯着色。涂面色（涂层间染色）是指在底材着色后经过涂布一层底漆而且干透后，再加于各种染色溶液，或在底漆中加入相应的染料，进行每个中间涂层加色，从而进一步染色使底色得到加强、色泽更加鲜明、纹理更加清晰的方式。拼色（色差调整）操作工序是必需的，由于木材本身的原因（未经漂白或者材质不均匀）或者在经过涂底色与涂面色之后，涂层表面出现局部颜色不均匀。也有可能是一件家具中有几种木材制作后颜色不一样等，这些都要经过相应的拼色，使色调均匀一致。我们在实际操作过程中，首先应对整个零部件或整体家具表面对照样板做全面、仔细观察，明确目标，看清需要拼色的部位、形状、面积大小与颜色不均匀程度加以修补。其次，严格执行以样板色泽为准，在充分考虑涂底漆和面漆的颜色影响的情况下，制定相应的操作办法消除色差。

基材拼色作业中，常会用到等化剂（绿水）和修色剂（红水）。等化剂是将素材颜色较深的部分调整为与浅色部分一致的颜色；修色剂是一种将浅色的木材转化变深。等化剂或修色剂一般只用一种，色板的颜色是红色、橘红色、樱桃色或深咖啡色时用修色剂。色板的颜色是金黄色、胡桃色、咸菜色、青蓝色时用等化剂。注意的是，拼色应在适宜的自然光线下进行，不宜直接在太阳光或灯光下进行。

10.2.4　涂饰底漆

涂饰底漆的主要作用有：可以封闭木材和填孔着色层，进行有效固色；对于想获得平整的漆膜表面工艺中，可以进一步防止面漆的沉陷，并能减少面漆的消耗；能使基材在水分、热作用下产生的胀缩变化减少到面漆能承受的程度。从节约的角度来看，家具涂装最好是能一步就到位完成，但实际上是很难实现的，这是由家具涂料的性能和工艺所决定的。只有掌握好涂装的知识，才能容易理解其中缘由。但还有一点，我们也必须知道的是，涂饰底漆的遍数不宜过多与过厚，只有在经过干燥并修饰打磨平整光洁的底漆基础上，才可以涂饰面漆，这样才能够获得比较理想的涂层漆膜。

10.2.5　面漆及罩光

面漆及罩光主要是为了提高产品的表面装饰性能并为产品提供一定的保持作用，具有硬度高、耐划伤、耐光、耐黄变、耐水、耐油、耐酸碱等性能。

10.3　常见实木家具涂装工艺

实木家具在进行透明涂饰时，采用不同的着色工艺可以表现不同的色彩效果，结合实际，实木家具涂装工艺及效果大概可以分为：透明涂饰工艺（也叫透明本色，包括显孔、半开放、全封闭），不透明涂饰工艺（实色、半透明即透明有色；也包括显孔、半开放、全封闭），美式涂饰工艺，特殊效果涂饰工艺。

下面列出常用实木的家具涂装工艺，通过上述基本涂饰工艺的过程、方法及要求，结合实际工序和工艺具体要求及效果，施工条件、方法、要求都做出了详细说明，这需要操作者在操作过程中严格执行，才能达到所需效果。需要注意的是油漆按重量比配好后，搅拌均匀过滤，静置15～20min后使用；基材含水率要求干燥至与当地木材的平衡含水率相当。

10.3.1　深木眼透明本色涂装工艺

材种：水曲柳　　　　温度：25℃　　　　湿度：75%

序号	工序	材料及配比 （重量比）	施工方法	要求
1	白坯处理	0♯木砂纸或320♯水砂纸	手磨、机磨	白坯顺木纹打磨平整，去污痕
2	封闭	漆∶固化剂=1∶0.2	刷涂、喷涂、擦涂	对底材进行封闭，3～4h后打磨
3	打磨	320♯砂纸	手磨	轻磨，清除木毛、木刺

续表

序号	工序	材料及配比 （重量比）	施工方法	要　　求
4	刮腻子	—	刮涂	填平、填实木眼,3h后可打磨
5	打磨	320#砂纸	手磨、机磨	磨净木径上的腻子,只留木眼里的
6	底漆	漆：固化剂：稀释剂 ＝1：0.5：(0.6～1)	喷涂湿碰湿	5～8h后打磨
7	打磨	320#砂纸	手磨、机磨	顺木纹打磨平整,表面呈毛玻璃状
8	底漆	同6	喷涂湿碰湿	5～8h后打磨
9	打磨	400#、600#砂纸	手磨、机磨	先用320#打磨,再用600#磨去砂痕
10	面漆	漆：固化剂：稀释剂＝ 1：0.5：(0.5～0.8)	喷涂	5～8h后打磨
11	打磨	600#～1000#砂纸	手磨	顺木纹磨至无光泽,切忌磨穿
12	面漆	同10	喷涂	均匀喷涂,注意过滤防尘

10.3.2　NC透明半开放涂装工艺

材种：水曲柳　　　　温度：25℃　　　　湿度：75%

序号	工序	材料及配比 （重量比）	施工方法	要　　求
1	白坯处理	320#砂纸	手磨、机磨	白坯顺木纹打磨平整,去污痕
2	封闭	漆：固化剂＝1：0.2	喷涂	对底材进行封闭
3	打磨	320#砂纸	手磨	轻磨,清除木毛、木刺
4	底漆	NC透明底漆：稀释剂 ＝1：(0.8～1.5)	喷涂	均匀喷涂
5	底漆	NC透明底漆：稀释剂 ＝1：(0.8～1.5)	喷涂	均匀喷涂
6	打磨	320#、600#砂纸	手磨、机磨	先用320#砂纸砂磨,再用600#磨去砂痕
7	面漆	NC哑光面漆：稀释剂 ＝1：(1～1.5)	喷涂	顺木纹打磨平整,表面呈毛玻璃状

10.3.3　底着色全开放涂装工艺

材种：水曲柳　　　　温度：25℃　　　　湿度：75%

序号	工序	材料及配比 （重量比）	施工方法	要　　求
1	白坯处理	320#水砂纸	手磨、机磨	白坯顺木纹打磨平整,去污痕
2	着色	有色封闭底漆：固化剂 ＝1：0.2	擦涂、喷涂、刷涂	擦涂时可适当加入慢干水
3	打磨	320#砂纸	手磨	轻磨,清除木毛、木刺
4	封闭	漆：固化剂：稀释剂 ＝1：0.2：(0.5～1)	刷涂、喷涂、擦涂	对底材进行封闭,3～4h后打磨
5	打磨	320#砂纸	手磨	轻磨或不磨,切忌磨穿

续表

序号	工序	材料及配比 （重量比）	施工方法	要　求
6	底漆	漆：固化剂：稀释剂 ＝1：0.5：（1～1.5）	喷涂	根据开放效果可再做一次底漆，层间打磨
7	打磨	320♯、600♯砂纸	手磨、机磨	彻底打磨，切忌磨穿
8	修色	清面漆（配好）：色精 ＝1：（0.3～1）	喷涂	可适量加入稀料
9	打磨	600♯～1000♯砂纸	手磨	轻磨去膜面颗粒或者不磨
10	面漆	清面漆：固化剂：稀释剂 ＝1：0.5：（1～1.5）	喷涂	均匀喷涂

10.3.4　红木家具深花梨色涂装工艺

材种：红木　　　　　温度：25℃　　　　　湿度：75％

序号	工序	材料及配比 （重量比）	施工方法	要　求
1	白坯处理	240♯水砂纸	手磨、机磨	清除木毛、木刺
2	补色	漆：固化剂：稀释剂 ＝1：0.2：（0.5～1）	擦涂	使白坯的着色基本一致
3	封闭	漆：固化剂：稀释剂 ＝1：0.2：0.5	擦涂	均匀一致
4	打磨	240♯砂纸	手磨	清除木毛、木刺，光滑无亮点
5	填孔	深花梨填孔宝	刮涂、擦涂	填平填实木眼
6	打磨	240♯砂纸	手磨	除净木径上的灰迹，使木纹纹理清晰
7	着色	漆：固化剂：稀释剂 ＝1：0.2：0.3	擦涂	颜色深浅一致
8	修色	漆：固化剂：稀释剂 ＝1：0.2：0.4	喷涂	颜色均匀一致
9	底漆	漆：固化剂：稀释剂 ＝1：0.5：1	喷涂	湿碰湿一次
10	面漆	漆：固化剂：稀释剂 ＝1：0.5：1	喷涂	均匀喷涂，使膜面光泽一致，手感细腻

10.3.5　美式裂纹效果涂装工艺

材种：实木　　　　　温度：25℃　　　　　湿度：75％

序号	工序	材料及配比 （重量比）	施工方法	摘　要
1	白坯处理	320♯水砂纸	手磨、机磨	白坯打磨平整，去污痕
2	封闭	漆：固化剂＝1：0.2	刷涂、喷涂、擦涂	对底材进行封闭，3～4h后打磨
3	打磨	320♯砂纸	手磨	轻磨，清除木毛、木刺
4	底漆	PU实色底漆：固化剂：稀释剂 ＝1：0.3：0.7	喷涂	可根据裂纹底漆选择底漆的颜色
5	打磨	320♯砂纸	手磨、机磨	彻底打磨平整

续表

序号	工序	材料及配比 （重量比）	施工方法	要　　求
6	底漆	裂纹底漆∶稀释剂＝ 1∶0.7	喷涂	可根据最终效果选择裂纹漆的颜色
7	打磨	320♯,600♯砂纸	手磨	先用320♯砂纸砂磨,再用600♯砂纸磨去砂痕
8	面漆	裂纹面漆∶稀释剂＝ 1∶(1～1.5)	喷涂	注意底、面漆的颜色搭配

10.3.6　常规美式涂装工艺

基材：樱桃木，枫木，桦木，杨木实木　　　　温度：25℃　　　　湿度：75%

序号	工序	材料及配比 （重量比）	施工方法	摘　　要
1	白坯处理	180♯～240♯砂纸	手磨、机磨	去逆目刨痕
2	白坯颜色调整	红水,绿水	漂白,拼色	只作局部修饰
3	白坯基材着色	醇性着色剂	全面喷涂、擦涂等 搭配使用	注意颜色深浅
4	白坯基材着色	油性颜料,染料,着色剂	喷涂、擦涂	慢干,使其渗透入木材,使其导管明 显,可有效地掩饰素材的各种缺陷
5	封闭底漆	NC底漆	喷涂、刷涂	NC香蕉水稀释到适用黏度(8～12s)
6	砂光底漆	320♯～400♯砂纸	人工打磨	—
7	仿古漆	格丽斯着色剂	擦拭,刷涂或喷涂 后用碎布擦拭均匀	—
8	明暗	钢丝绒,羊毛刷	以钢丝绒做出木纹,明 暗对比,用羊毛刷整理	—
9	二度底漆	NC二度底漆	全面喷湿	—
10	砂光	320♯	—	—
11	第一次上涂	NC面漆	喷涂	—
12	喷点	醇性或油性修色剂	喷涂压力适当	—
13	牛尾纹	棕色着色剂	以笔绘出牛尾纹	—
14	布印,修色	醇性或油性修色剂	醇性以手工修色或喷涂 修色,油性以喷涂修色	—
15	第二次上涂	NC透明面漆	—	—
16	细磨	耐水砂纸600♯～800♯	—	—
17	打蜡	石蜡(亮光剂)	抛光	—

10.4　木用涂料底、面漆配套原理

　　正确选择涂料体系、正确进行底面漆的搭配,对涂装效果和涂膜性能有重大影响,也会影响涂装质量、施工效率及施工成本。

　　一般对于选择封闭底漆主要是考虑防止涂料被基材吸收,它能有效地封锁基材的油分、水分,以免影响附着力,防止漆膜下陷。同时,上了封闭底漆,经打磨后可获得平滑的表面。所以此项封闭底漆是经常被选用的,经常在一些工艺中常见。

底漆是漆膜涂层重要的组成部分，因各种底漆的性能特点，配合施工的手段，经常会出现比较大的差异。所以采用不同底漆就会有不同的涂装效果。

对于面漆是涂装的最后工序，它与底漆的搭配非常重要，只有合理的底漆，面漆才能发挥出最后、最好的效果。这里要注意各种涂料的性能特点，合理配套各层涂料，否则容易出现许多问题，如咬底、离层、龟裂等搭配上的问题。如用了 NC 底漆，就不宜用其他类型的面漆，它只能配 NC 的面漆。

10.5 涂装工艺设计

涂装工艺设计是表面涂装工艺中综合考虑家具档次、选材、造型等元素以后，在色彩运用、涂料选择、涂装工艺、质量验收等方面的工艺设计过程。

涂装工艺是设计师从家具造型设计一开始就必须考虑的一项设计内容，使用何种涂料、何种涂装工艺，应该达到何种色彩效果，能满足哪一层次人士的需求，造价多少，涂装成本占总成本的比例多少等，这些都是涂装设计时应该考虑的内容。同时，作为家具制造工艺师，他们更偏向于由设计效果图——确定使用何种涂料——现有设备及施工手段——采用何种涂装工艺（拆分各工艺在工序中的分布、制作标准、检验标准）——如何有效地控制涂装成本——制作首样（色样）确定——批量生产。

综上所述，设计师和工艺师都是围绕着涂装设计的三大要素，即从选用涂料、确定涂装工艺到决定合理的涂装手段。

（1）涂料的选用

涂料的选用是建立在熟悉木用涂料类型及其性能、了解主要产品和配套产品作用基础之上，结合以产品对涂层质量的要求为出发点，合理选用涂料品种。

（2）确定涂装工艺

一个好的涂料品种，还必须通过合理的涂装工艺过程才能实现其优良的性能。家具制作的外观涂饰质量必须以达到整体设计要求为前提，确定合理的涂装工艺过程是涂装设计的重要内容，包括底、面漆配套，涂装工艺过程及涂膜外观质量要求和检验标准。这些都以熟悉品种搭配，掌握常用涂装工艺过程、涂装工艺分类为基础。

（3）决定合理的涂装手段

涂装手段是将选定的涂料品种和涂装工艺结合起来，进行具体实施的一种工艺分配过程。因此，涂装手段正确与否，对于保证涂装质量起着极其重要的作用。事实上，在决定合理的涂装手段时，首先需要推行有效的涂装作业计划，即以涂装作业时间为依据，在各工序中所需要完成的用时最少。其次，通过合理的工序相互有效配合，并制定相应的检验和修正标准。

思考与实训

1. 实木家具进行涂饰的作用是什么？

2. 家具涂饰工艺流程是怎样的？试分析各道工序的工艺技术要求是什么。

3. 木用涂料的底、面漆应该如何配套？

11　家具的成本预算

本章学习目标

理论知识　了解家具成本预算的重要性；熟悉家具成本预算的具体内容。

实践技能　掌握实木家具成本预算的方法。

家具成本预算是家具产品进行工艺设计和生产的重要组成部分。编制预算就是以家具产品生产的生产内容、制作工艺要求和所选用的原材料、辅助材料等作为依据，来计算相关费用，而优良、合理的加工制造工艺则起到节约成本之效。通过家具成本预算，了解各种不同结构的家具的加工工艺，并掌握不同工艺在家具工程预算的应用，可以提高生产效率、节约成本及更好地体现产品价格。

家具成本预算不但是家具产品生产的重要内容，同时涉及企业的效益，因此不能马虎。编制预算首先要做到尽量规范，目前行业内比较规范的做法是要求以设计内容为依据，按家具工程的项目，逐项分别列编零部件的名称、品牌、规格型号、等级、单价、数量（含损耗率）、原材料（含辅料）金额、人工等，其中人工费要明确工种、单价、工程量、金额等，这样对核对家具工程各项材料费用也一目了然。

11.1　原材料的计算

在家具的生产成本中，原材料费用占有相当大一部分，因此，合理的计算和使用原材料是实现高效益、降低消耗生产的重要环节。实木家具生产成本的原材料主要是木材。

木材原材料计算的顺序如下：首先根据家具的零件明细表（产品开料表）填写表11-1中的第1～6栏，由此计算出一件家具中每种零件的净料材积，乘以家具中的零件数以后，填入第7栏。接着分别确定毛料长度、宽度、厚度的加工余量（湿毛料还需留有干缩余量），再将净料尺寸和相应的余量分别相加得出毛料尺寸，填入第8、9、10栏，乘以家具中的零件数以后，由此可以求出毛料的材积，即可填入第11栏，将第11栏中的数值乘以生产计划中规定的产量，就得出按计划产量计算的毛料材积。由净料材积和毛料的材积各除以所用原材料材积，即得净料出材率和毛料出材率，填入第13、14栏。

在加工过程中，各个工序都有可能出现废品，各种原料加工时的报废率也不尽相同。在严格实行工序检验的情况下，废品率总是随着加工过程的进行逐渐降低的，其总值一般不应超过5%，计算时按计划产量并考虑加上报废率后的毛料材积。

最后根据以上的计算编出必须耗用的原料清单。为使配料时的加工剩余物最少，应当根据零件的具体情况，选用最佳规格尺寸的原料。在原料清单中，各种材料应当分类填写。

表 11-1   原材料成本计算表——木材

产品名称：

1	2	3	净料尺寸			7	毛料尺寸			11	12	13	14
零件名称	材种与树种	零件的数量	长度	宽度	厚度	零件的净料材积	长度	宽度	厚度	零件的毛料材积	所用原材料材积	净料出材率	毛料出材率

11.2　其他材料的计算

生产实木家具的其他材料包括主要材料和辅助材料。主要材料有胶料、涂料、玻璃镜子和金属（塑料）配件、包装材料等。辅助材料是指加工过程中必须使用的材料，如砂纸、拭擦材料等。

应当按照材料消耗定额进行材料的计算，所谓材料消耗定额是指在具体生产条件下，为制造符合质量要求的产品所耗用的最少但是足够的材料数量。再乘以单位面积的消耗定额和计划产量，求出全年的总耗用量。

11.2.1　主要材料的计算

（1）家具胶料成本的计算

胶料成本的计算一般是由涂胶面积计算出胶料的重量，乘以所采购的胶料价格：

$$胶料的重量＝涂胶面积×系数×涂胶面数量×零部件数$$

式中系数指单位面积所涂胶的重量。

上述计算完后，再按年生产计划算出制品总面积。计算时，要按不同的胶种分别进行计算和总计，乘以胶料的消耗定额（kg/m²），然后再汇总。

胶料消耗定额按工艺技术要求、胶种及涂胶方法而定。在计算时，应当根据先进企业的先进指标及实际生产条件加以确定。在合计中要按不同胶种进行累计。

（2）家具涂饰成本的计算

家具涂饰成本的计算一般是计算涂饰面积所耗用的各种涂料的成本。因此，对相同的涂饰工艺，计算家具涂饰面积是计算家具涂饰成本的主要方法，根据不同的涂饰要求分别计算，然后再汇总。

$$家具涂饰成本＝涂饰面积×系数×零部件数量$$

式中系数指单位面积所耗用的涂料成本。

也可将单位面积所耗用的各种涂料的真实成本累加而得。

根据以上计算的涂饰面积，分别乘以涂料的消耗定额（kg/m²），算出涂料的全年耗用量。

涂料的消耗定额也要按设计中的工艺技术要求进行计算标定，并可参照先进企业中同等条件的消耗定额进行校正，在合计中应按不同材料种类进行累计。

（3）玻璃镜子或金属（塑料）配件成本的计算

家具玻璃镜子或金属（塑料）配件成本＝家具玻璃镜子或金属（塑料）配件的数量×零件（部件）数量

（4）包装材料成本的计算

家具包装材料包括纸皮或纸皮箱、珍珠棉、气泡塑料、泡塑板、泡塑护角、封口胶袋等。

$$家具包装材料成本＝家具包装材料的面积×零部件数量$$

以上计算的家具包装材料面积乘以家具包装材料的消耗定额，计算出家具包装材料面积的全年耗用量。

11.2.2　辅助材料的计算

（1）砂纸计算

砂纸成本的计算一般是计算砂磨木坯和涂饰的面积所耗用的各种砂纸的成本。因此，对相同的涂饰面积，计算家具涂饰面积是计算家具砂纸成本的主要方法，根据不同的产品要求分别计算砂纸用量，然后再汇总。

$$家具砂纸成本＝涂饰面积×系数×零部件数量$$

式中系数指单位面积所耗用的各种砂纸平均成本。

也可将单位面积所耗用的各种砂纸的真实成本累加而得。

根据以上计算的涂饰面积，分别乘以砂纸的消耗定额（kg/m^2），算出涂料的全年耗用量。

（2）其他材料

可根据制品设计中的具体要求和规定，并考虑留有必要的余量进行计算，然后列表说明。

11.3　其他费用的计算

其他费用包括工人的工资、管理员工资、水电费、运费、设备维修费、办公电话费、设备折旧费、保险费、招待费、劳动保护费、低值易耗品、场地租金费、差旅费、住宿费等。

工人的工资要明确工种、单价、工程量、金额等。这样对核对家具工程各项材料费用也一目了然。

工人的工资有计件和计时两种方式。计件就是明确工种、单价、工程量、金额，是普遍采用的计算工资方式，体现了劳动者多劳多得的公平劳动；计时就是确定劳动者在单位时间内所获得的报酬，计时工资需要有良好的管理体制制约。

管理员工资、水电费、运输费、设备维修费、办公电话费、保险费、招待费、劳动保护费、低值易耗品、场地租金费、差旅费、住宿费等均以所发生的实际金额费用为核算原则。

设备折旧费是指以所使用的加工设备在单位使用年限内平均分摊的设备采购金额。

设备折旧费要按设计中的工艺技术要求进行计算标定，并可参照先进企业中同等条件进行校正。在合计中应按不同标准进行折旧计算。

思考与实训

1. 叙述家具成本费用的组成并开展一次企业生产费用的调查实训。
2. 列举家具材料的计算。

扶手椅工艺文件

顺德职业技术学院

2014 年 12 月 13 日

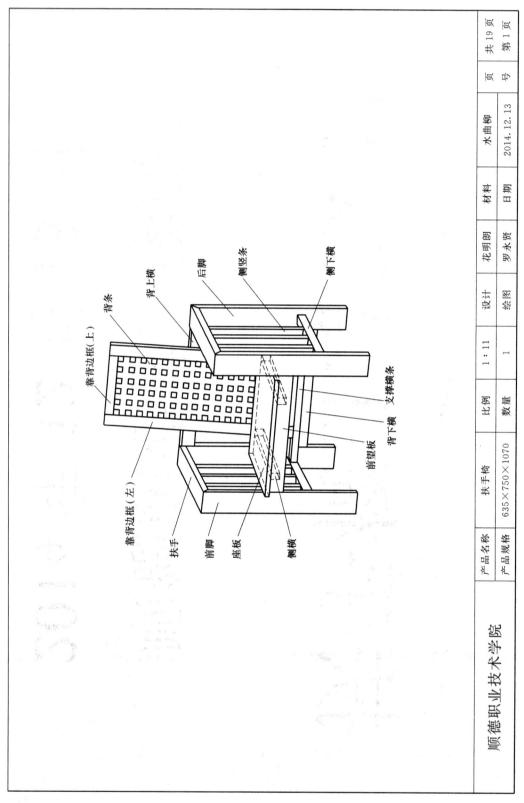

| 产品名称 | 扶手椅 | | 比例 | 1:11 | 设计 | 花明朗 | 材料 | 水曲柳 | 页 | 共19页 |
| 产品规格 | 635×750×1070 | | 数量 | 1 | 绘图 | 罗承贤 | 日期 | 2014.12.13 | 号 | 第1页 |

顺德职业技术学院

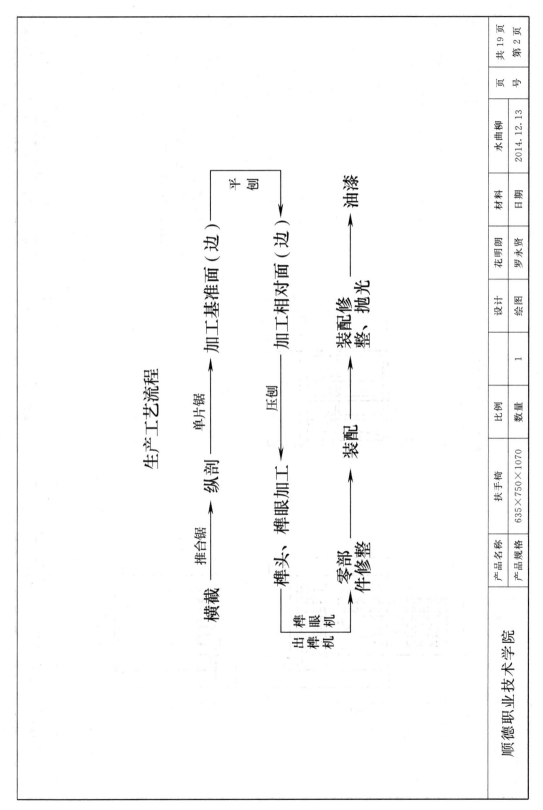

生产工艺流程

横截 ──推台锯──→ 纵剖 ──单片锯──→ 加工基准面（边）

榫头、榫眼加工 ←──压刨── 加工相对面（边）──平刨──→

出榫机　榫眼机

零部件修整 ──→ 装配 ──→ 装配修整、抛光 ──→ 油漆

	产品名称	扶手椅		设计	花明朗	材料	水曲柳	页	共 19 页
顺德职业技术学院	产品规格	635×750×1070	比例	绘图	罗永贤			号	第 2 页
			数量	1			日期	2014.12.13	

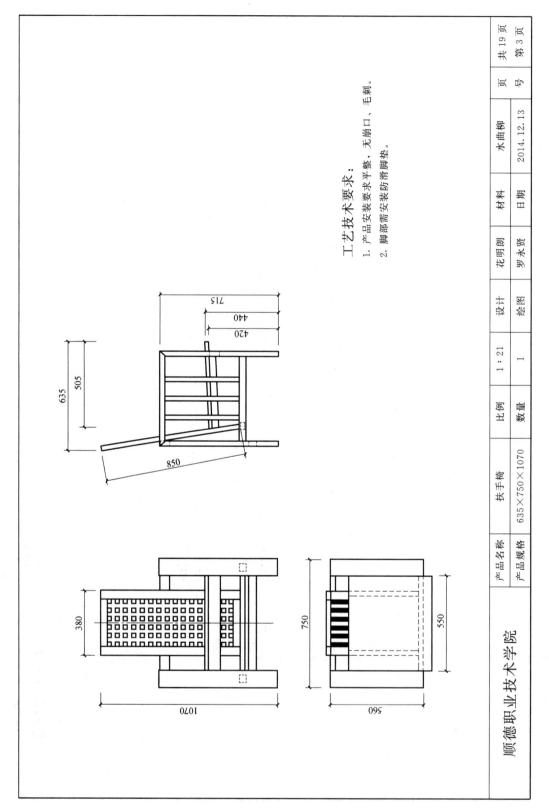

产品名称	扶手椅	比例	1：21	设计	花明朗	页号	第 3 页
产品规格	635×750×1070	数量	1	绘图	罗永贤		共 19 页
				材料	水曲柳		
				日期	2014.12.13		

工艺技术要求：
1. 产品安装要求平整，无崩口，毛刺。
2. 脚部需安装防滑脚垫。

顺德职业技术学院

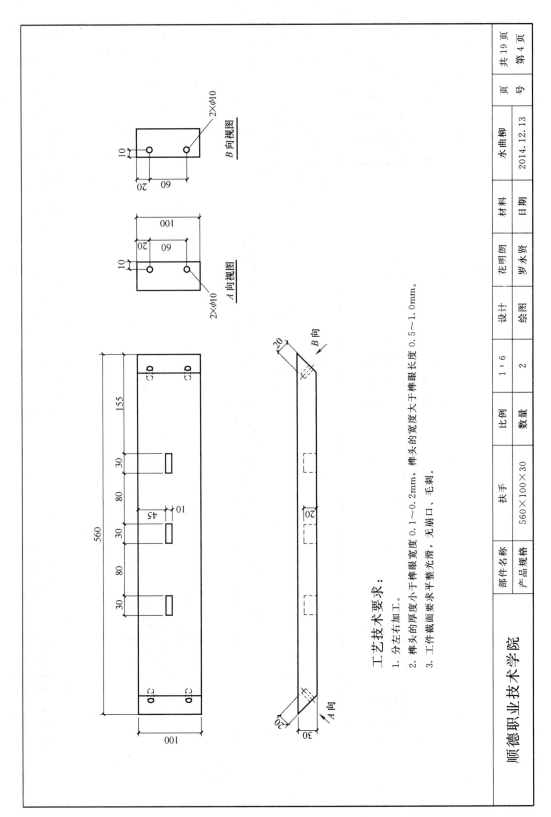

工艺技术要求：

1. 分左右加工。
2. 榫头的厚度小于榫眼宽度 0.1～0.2mm，榫头的宽度大于榫眼长度 0.5～1.0mm。
3. 工件截面要求平整光滑，无崩口、毛刺。

| 顺德职业技术学院 | 部件名称 | 扶手 | 比例 | 1：6 | 设计 | 花明朗 | 材料 | 水曲柳 | 页号 | 第 4 页 |
| | 产品规格 | 560×100×30 | 数量 | 2 | 绘图 | 罗永贤 | 日期 | 2014.12.13 | | 共 19 页 |

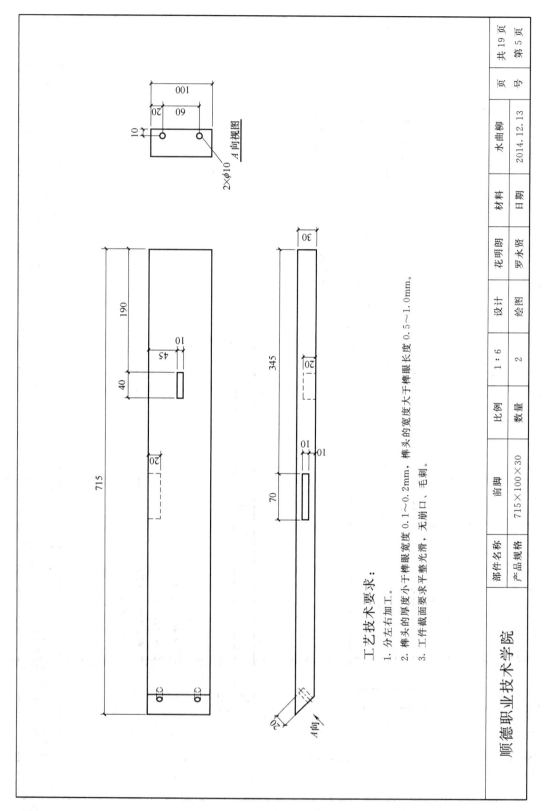

工艺技术要求：

1. 分左右加工。
2. 榫头的厚度小于榫眼宽度 0.1～0.2mm，榫头的宽度大于榫眼长度 0.5～1.0mm。
3. 工件截面要求平整光滑，无崩口、毛刺。

部件名称	前脚			设计	花明朗	材料	水曲柳	页号	共 19 页
产品规格	715×100×30			绘图	罗永贤	日期	2014.12.13		第 5 页
		比例	1：6						
		数量	2						

顺德职业技术学院

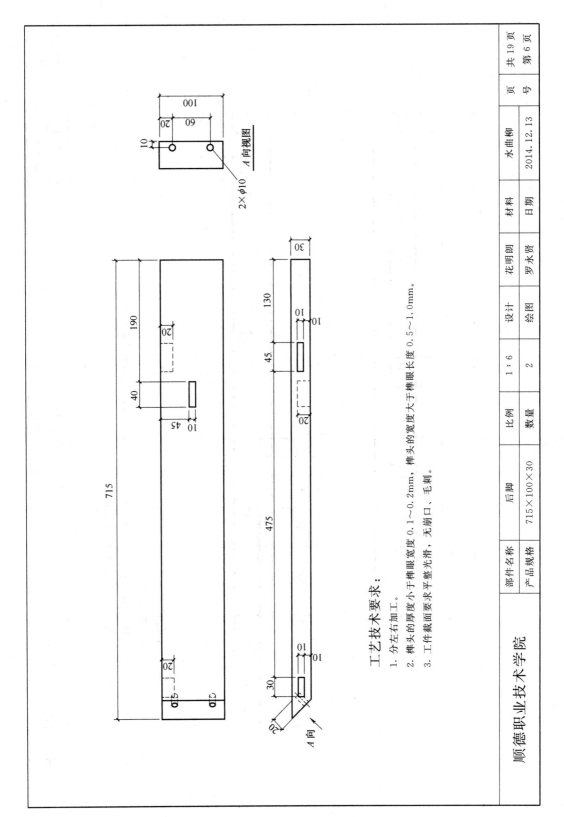

工艺技术要求：

1. 分左右加工。
2. 榫头的厚度小于榫眼宽度 0.1～0.2mm，榫头的宽度大于榫眼长度 0.5～1.0mm。
3. 工件截面要求平整光滑，无崩口、毛刺。

部件名称	后脚		设计	花明朗	材料	水曲柳	页	共 19 页
产品规格	715×100×30		绘图	罗永贤	日期	2014.12.13	号	第 6 页
比例	1：6							
数量	2							

顺德职业技术学院

A 向视图

2×φ10

実木家具制造技术

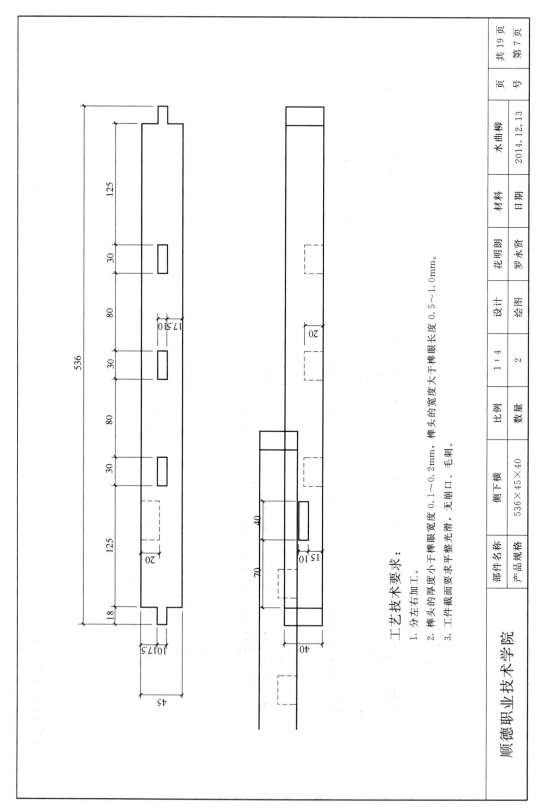

工艺技术要求：

1. 分左右加工。
2. 榫头的厚度小于榫眼宽度 0.1～0.2mm，榫头的宽度大于榫眼长度 0.5～1.0mm。
3. 工件截面要求平整光滑，无崩口、毛刺。

部件名称	侧下横	设计	花明朗	材料	水曲柳	页	共 19 页
产品规格	536×45×40	绘图	罗永贤	日期	2014.12.13	号	第 7 页
比例	1：4						
数量	2						

顺德职业技术学院

220

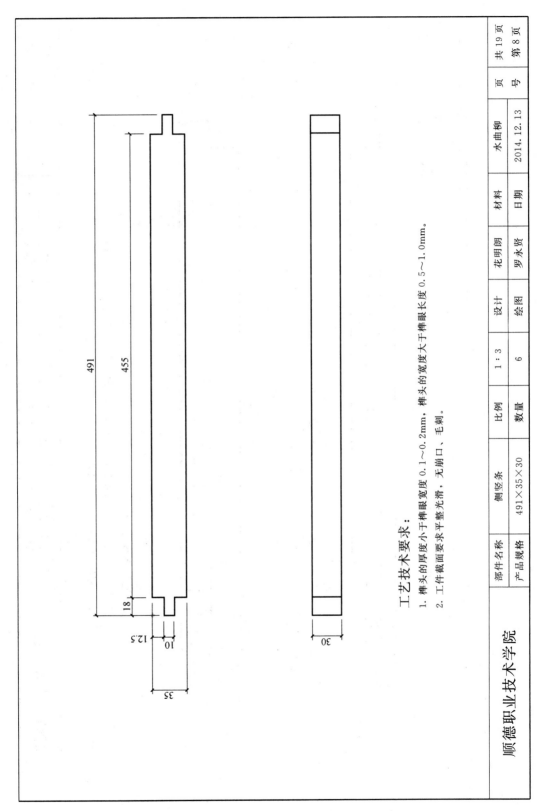

工艺技术要求：

1. 榫头的厚度要小于榫眼宽度 0.1～0.2mm，榫头的宽度大于榫眼长度 0.5～1.0mm。

2. 工件截面要求平整光滑，无崩口、毛刺。

部件名称	侧竖条	设计	花明朗	材料	水曲柳	页号	共 19 页
产品规格	491×35×30	绘图	罗永贤	日期	2014.12.13		第 8 页
比例	1：3						
数量	6						

顺德职业技术学院

221

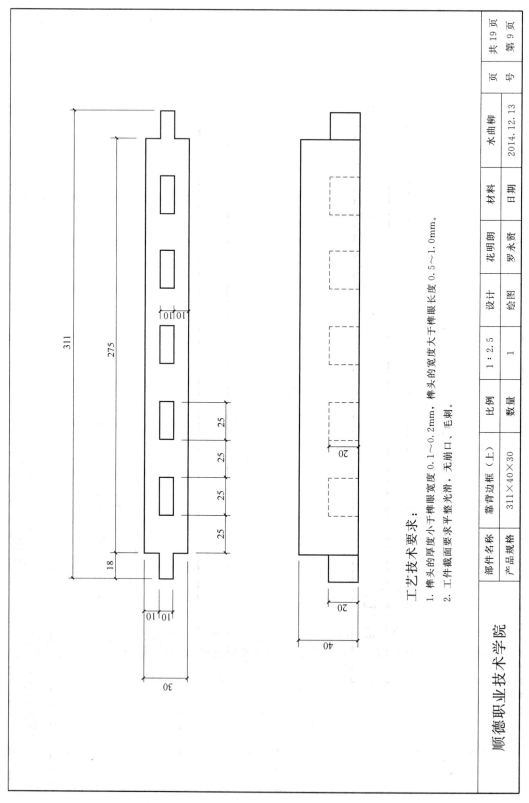

工艺技术要求：
1. 榫头的厚度小于榫眼宽度 0.1～0.2mm，榫头的宽度大于榫眼长度 0.5～1.0mm。
2. 工件截面要求平整光滑，无崩口、毛刺。

| 部件名称 | 靠背边框（上） | 比例 | 1：2.5 | 设计 | | 花明朗 | 水曲柳 | 材料 | 页 | 共19页 |
| 产品规格 | 311×40×30 | 数量 | 1 | 绘图 | | 罗永贤 | 2014.12.13 | 日期 | 号 | 第9页 |

顺德职业技术学院

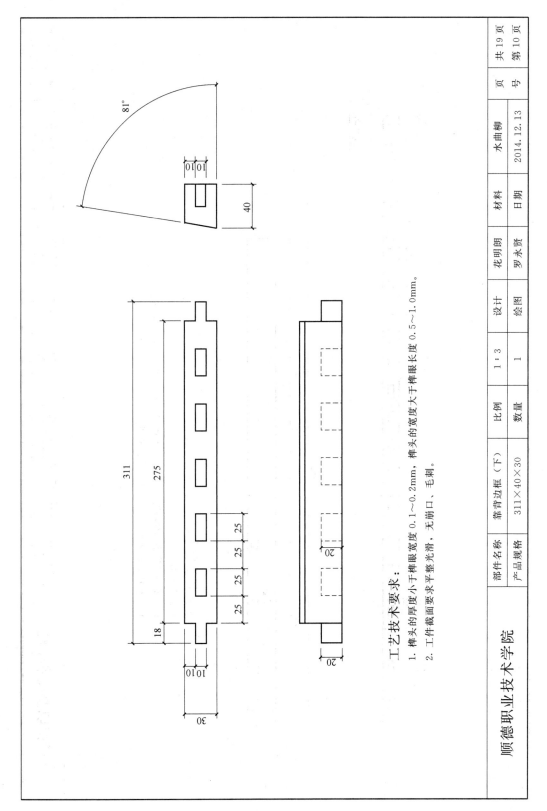

工艺技术要求：

1. 榫头的厚度要求小于榫眼宽度 0.1～0.2mm，榫头的宽度大于榫眼长度 0.5～1.0mm。

2. 工件截面要求平整光滑，无崩口、毛刺。

部件名称	靠背边框（下）	设计	花明朗	材料	水曲柳	页号	共 19 页
产品规格	311×40×30	绘图	罗永贤	日期	2014.12.13		第 10 页
比例	1：3						
数量	1						

顺德职业技术学院

实木家具制造技术

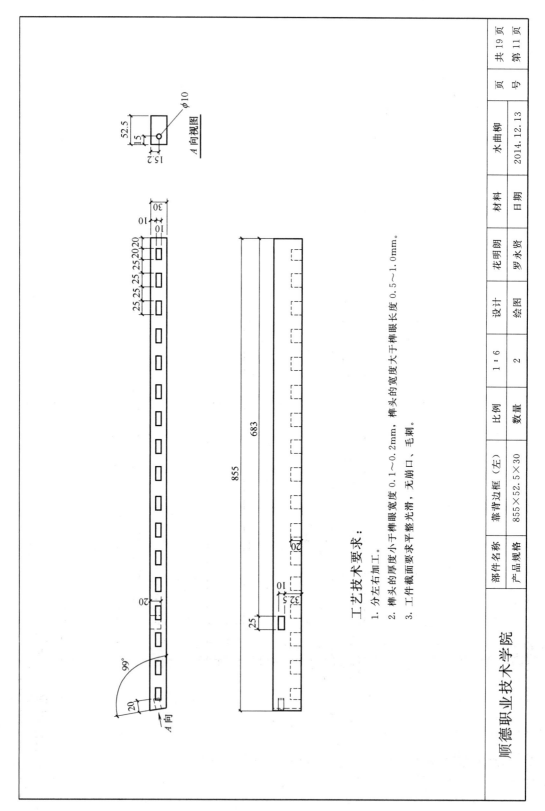

工艺技术要求：

1. 分左右加工。
2. 榫头的厚度小于榫眼宽度 0.1～0.2mm，榫头的宽度大于榫眼长度 0.5～1.0mm。
3. 工件截面要求平整光滑，无崩口、毛刺。

部件名称	靠背边框（左）	设计	花明朗	材料	水曲柳	页号	页	共19页
产品规格	855×52.5×30	绘图	罗永贤	日期	2014.12.13			第11页
比例	1：6							
数量	2							

顺德职业技术学院

224

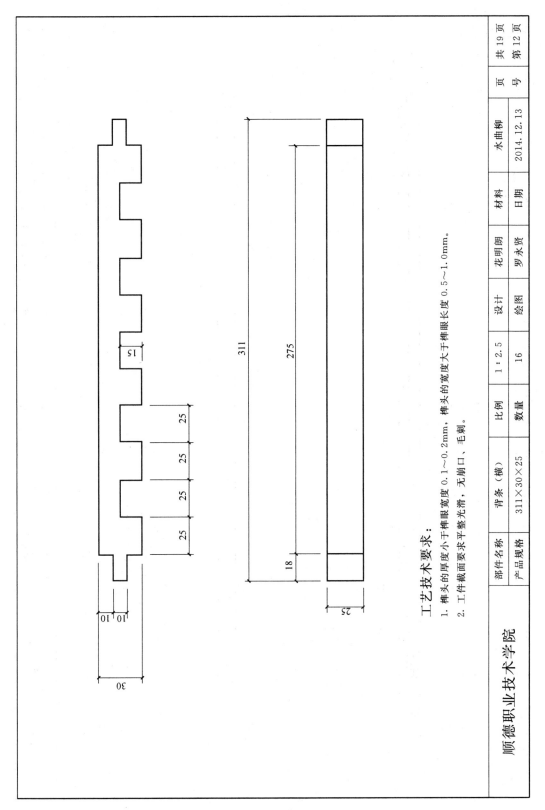

工艺技术要求：

1. 榫头的厚度要求小于榫眼宽度 0.1～0.2mm，榫头的宽度大于榫眼长度 0.5～1.0mm。

2. 工件截面要求平整光滑，无崩口、毛刺。

部件名称	背条（横）	比例	1：2.5	设计	花明朗	材料	水曲柳	页号	共 19 页
产品规格	311×30×25	数量	16	绘图	罗永贤	日期	2014.12.13		第 12 页

顺德职业技术学院

実木家具制造技术

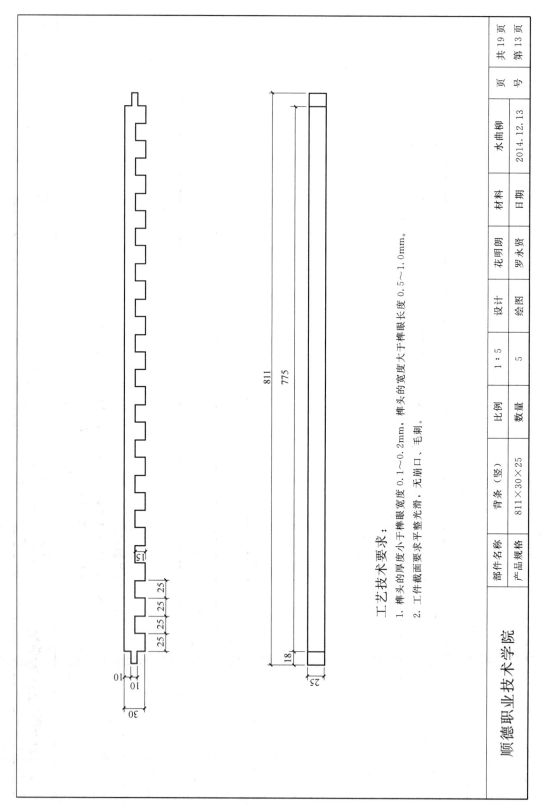

工艺技术要求：

1. 榫头的厚度小于子榫眼宽度 0.1～0.2mm，榫头宽度大于子榫眼长度 0.5～1.0mm。
2. 工件截面要求平整光滑，无崩口、毛刺。

部件名称	背条（竖）		设计	花明朗	材料	水曲柳	页	共 19 页
产品规格	811×30×25		绘图	罗永贤	日期	2014.12.13	号	第 13 页
比例	1：5							
数量	5							

顺德职业技术学院

226

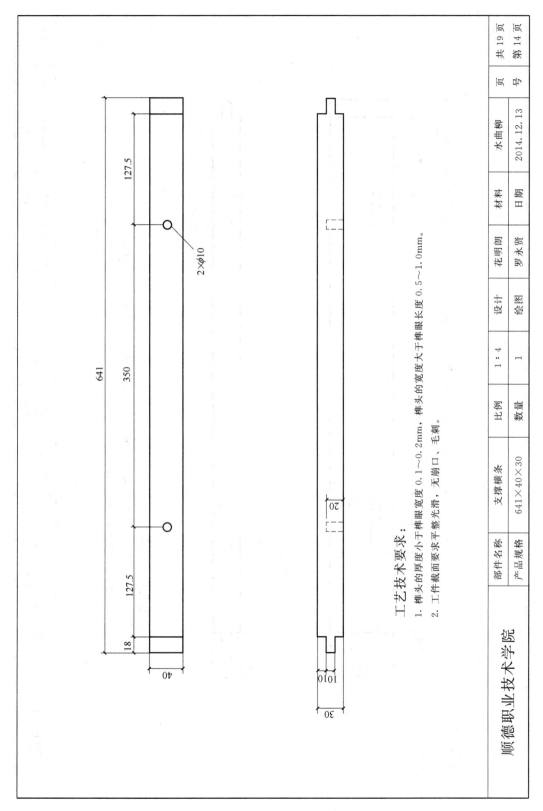

工艺技术要求：

1. 榫头的厚度小于榫眼宽度 0.1～0.2mm，榫头的宽度大于榫眼长度 0.5～1.0mm。
2. 工件截面要求平整光滑、无崩口、毛刺。

| 部件名称 | 支撑横条 | 设计 | 花明朗 | 材料 | 水曲柳 | 页 | 共 19 页 |
| 产品规格 | 641×40×30 | 绘图 | 罗永贤 | 日期 | 2014.12.13 | 号 | 第 14 页 |

| 比例 | 1：4 |
| 数量 | 1 |

顺德职业技术学院

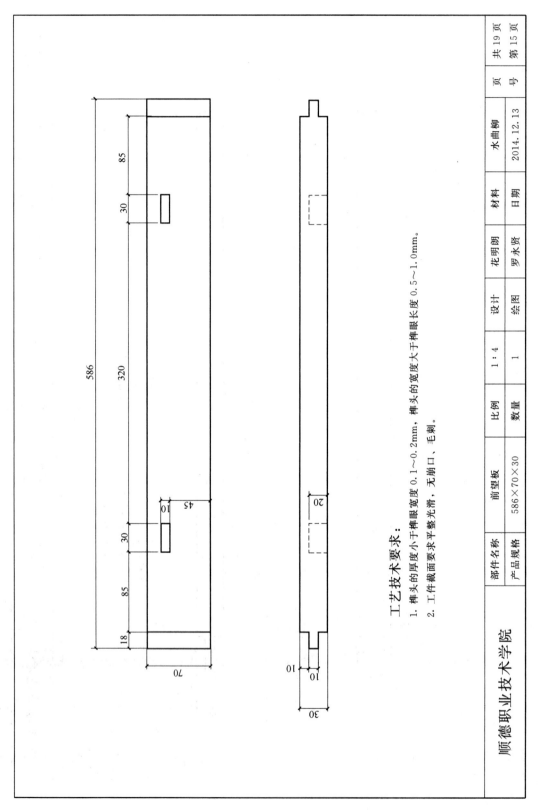

部件名称	前望板		设 计		花明朗	材 料	水曲柳	页	共 19 页

工艺技术要求：

1. 榫头的厚度宽度 0.1～0.2mm，榫头的宽度大于榫眼长度 0.5～1.0mm。

2. 工件截面要求平整光滑，无崩口、毛刺。

顺德职业技术学院

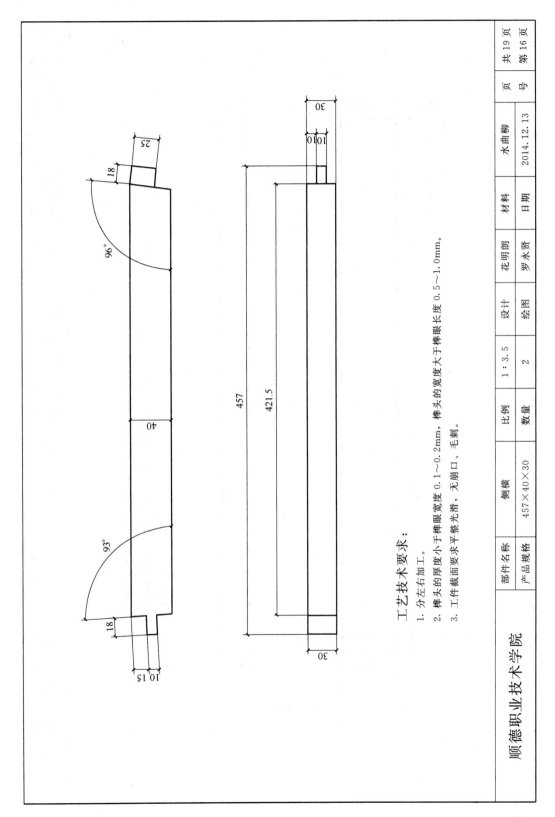

工艺技术要求:

1. 分左右加工。
2. 榫头的厚度小于榫眼宽度 0.1~0.2mm, 榫头的宽度大于榫眼长度 0.5~1.0mm。
3. 工件截面要求平整光滑, 无崩口、毛刺。

部件名称	侧横	比例	1:3.5	设计	花明明	材料	水曲柳	页	共19页
产品规格	457×40×30	数量	2	绘图	罗永贤	日期	2014.12.13	号	第16页

顺德职业技术学院

229

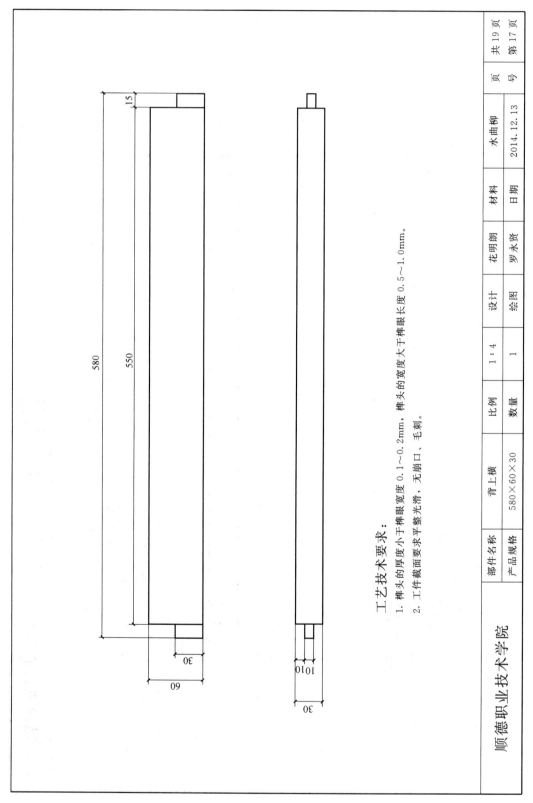

工艺技术要求：

1. 榫头的厚度 0.1～0.2mm，榫头的宽度大于榫眼宽度 0.1～0.2mm，榫头的宽度大于榫眼长度 0.5～1.0mm。

2. 工件截面要求平整光滑，无崩口、毛刺。

部件名称	背上横	比例	1：4	设计	花明朗	材料	水曲柳	页号	共19页
产品规格	580×60×30	数量	1	绘图	罗永贤	日期	2014.12.13		第17页

顺德职业技术学院

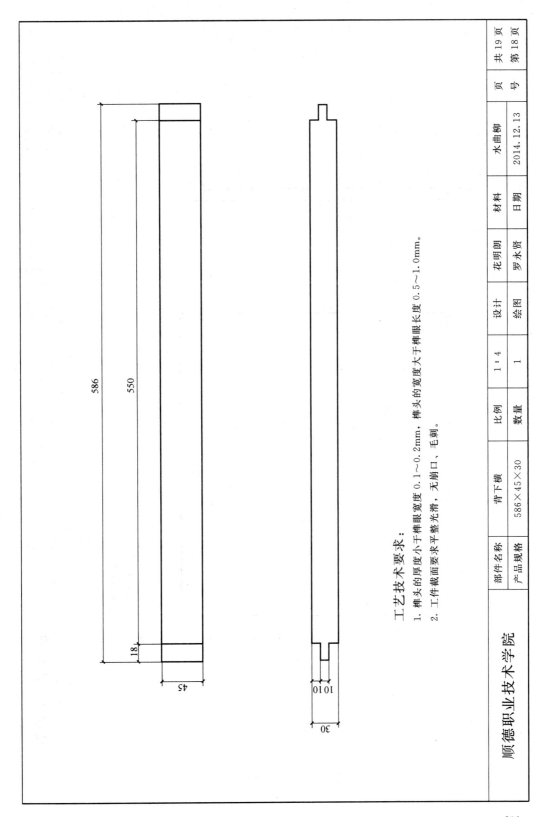

工艺技术要求:

1. 榫头的厚度小于榫眼宽度 0.1～0.2mm, 榫头的宽度大于榫眼长度 0.5～1.0mm。
2. 工件截面要求平整光滑, 无崩口、毛刺。

部件名称	背下横	比例	1:4	设计	花明朗	材料	水曲柳	页	共19页
产品规格	586×45×30	数量	1	绘图	罗永贤	日期	2014.12.13	号	第18页

顺德职业技术学院

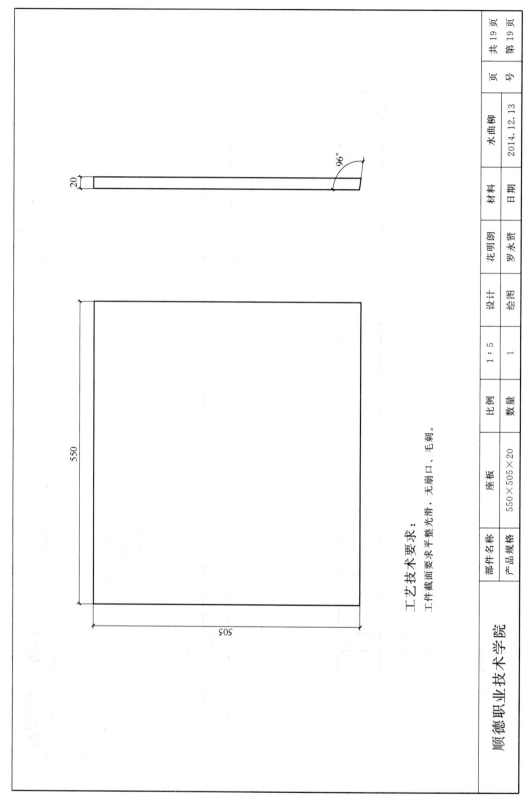

工艺技术要求：
工件截面要求平整光滑，无崩口、毛刺。

| 部件名称 | 座板 | 比例 | 1 : 5 | 设计 | 花明朗 | 材料 | 水曲柳 | 页 | 共 19 页 |
| 产品规格 | 550×505×20 | 数量 | 1 | 绘图 | 罗永贤 | 日期 | 2014.12.13 | 号 | 第 19 页 |

顺德职业技术学院

顺德职业技术学院材料表

作品名称:扶手椅				作品尺寸:*L*635×*W*750×*H*1070			单位:mm	

编号	名称	开料尺寸			数量	材质	对应页码	备注
		长	宽	厚				
1	扶手	560	100	30	2	水曲柳	4	
2	前脚	715	100	30	2	水曲柳	5	
3	后脚	715	100	30	2	水曲柳	6	
4	侧下横	536	45	40	2	水曲柳	7	
5	侧竖条	491	35	30	6	水曲柳	8	
6	靠背边框(上)	311	40	30	1	水曲柳	9	
7	靠背边框(下)	311	40	30	1	水曲柳	10	
8	靠背边框(下)	855	52.5	30	2	水曲柳	11	
9	背条(横)	311	30	25	16	水曲柳	12	
10	背条(竖)	811	30	25	5	水曲柳	13	
11	支撑横条	641	40	30	1	水曲柳	14	
12	前望板	586	70	30	1	水曲柳	15	
13	侧横	457	40	30	2	水曲柳	16	
14	背上横	580	60	30	1	水曲柳	17	
15	背下横	586	45	30	1	水曲柳	18	
16	座板	550	505	20	1	水曲柳	19	

制表:罗永贤	审核:邹红	批准:王明刚	日期:2014.12.13

花枝呈异展工艺之件

顺德职业技术学院

2014 年 10 月 21 日

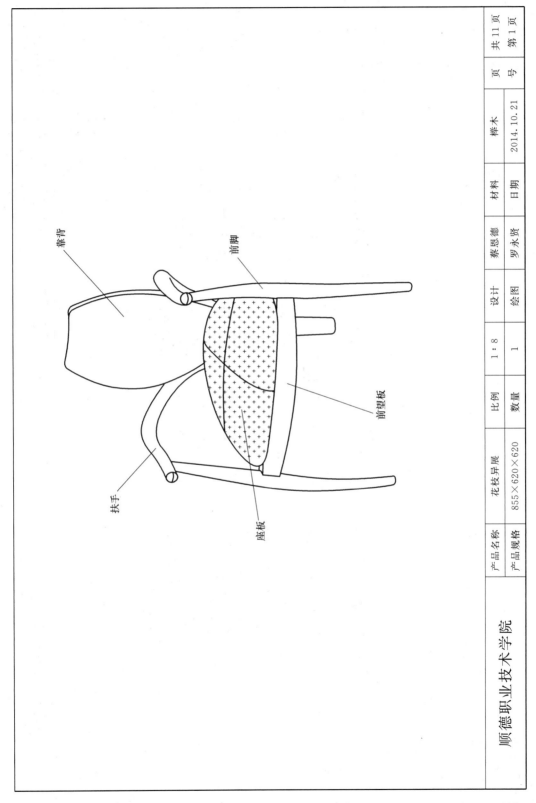

| 产品名称 | 花枝异展 | 比例 | 1:8 | 设计 | 蔡恩德 | 材料 | 榉木 | 页 | 共 11 页 |
| 产品规格 | 855×620×620 | 数量 | 1 | 绘图 | 罗永贤 | 日期 | 2014.10.21 | 号 | 第 1 页 |

靠背

前脚

前望板

扶手

座板

顺德职业技术学院

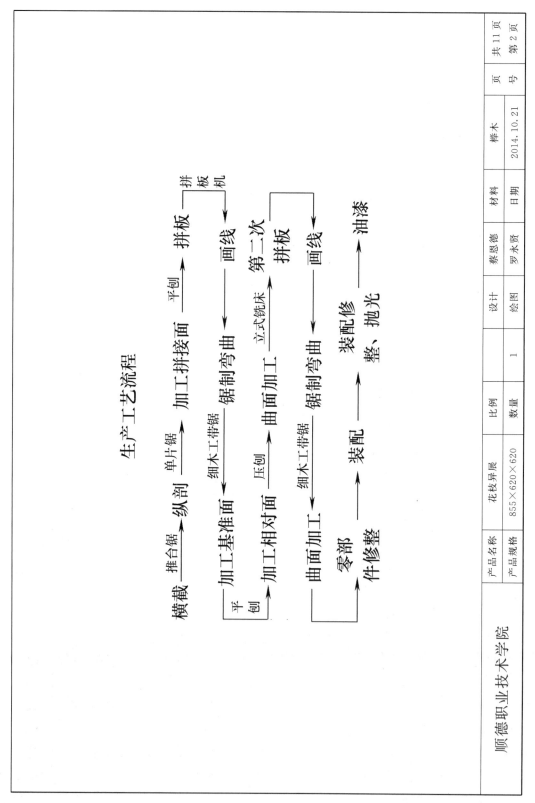

生产工艺流程

横截 —推台锯→ 纵剖 —单片锯→ 加工拼接面 —平刨→ 拼板 —拼板机→

加工基准面 —细木工带锯→ 锯制弯曲 —— 曲面加工 —立式铣床→

加工相对面 —压刨→ 曲面加工 —细木工带锯→ 锯制弯曲 —— 第二次拼板 —画线→

零部件修整 —→ 装配 —→ 装配修整、抛光 —→ 油漆

顺德职业技术学院	产品名称	花枝异展	比例		设计	蔡恩德	材料	榉木	页号	共 11 页
	产品规格	855×620×620	数量	1	绘图	罗永贤	日期	2014.10.21		第 2 页

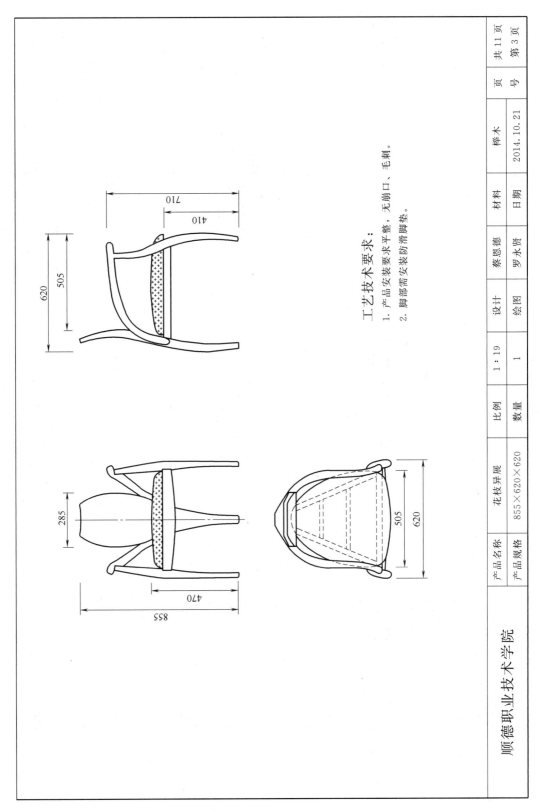

工艺技术要求：

1. 产品安装要求平整、无崩口、毛刺。
2. 脚部需安装防滑脚垫。

产品名称	花枝异展	比例	1：19	设计	蔡思德	材料	榉木	页	共 11 页
产品规格	855×620×620	数量	1	绘图	罗永贤	日期	2014.10.21	号	第 3 页

顺德职业技术学院

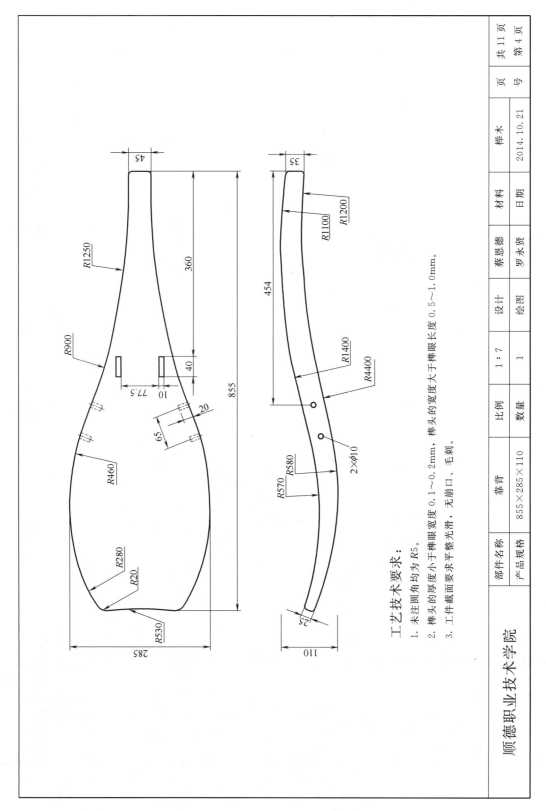

工艺技术要求：

1. 未注圆角均为 R5。
2. 榫头的厚度比小于榫眼宽度 0.1～0.2mm，榫头的宽度大于榫眼长度 0.5～1.0mm。
3. 工件截面要求平整光滑，无崩口、毛刺。

| 部件名称 | 靠背 | 比例 | 1:7 | 设计 | 蔡恩德 | 材料 | 榉木 | 页号 | 共11页 |
| 产品规格 | 855×285×110 | 数量 | 1 | 绘图 | 罗永贤 | 日期 | 2014.10.21 | | 第4页 |

顺德职业技术学院

238

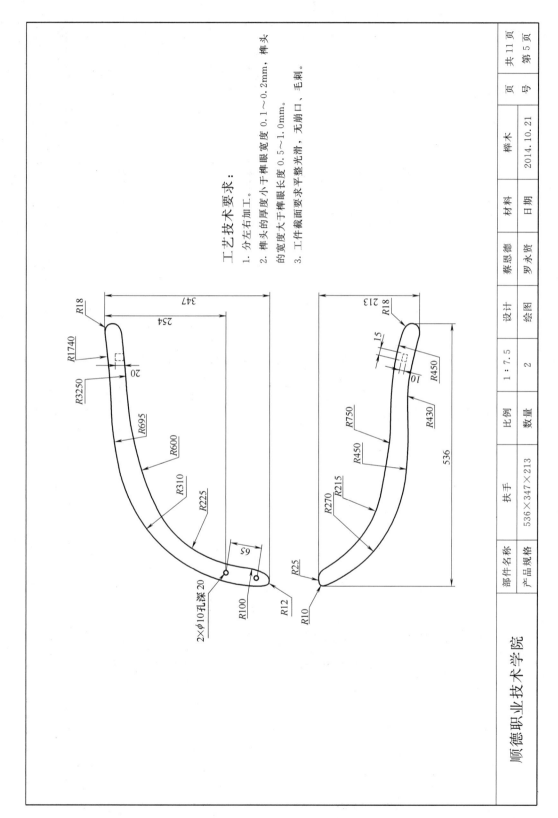

工艺技术要求：

1. 分左右加工。
2. 榫头的厚度大于榫眼宽度 0.1～0.2mm，榫头的宽度大于榫眼长度 0.5～1.0mm。
3. 工件截面要求平整光滑，无崩口、毛刺。

部件名称	扶手			
产品规格	536×347×213			
比例	1：7.5	设计	蔡恩德	材料	榉木
数量	2	绘图	罗永贤	日期	2014.10.21
		页号	页 共 11 页	第 5 页

顺德职业技术学院

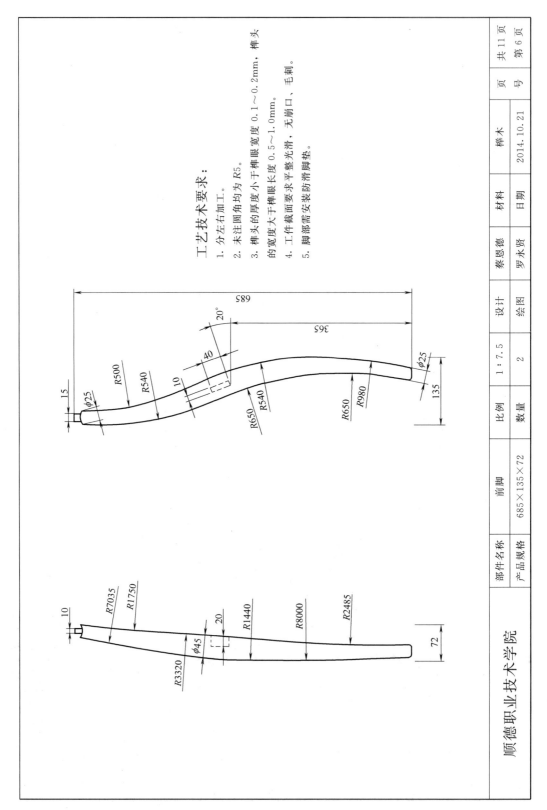

工艺技术要求：

1. 分左右加工。
2. 未注圆角均为 R5。
3. 榫头的厚度大于榫眼宽度 0.1～0.2mm，榫头的宽度大于榫眼长度 0.5～1.0mm。
4. 工作截面要求平整光滑、无崩口、毛刺。
5. 脚部需安装防滑脚垫。

部件名称	前脚		设计		蔡恩德	页	共 11 页
产品规格	685×135×72		绘图		罗永贤	号	第 6 页
		比例	1：7.5	材料	榉木		
		数量	2	日期	2014.10.21		

顺德职业技术学院

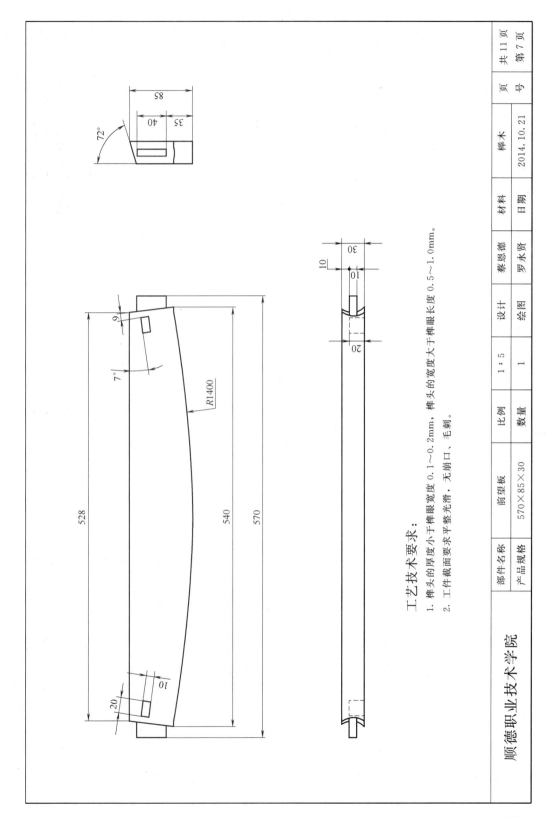

工艺技术要求：

1. 榫头的厚度小于榫眼宽度 0.1～0.2mm，榫头的宽度大于榫眼长度 0.5～1.0mm。
2. 工件截面要求平整光滑，无崩口、毛刺。

部件名称	前望板	设计	蔡恩德	材料	榉木
产品规格	570×85×30	绘图	罗永贤	日期	2014.10.21
比例	1：5				
数量	1				

顺德职业技术学院

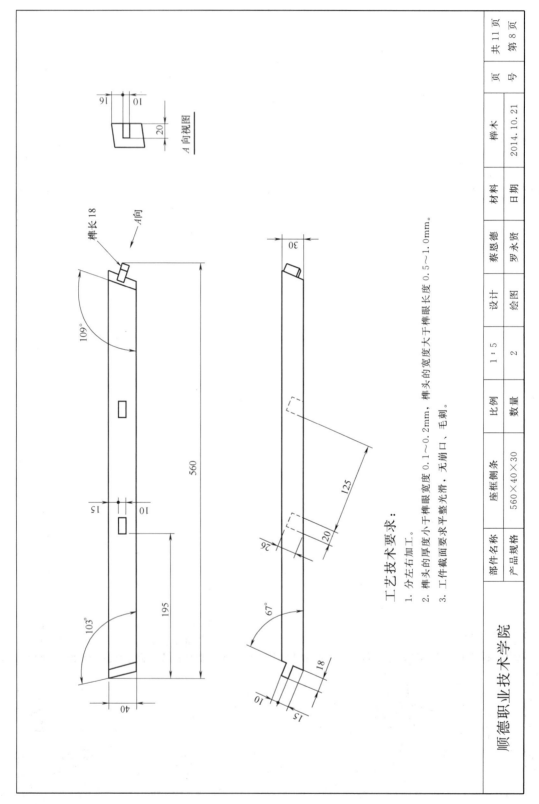

A 向视图

榫长18

A向

560

195

103°

109°

40

15 10

30

67°

125

20

26

18

10

15

工艺技术要求：

1. 分左右加工。

2. 榫头的厚度小于榫眼宽度 0.1~0.2mm，榫头的宽度大于榫眼长度 0.5~1.0mm。

3. 工件截面要求平整光滑，无崩口、毛刺。

顺德职业技术学院

部件名称	座框侧条	比例	1：5	设计	蔡恩德	材料	榉木	页	共 11 页
产品规格	560×40×30	数量	2	绘图	罗永贤	日期	2014.10.21	号	第 8 页

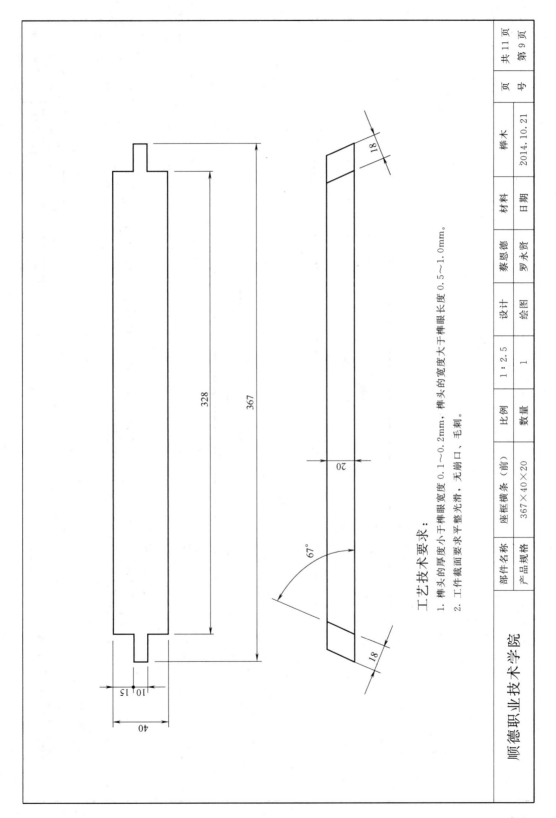

工艺技术要求：

1. 榫头的厚度小于榫眼宽度 0.1～0.2mm，榫头的宽度大于榫眼长度 0.5～1.0mm。

2. 工件截面要求平整光滑，无崩口、毛刺。

部件名称	座框横条（前）	比例	1：2.5	设计	蔡恩德	材料	榉　木	页 号	共 11 页
产品规格	367×40×20	数量	1	绘图	罗永贤	日期	2014.10.21		第 9 页

顺德职业技术学院

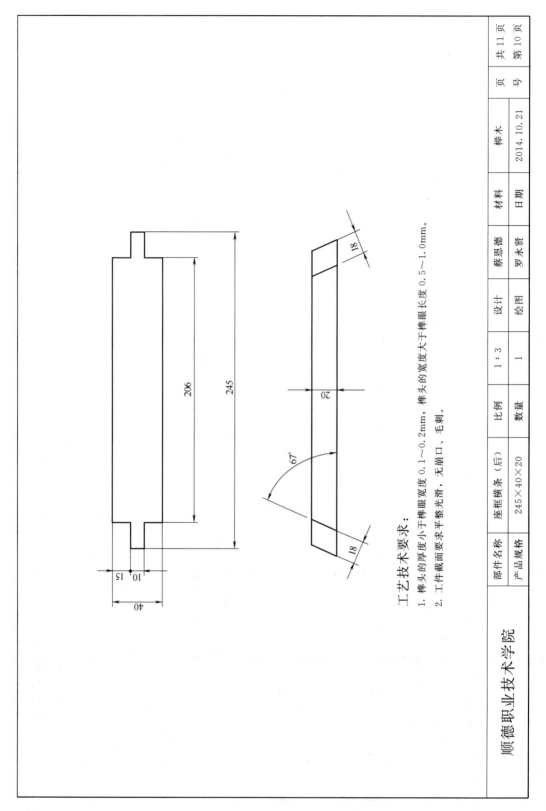

工艺技术要求：

1. 榫头的厚度小于榫眼宽度 0.1～0.2mm，榫头的宽度大于榫眼长度 0.5～1.0mm。
2. 工作截面要求平整光滑、无崩口、毛刺。

部件名称	座框横条（后）	比例	1：3	设计	蔡恩德	材料	榉木	页号	共 11 页
产品规格	245×40×20	数量	1	绘图	罗永贤	日期	2014.10.21		第 10 页

顺德职业技术学院

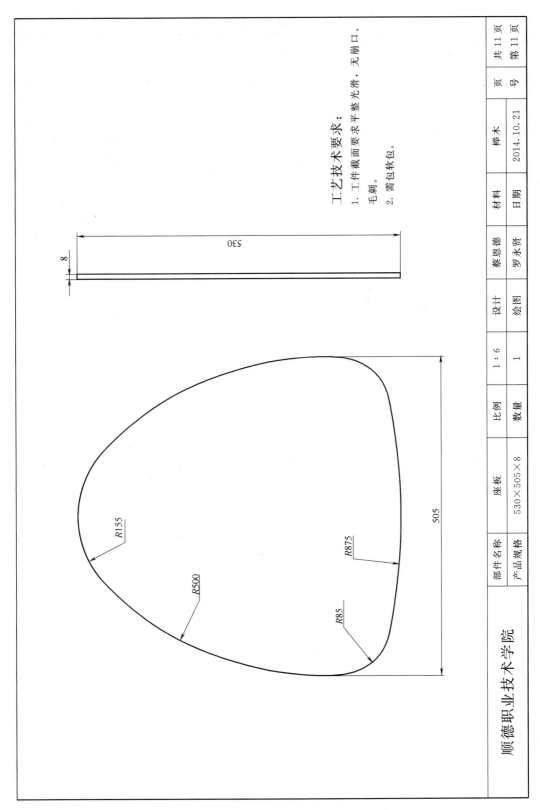

顺德职业技术学院							
部件名称	座板	比例	1:6	设计	蔡恩德	材料	榉木
产品规格	530×505×8	数量	1	绘图	罗永贤	日期	2014.10.21
						页号	页 共11页 第11页

工艺技术要求：

1. 工件截面要求平整光滑，无崩口、毛刺。
2. 需包软包。

顺德职业技术学院材料表

作品名称:花枝异展　　　　　　作品尺寸:*L*620×*W*620×*H*855　　　　　　单位:mm

编号	名称	开料尺寸			数量	材质	对应页码	备注
		长	宽	厚				
1	靠背	855	285	110	1	榉木	4	
2	扶手	536	347	213	2	榉木	5	
3	前脚	685	135	72	2	榉木	6	
4	前望板	570	85	30	1	榉木	7	
5	座框侧条	560	40	30	2	榉木	8	
6	座框横条(前)	367	40	20	1	榉木	9	
7	座框横条(后)	245	40	20	1	榉木	10	
8	座板	530	505	8	1	榉木	11	

制表:罗永贤　　　　审核:邹红　　　　　　批准:王明刚　　　　日期:2014.10.21

附录3 常用工艺流程图解

（1）选料

根据料单选择材料。

（2）横截开料

根据料单和图纸，采用推台锯将材料切至合适长度。

（3）纵剖开料

根据料单和图纸，采用单片锯将材料切至合适宽度。

（4）锯制弯曲

采用细木工带锯沿上面的轮廓线将待加工的材料锯成相似形状。

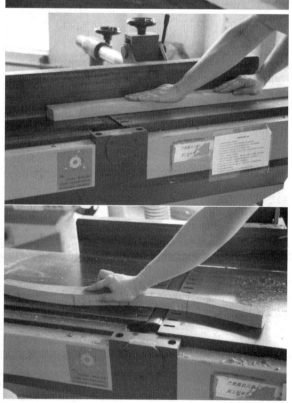

（5）加工基准面（边）

采用平刨将材料的基准面（边）刨至光滑，注意区分顺、逆纹。

（6）加工相对面（边）
　　采用压刨将材料切至零件尺寸的宽度与厚度。

（7）曲面加工
　　利用模板采用立式铣床将零件曲面轮廓加工至图纸尺寸及形状。

（8）榫头加工
　　量好零件所需长度，画好线，采用直角榫开榫机切出零件榫头。

（9）榫眼加工
　　在待加工零件上按照尺寸画好需要加工的榫眼形状，采用榫眼机加工榫眼度。

（10）斜角加工

采用直角精密推台锯，把材料切至所需长度，再利用 45°斜角推台锯将零件切至所需形状及尺寸。

（11）槽位加工

采用镂铣机及做好的夹具加工零件槽位。

（12）零件打磨

采用磨光机对零件进行打磨。

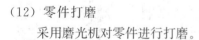

（13）装配

　　给零件固定装配位涂上白乳胶，根据图纸进行装配。

　　检查确定装配尺寸，用木工夹对其夹紧。

（14）喷漆

　　待装配位胶水完全干了，产品安全稳固后，对产品进行喷漆。

附录 4　制造实训授课图解

（1）修改方案

（2）绘制大样图

（3）选材

（4）下料

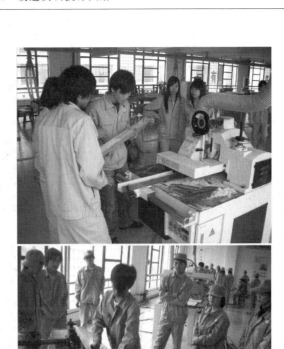

（5）平刨

（6）压刨

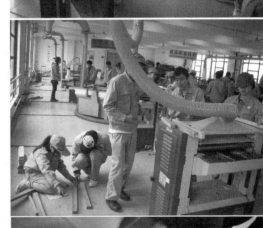

（7）拼板

（8）精裁

（9）开榫头

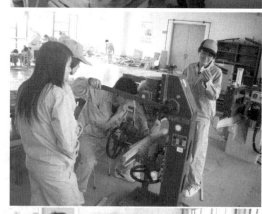

（10）开榫眼

（11）组装

（12）打磨

（13）喷漆

作品展示

实训结束

参 考 文 献

[1] 王明刚. 实木家具制造技术及应用 [M]. 北京：高等教育出版社，2009.

[2] 刘忠传. 木制品生产工艺学 [M]. 北京：中国林业出版社，1993.

[3] 彭亮，胡景初. 家具设计与工艺 [M]. 北京：高等教育出版社，2003.

[4] 邓背阶，陶涛，孙德彬. 家具设计与开发 [M]. 北京：化学工艺出版社，2006.

[5] 徐永吉. 家具材料 [M]. 北京：中国轻工业出版社，2006.

[6] 英国 DK 出版社. 木工全书 [M]. 张亦斌，李文一，译. 北京：北京科学技术出版社，2014.

[7] (美) 爱伦伍德. 木工雕刻全书 从零开始真正掌握木雕技艺 [M]. 北京：北京科学技术出版社，2014.

[8] 陶涛. 家具设计与开发 第 2 版 [M]. 北京：化学工业出版社，2012.

[9] 胡德生. 明清宫廷家具二十四讲 [M]. 北京：紫禁城出版社，2010.

[10] 谭健民，张亚池. 家具制造实用手册——工艺技术 [M]. 北京：人民邮电出版社，2006.

[11] 吴悦琦. 木材工业实用大全·家具卷 [M]. 北京：中国林业出版社，1998.

[12] 唐开军. 家具技术设计 [M]. 武汉：湖北科学技术出版社，2000.

[13] 宋魁彦. 现代家具生产工艺与设备 [M]. 哈尔滨：黑龙江科学技术出版社，2001.

[14] 曾东东. 家具设计与制造 [M]. 北京：高等教育出版社，2002.

[15] 梅启毅. 木制品生产工艺 [M]. 北京：高等教育出版社，2002.

[16] 李黎. 木材加工装备·木工机械 [M]. 北京：中国林业出版社，2005.

[17] 张屹. 实木家具 [M]. 广州：暨南大学出版社，2005.

[18] 李军，吴智慧. 家具及木制品制作 [M]. 北京：中国林业出版社，2005.

[19] 杨秀云. 家具厂生产工艺及技术 [M]. 广州：广东科技出版社，2005.

[20] 邝春生，武永亮. 木制品加工技术 [M]. 北京：化学工艺出版社，2006.

[21] 黄荣文. 木工机械 [M]. 北京：中国林业出版社，2007.

[22] 杨玮娣. 家具设计分析与应用 [M]. 北京：中国水利水电出版社，2007.

[23] 彭红，陆步云. 家具木工识图 [M]. 北京：中国林业出版社，2005.

[24] 李政. 木雕 [M]. 北京：现代出版社，2015.